普通高等教育物联网工程专业系列教材

无线网络技术
——原理、安全及实践

主编　张路桥

参编　王　娟　石　磊

机 械 工 业 出 版 社

无线网络可作为有线网络的补充，在某些应用场所其甚至可以完全替代有线网络。本书作为无线网络领域的入门教材，涵盖了无线广域网、无线城域网、无线局域网以及无线个域网等内容，并从原理、编程、安全等方面介绍了各类典型无线网络技术。全书共10章，第1、2章介绍无线网络基础知识；第3~5章介绍无线局域网技术，特别是WiFi网络；第6~9章介绍无线个域网技术，特别是Bluetooth网络和Zig-Bee网络；第10章简要介绍无线城域网和无线广域网技术。每章末均有习题，以便读者自测。

　　本书可作为高等院校计算机、物联网工程及相关专业的本科教材，也可供对无线网络感兴趣的读者阅读参考。

图书在版编目（CIP）数据

无线网络技术：原理、安全及实践/张路桥主编 . —北京：机械工业出版社，2018. 12（2024. 1重印）
普通高等教育物联网工程专业系列教材
ISBN 978-7-111-61456-2

Ⅰ. ①无⋯　Ⅱ. ①张⋯　Ⅲ. ①无线网-高等学校-教材　Ⅳ. ①TN92

中国版本图书馆 CIP 数据核字（2018）第 267344 号

机械工业出版社（北京市百万庄大街 22 号　邮政编码 100037）
策划编辑：路乙达　责任编辑：路乙达　王小东
责任校对：李　杉　封面设计：张　静
责任印制：张　博
北京雁林吉兆印刷有限公司印刷
2024 年 1 月第 1 版第 5 次印刷
184mm×260mm · 15. 25 印张 · 373 千字
标准书号：ISBN 978-7-111-61456-2
定价：39. 80 元

电话服务　　　　　　　　网络服务
客服电话：010-88361066　机 工 官 网：www.cmpbook.com
　　　　　010-88379833　机 工 官 博：weibo.com/cmp1952
　　　　　010-68326294　金 书 网：www.golden-book.com
封底无防伪标均为盗版　机工教育服务网：www.cmpedu.com

前　　言

从技术发展角度来看，随着计算机网络技术和无线通信技术的不断发展与成熟，无线网络技术已经成为计算机网络的延伸和重要分支。从应用情况来看，在日常生活和工作中，智能手机、平板电脑、笔记本式计算机等各类智能设备，甚至家用电器、家用轿车都能逐步通过无线的方式完成网络接入、数据传输。因此，有必要在计算机相关专业，通过单独的课程讲授无线网络的发展历史、无线网络和传统有线网络的区别、无线网络实现无线数据传输的原理、典型的无线网络技术等相关知识。

作者在几年的无线网络教学过程中发现，如果仅仅对无线网络的概念泛泛而谈，可能深度会有所欠缺，但如果对各类无线网络的协议、编码原理等内容进行深入讲解往往又非常枯燥。基于上述原因，本书一方面尽可能地减少对协议栈细节等枯燥内容、网络仿真等对理论、编码能力要求较高内容的介绍，另一方面尽可能从原理、编程、安全等多角度来介绍各类常见、典型的无线网络技术，并提供了大量的实验以便读者能够更加深入地理解相关概念、原理。

全书共10章，第1、2章介绍无线网络基础知识；第3~5章介绍无线局域网技术，特别是WiFi网络；第6~9章介绍无线个域网技术，特别是Bluetooth网络和ZigBee网络；第10章简要介绍无线城域网和无线广域网技术。除第1、2章外，后续部分内容相对独立，并且章节间内容也相对独立，读者可根据兴趣和时间选择阅读。当然，任何一种无线网络技术都涉及大量技术细节，单独用一本书进行介绍也不为过。所以，在阅读过程中，读者若对某种无线网络技术感兴趣，可继续深入查阅相关文献。

张路桥编写了第1章、第3~5章和第10章；王娟编写了第2章、第6章和第7章；石磊编写了第8章和第9章。

研究生沈梦婷和罗雪在文字校对过程中付出了辛勤的劳动，在此表示感谢。本书的出版得到了成都信息工程大学教材建设项目的资助，在此表示感谢。

由于编者学识有限，书中难免存在疏漏和错误，望读者不吝赐教。我们的电子邮箱分别是zhanglq@ cuit. edu. cn、wangjuan@ cuit. edu. cn 和 sl@ cuit. edu. cn。

编　者

目　录

第1章　无线网络简介

本章通过介绍计算机网络和无线通信技术的发展历史使读者了解无线网络技术的由来，而后介绍无线网络的分类方法及典型应用场景，最后介绍无线网络领域中相关的各类标准化组织。

1.1　计算机网络的发展历史

无线网络，顾名思义，是通过无线方式进行连接的网络。但在实现无线连接之前，就已经出现了有线网络，更准确地讲，是通过有线方式连接的计算机网络。因此，有必要简单回顾一下计算机网络的发展历史。

1.1.1　计算机网络诞生之前

20世纪40年代，世界上第一台电子数字计算机 ENIAC 诞生。早期的计算机往往体积庞大，如图1-1所示，为了保证计算机散热，其往往被放置在带有空调的玻璃房内。

当时既没有鼠标、键盘，也没有显示器，人机交互多依靠一种叫作穿孔纸带（或卡片）的装置，如图1-2所示。人们将程序、数据转换为二进制数据后，用有孔表示"1"，无孔表示"0"，并经过光电扫描后输入计算机。不难想象，穿孔纸带通过肉眼是非常难以识别的，

图1-1　早期的电子计算机

如图1-3所示。雪上加霜的是，早期计算机不支持远程通信，所有输入输出操作必须在本地完成。

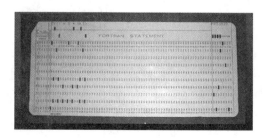

图1-2　穿孔卡片

图1-3　穿孔纸带识别

1

1.1.2　分时系统

　　为了方便人机交互，1954 年人们发明了一种被称为收发器的终端，如图 1-4 所示，其能够将本地穿孔纸带的内容发送到远程计算机上，并接收返回结果。这样一来，虽然免去了往返数据中心的路途奔波，但是人类终究不是机器，通过人工方式识别穿孔纸带始终是一件非常困难的任务。于是人们又发明了电传打字机，如图 1-4 所示，其除具备远程收发功能外，还能够让人们以自然语言的形式进行消息输入，再自动地将录入信息转换为计算机能够理解的"0"和"1"。

　　上述形态，即无处理能力的收发终端与中心计算机之间通过通信链路进行连接，中心计算机以分时方式处理不同用户所提交的操作请求就被称为分时系统，如图 1-5 所示。分时系统还不能被称为真正意义上的计算机网络，因为参与组网的并非是计算机，而是不具备处理能力的终端，并且也没有专门用于网络数据包处理和转发的设备。

图 1-4　收发器与电传打字机

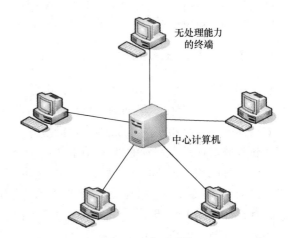

图 1-5　分时系统

1.1.3　ARPANET

　　1969 年，美国国防部高级技术研究局（Advanced Research Project Agency，ARPA）联合加州大学洛杉矶分校（University of California Los Angeles，UCLA）、加州大学圣芭芭拉分校（University of California Saint Barbara，UCSB）、斯坦福研究院（Stanford Research In-stitution，SRI）与犹他大学（The University of Utah，U of U）组建了一套被称为 ARPANET 的实验网络，该实验网络共有 4 个节点，节点间连接如图 1-6 所示。

　　在 ARPANET 中，首次出现了专门用于对计算机之间所传递消息进行处理的专用计算机——接口信息处理器（Interface Message

图 1-6　ARPANET 的节点间连接

Processor，IMP），如图1-7所示。正是由于IMP的出现，ARPANET也被视为现代计算机网络诞生的标志。也可以说，IMP是路由器、交换机等现代网络设备的雏形。

20世纪70年代，受ARPA-NET启发，各大学、公司及研究部门分别自行研发了多种不同体系结构的计算机网络，如IBM公司研发的系统网络体系结构（Systems Network Architecture，SNA），DEC公司开发的数字网络结构

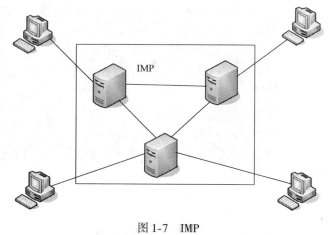

图1-7 IMP

（Digital Network Architecture，DNA）。这些网络之间由于缺乏统一的通信协议，相互之间并不能进行互联和数据通信。

1.1.4 Internet

1983年，随着传输控制/网际（Transfer Control Protocol/Internet Protocol，TCP/IP）协议的标准化，不同网络之间互联互通问题迎刃而解。不论局域网内部采用何种网络协议，只要大家遵循TCP/IP协议，一个个原本孤立的网络就能够进行信息交互，如图1-8所示。TCP/IP的标准化也标志着Internet正式诞生。

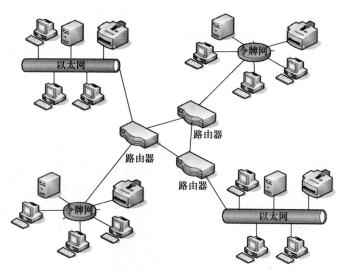

图1-8 Internet

自Internet诞生以来，随着人们对网络传输速度以及接入便利性越来越高的要求，人们不断对计算机网络进行改进。例如，通过光纤技术，如图1-9所示，极大地提高了网络传输速度；再比如，通过无线网络，大大地提高了计算机、智能手机等终端设备接入网络的便利性。

3

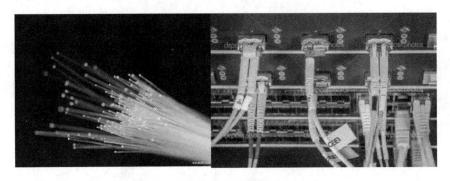

图1-9 网络光纤

1.2 无线通信技术的发展历史

网络技术是如何同无线通信技术走向融合，从而产生无线网络技术的，无线通信技术本身又是如何产生和发展的。本节将对无线通信技术的发展历史进行简要回顾。

1.2.1 无线电报

无线通信技术的诞生可追溯到1895年，意大利人马可尼（图1-10）首次实现了距离3km的无线信息传送。随后，1901年他又在英国和加拿大之间实现了横跨大西洋，近3000km的长距离无线信息传输。由于其在无线电、电视、移动电话等众多领域的卓越贡献，马可尼在1909年被授予诺贝尔物理学奖。

1.2.2 各类无线通信技术

图1-10 马可尼

随后，由于两次世界大战以及随后的冷战所带来的军事需求，无线通信技术得到了极大的推动和发展。其中一些标志性的事件包括：1945年，英国人克拉克提出静止卫星通信的设想；1947年，美国贝尔实验室提出了蜂窝通信的概念，即将移动电话服务区划分成若干小区，每个小区设立一个基站，构成蜂窝移动通信系统；1954年，美国海军利用月球表面对无线电波的反射进行了地球上两地电话的传输试验，并于1956年在华盛顿和夏威夷之间建立了通信业务；1960年，人类第一颗人造地球通信卫星——美国宇航局兰利研究中心工程师制造的"回声1号"（如图1-11所示）成功发射。此后，科学家们通过卫星实现了第一次语音直播通信、第一次图像信息的传递和第一通横跨大陆的电话等。

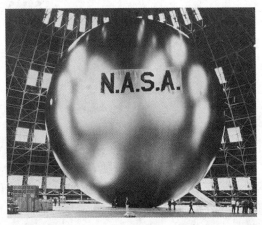

图1-11 "回声1号"地球通信卫星

1.2.3　无线计算机网络

虽然无线通信技术在 20 世纪得到了长足发展，但是无线通信技术与计算机网络技术真正走向融合是 1971 年。为了解决夏威夷群岛各岛屿之间的通信问题，夏威夷大学发起建设了 ALOHA 系统，其包含横跨 4 座岛屿的 7 台计算机。ALOHA 系统实现了一点到多点的无线数据通信，使分散在各岛上多个用户能够通过无线电信道来使用中心计算机。

在 1971 年至 20 世纪末的 20 多年时间里，研究人员持续进行无线网络的相关技术研究。例如，1979 年，IBM 设在瑞士的 Ruesehlikon 实验室，其研究人员 Gfeller 首先提出了无线局域网的概念，并采用红外线作为传输载体，用以解决生产车间里布线困难，大型机器运行时产生的严重电磁干扰问题，但由于该网络传输速率过低（小于 1Mbit/s）而没有投入使用。无线网络真正被大众所熟知是在 20 世纪末，大量符合 IEEE 802.11b 标准的网络设备、终端设备的普及。

除与计算机网络技术融合并衍生和发展出各类无线网络技术之外，由于人们对于移动过程中持续通信能力的渴求，无线通信技术的发展还催生了以移动通信网络为代表的无线移动通信技术。从 20 世纪 80 年代，美国贝尔实验室提出蜂窝式模拟移动通信系统（即第一代移动通信系统）开始，移动通信系统已经发展了 4 代，也就是大家常说的 1G、2G、3G 和 4G。目前，相关厂商已经研发成功了 5G 移动通信技术，并正在进行大规模商用的准备。

另外值得一提的是，现代移动通信网络的核心网络也在使用源自计算机网络的 IP 技术。不难看出，随着技术的不断融合与发展，无线网络技术和移动通信技术的边界正变得越来越模糊。

1.3　无线网络技术分类及应用场景

各类无线网络技术可以按照其覆盖范围、通信频率、参与组网的对象、组网过程是否需要基础设施支持等标准进行分类。下面将对不同分类标准进行逐一介绍。

1.3.1　覆盖范围

无线网络按照其覆盖范围可以分为无线个域网（Wireless Personal Area Network，WPAN）、无线局域网（Wireless Local Area Network，WLAN）、无线城域网（Wireless Metropolitan Area Network，WMAN）、无线广域网（Wireless Wide Area Network，WWAN）。无线个域网中比较常见的技术包括蓝牙（Bluetooth）、ZigBee、无线超宽带（Ultra Width Band，UWB）等。无线局域网中最具代表性的技术就是日常生活中无处不在的 WiFi（Wireless Fidelity）。无线城域网的代表性技术有全球微波互联接入（Worldwide Interoperability for Microwave Access，WiMAX）等。无线广域网技术包括蜂窝网络、卫星网络等。相关技术将在后续章节进行详细介绍。

这里所指的覆盖范围，更准确地说，应该是单个基站的覆盖范围，而单蜂窝的覆盖范围大小就成为网络划分的依据。根据单个基站覆盖范围的大小，可以将无线网络结构分为以下几类：

1）大蜂窝（Megacell）：以卫星作为基站，单个基站覆盖距离可为上千千米。

2）宏蜂窝（Macrocell）：基站放置在高大建筑上，单个基站覆盖距离为 1～10km。

3）微蜂窝（Microcell）：基站放置在几米到几十米高度上，覆盖范围为几百米至 1km。

4）微微蜂窝（Picocell）/毫微微蜂窝（Femtocell）：基站往往布置在室内，用于改善室内移动信号覆盖较弱的问题。爱立信公司推出的室内基站，其只有手掌大小，如图 1-12 所示。微微蜂窝也被称为皮蜂窝，毫微微蜂窝也被称为飞蜂窝。

另外，不同覆盖范围的无线网络技术，其网络结构往往是相似的，即多采用蜂窝结构来完成一定区域的网络覆盖，这就是上述分类中"蜂窝"二字的来历和含义。

需要特别说明的是，上述几种结构在同一网络中是可以并存的。例如，在 4G 网络中，

图 1-12　爱立信公司的室内基站产品

既可以有放置在高大建筑上的基站，也可以有巴掌大小、用于改善室内信号质量的微型基站。

1.3.2　通信频率

无线网络技术根据其传输速率、最大传输距离、应用场景不同，多采用不同的频率。一般而言，传输速率要求越高，使用频率就越高；传输距离越长，使用频率就越低。当然，亦可以采用多站点中继，增大发射功率等方式来解决长距离传输中信号衰减的问题。在建筑物、障碍物较多的应用场所，为提高覆盖范围，应采用较低的通信频率，或者增加站点的部署密度，以提高无线信号成功接收的概率；反之，若在较为空旷的野外，在发射功率等条件不变的情况下，即便采用较高的通信频率，也可以取得比较远的传输距离。当然，频率选择还受到不同国家和地区无线电频率分配、管理机构的约束。

举例来说，WiFi 最为常用的通信频段包括 2.4GHz 和 5GHz 两个频段，蓝牙多采用 2.4GHz 频段。同为第四代移动通信技术，LTE‐FDD（Long Term Evolution‐Frequency Division Duplex）在中国和美国使用的频率就各不相同。甚至在同一国家，不同的运营商即便采用相同技术，其使用的频段也不相同。比如，同样采用 FDD 技术，中国联通使用 1755～1760MHz 和 1850～1860MHz 两个频段；中国电信则使用 1765～1785MHz 和 1860～1875MHz 两个频段。这也可以解释，为什么有的手机只能使用中国电信的 SIM 卡，有的只能使用中国移动的 SIM 卡，皆是频率使然。

1.3.3　组网对象

从参与组网的对象角度来讲，无线传感器网络参与组网的主要对象是大量的微型传感器。传统的移动通信网络参与组网的主要是各种型号的手机。车辆之间可以成车联网（Vehicle Area Network，VAN）。当然，同一网络中也可以包含多种不同类型的对象、设备。比如，同一 WiFi 网络中可以存在计算机、平板电脑、智能手机，甚至空气净化器、电饭锅、净水器等智能家电设备。

1.3.4　是否需要基础设施支持

从组网过程是否需要基础设施支持来看，蜂窝网络就是典型的需要基础设施支持的无线网络，大量的智能手机或者其他移动设备，都依赖于蜂窝网络基站才能够正常接入网络，并进行数据传输。大多数情况下，WiFi 网络也是一种需要基础设施支持的无线网络，笔记本式计算机、智能手机等设备通过连接无线路由器，进而接入 Internet。而采用 ZigBee 技术的无线传感器网络则被设计成一种不依赖于基础设施的无线网络，大量的微型传感器通过自组织的方式实现互联、组网，并协作完成各类环境监测任务。

1.3.5　应用场景

无线网络的出现，大大方便了网络的接入，同时极大地提升了用户网络使用体验。虽然，无线网络的应用场景千差万别、多种多样，但万变不离其宗，即无线网络主要是为了在无法进行布线、布线困难、布线成本高等应用场景中取代有线网络而出现的。比如，有线网络显然难以支持移动通信需求，于是出现了蜂窝网络；又比如，正是在无线通信、网络等技术的支持下，卫星与地面接收设备之间的通信才能得以实现；再比如，现今家庭中，除了台式计算机、笔记本式计算机外，还有大量需要接入网络的设备——智能手机、平板电脑以及其他各类智能家电，如果全部采用有线方式连接网络，将对网络布线带来极大的挑战，也会对家居美观带来非常不利的影响，甚至很多设备可能根本就不具备有线网络接口，却往往内置了无线网卡，这样无线接入就成了唯一选择。

1.4　无线网络领域的标准化组织

任何技术的广泛应用都离不开技术标准化的支持，后续章节所介绍的各类无线网络技术都是由各类标准化组织提出并标准化的。这里简要介绍几个无线网络相关领域知名的标准化组织。

1.4.1　国际电信联盟

国际电信联盟（International Telecommunication Union，ITU）是联合国的一个重要专门机构，也是联合国机构中历史最长的一个国际组织，其标志如图 1-13 所示。ITU 主管信息通信技术事务，负责分配和管理全球无线电频谱与卫星轨道资源，制定全球电信标准，向发展中国家提供电信援助，促进全球电信发展。其成员包括 193 个成员国和 700 多个部门成员及部门准成员和学术成员。

ITU 的历史可以追溯到 1865 年。为了顺利实现国际电报通信，1865 年 5 月 17 日，法、德、俄、意、奥等 20 个欧洲国家的代表在巴黎签订了《国际电报公约》，国际电报联盟（International Telegraph Union，ITU）也宣告成立。随着电话与无线电的应用与发展，ITU 的职权不断扩大。1906 年，德、英、法、美、日等 27 个国家的代表在柏林签订了《国际无线电报

图 1-13　ITU 组织标志

公约》。1932 年，70 多个国家的代表在西班牙马德里召开会议，将《国际电报公约》与《国际无线电报公约》合并，制定《国际电信公约》，并决定自 1934 年 1 月 1 日起将国际电报联盟正式改称为"国际电信联盟"。经联合国同意，1947 年 10 月 15 日国际电信联盟成为联合国的一个专门机构，其总部也由瑞士的伯尔尼迁至日内瓦。

人们日常生活中使用的 GSM、CDMA、WCDMA 和 LTE 等各类移动通信技术都是经 ITU 批准并标准化的。

1.4.2 国际标准化组织

国际标准化组织（International Organization for Standardization，ISO），是国际标准化领域中一个十分重要的组织，成员包括 162 个国家和地区。ISO 来源于希腊语 "ISOS"，即 "EQUAL"（平等）之意，其标志如图 1-14 所示。ISO 负责目前绝大部分领域（包括军工、石油、船舶等垄断行业）的标准化活动。ISO 的宗旨是"在世界上促进标准化及其相关活动的发展，以便于商品和服务的国际交换，在智力、科学、技术和经济领域开展合作"。

国际标准化组织的前身是国家标准化协会国际联合会和联合国标准协调委员会。1946 年 10 月，25 个国家标准化机构的代表在伦敦召开大会，决定成立新的国际标准化机构，定名为 ISO。大会起草了 ISO 的第一个章程和议事规则，并认可通过了该章程草案。1947 年 2 月 23 日，国际标准化组织正式成立。

图 1-14　ISO 组织标志

ISO 通过它的 2856 个技术机构开展技术活动，其中技术委员会（Technical Committee，TC）185 个，分技术委员会（Standards Committee，SC）611 个，工作组（Work Group，WG）2022 个，特别工作组 38 个。

1.4.3 国际电工委员会

国际电工委员会（International Electrical Commission，IEC）是世界上成立最早的国际性电工标准化机构，负责有关电气工程和电子工程领域的国际标准化工作。其宗旨是促进电工、电子和相关技术领域有关所有标准化问题（比如标准的合格评定）的国际合作，其标志如图 1-15 所示。目前 IEC 的工作领域已由单纯研究电气设备、电机的名词术语和功率等问题扩展到电子、电力、微电子及其应用，包括通信、视听、机器人、信息技术、新型医疗器械和核仪表等电工技术的各个方面。IEC 和前面介绍的 ITU、ISO 是目前国际三大标准化组织。

IEC 成立于 1906 年，至 2015 年已有 109 年的历史。在 1887—1900 年间召开的 6 次国际电工会议上，与会专家一致认为有必要建立一个永久性的国际电工标准化机构，以解决用电安全和电工产品标准化问题。1904 年在

图 1-15　IEC 组织标志

美国圣路易斯召开的国际电工会议上通过了关于建立永久性机构的决议。1906 年 6 月，13 个国家的代表集会伦敦，起草了 IEC 章程和议事规则，正式成立了国际电工委员会。1947 年其作为一个电工部门并入 ISO，1976 年又从 ISO 中分立出来。

IEC 现在有技术委员会（Technical Committee，TC）97 个，分技术委员会（Sub Committee，SC）77 个。在信息技术领域，IEC 成立了联合技术委员会与 ISO 等其他国家标准化组织紧密合作，以避免出现不同组织制定的标准相互冲突的问题。上述联合技术委员会是 ISO、IEC 最大的技术委员会，其工作量几乎是 ISO、IEC 的三分之一，发布的国际标准也占三分之一，其制定的最有名的标准是开放系统互连（Open Systems Interconnection，OSI）标准，成为各计算机网络之间进行互联对接的权威技术，为信息技术的发展奠定了基础。

1.4.4　电气和电子工程师协会

电气和电子工程师协会（Institute of Electrical and Electronics Engineers，IEEE）是一个国际性的电子技术与信息科学工程师协会，是目前全球最大的非营利性专业技术学会，其会员人数超过 40 万人，遍布 160 多个国家，其标志如图 1-16 所示。IEEE 在国际计算机、电信、生物医学工程、电力及消费性电子产品等学术领域都具有权威性。在电气及电子工程、计算机及控制技术领域，IEEE 发表的文献数量约占全球的三分之一。

IEEE 的两个前身包括成立于 1884 年的美国电气工程师协会（American Institute of Electrical Engineer，AIEE），以及成立于 1912 年的无线电工程师协会（American Institute of Radio Engineer，IRE）。AIEE 主要兴趣在有线通信（电报和电话）、照明和电力系统等领域；IRE

图 1-16　IEEE 组织标志

关心的则多是无线电工程，它由两个更小的组织组成，即无线和电报工程师协会和无线电协会。随着 20 世纪 30 年代电子学的兴起，电气工程大抵上也成了 IRE 的成员，同时电子管技术的应用变得如此广泛以至于 IRE 和 AIEE 领域边界变得越来越模糊。第二次世界大战以后，两个组织竞争日益加剧。1961 年两个组织的领导人果断决定将二者合并，并于 1963 年 1 月 1 日合并成立 IEEE。

作为全球最大的专业学术组织，IEEE 在学术研究领域发挥重要作用的同时也非常重视标准的制定工作。IEEE 专门设有 IEEE 标准协会（IEEE Standard Association，IEEE - SA）负责标准化工作。IEEE 所制定的标准内容包括电气与电子设备、试验方法、元器件、符号、定义以及测试方法等多个领域。

人们熟悉的 IEEE 802.11、802.16、802.20 等系列标准，就是 IEEE 计算机专业学会下设的 802 委员会负责主持的。IEEE 802 又称为局域网/城域网标准委员会，致力于研究局域网和城域网的物理层和 MAC 层规范。

1.5　本章小结

本章简要介绍了计算机网络发展历史和无线通信技术发展历史，两项技术的融合最终促成了无线网络技术的出现；随后，介绍了覆盖范围、通信频率、参与组网对象、是否需要基础设施支持及应用场景等无线网络分类依据和分类结果；最后，介绍了 ITU、ISO、IEC 和 IEEE 等无线网络相关领域的标准化组织。

习　题

1. 无线网络按照覆盖范围从大到小可划分为＿＿＿＿、＿＿＿＿、＿＿＿＿和＿＿＿＿。

2. 因为 ARPANET 中＿＿＿＿的出现，ARPANET 被认为是现代计算机网络诞生的标志。

3. ＿＿＿＿使得原本孤立的、相互不兼容的各局域网能够按照统一的标准实现互联互通。

4. 判断一下，大蜂窝、宏蜂窝、微蜂窝和微微蜂窝等结构在同一网络中无法共存，这句话是否正确。

5. 802.11 标准是＿＿＿＿提出的无线网络标准。

第2章 无线通信原理

本章介绍无线通信的原理，为后续介绍各类无线通信技术打下基础。无线通信采用的传输介质与传统有线通信不同，不再依赖线缆等物理实体。无线信号传输特性与电磁波频率、传播方式存在非常强的关联。例如：相比于低频信号，高频信号衰减更强，因此往往需要更大的天线；由于电磁波在大气空间中传播时会受到大气吸收等影响，因此无线传输不如有线传输稳定，需要借助天线技术、差错控制技术、调制与解调技术等进行差错控制，以保证传输质量。

2.1 无线传输

无线传输，顾名思义，是不借助有形的线缆进行的传输。本节首先介绍无线传输媒体及无线信号传输特性，特别是与有线传输的区别。

2.1.1 无线传输媒体

传输媒体（介质、媒介）是数据传输系统中发送器和接收器之间的物理路径。传输媒体可分为导向性和非导向性两种。

1）导向性（Guided）：电磁波被引导沿某一固定媒体前进，如双绞线、同轴电缆和光纤（如图2-1所示）。可以理解为有线传输就是导向的，因为信号被限制在线路内部，沿着线路铺设方向传输。

2）非导向性（Unguided）：其提供传输电磁波信号的介质，但不引导电磁波传播的方向，这种传输形式也被称为无线传输，如大气和外层空间。以电磁波为载体传输信息的基本原理是导体中电流强度改变会产生无线电波，并可通过调制将信息加载于无线电波中。电波通过空间传播到达接收方时，电波所引起的电磁场变化又会在导体中产生电流，可通过解调将携带的信息提取出来，从而实现信息传递。

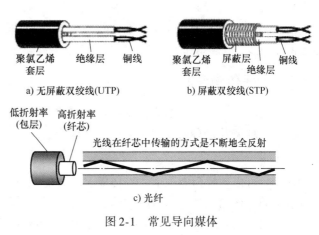

a) 无屏蔽双绞线(UTP)　　b) 屏蔽双绞线(STP)

c) 光纤

图2-1　常见导向媒体

不同频率电磁波适用不同的传输介质、应用场景。图2-2给出了常见传输媒体和频段的对应关系。

导向性传输媒体的信号传输质量受制于传输媒体本身，即不同类型的线缆带来的信号衰减

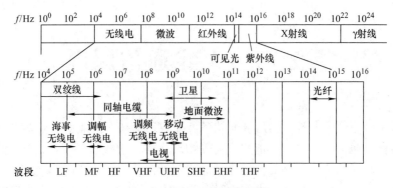

图 2-2　不同频段的传输媒体

不同；同类型的线缆，品质好的较品质差的带来的衰减更小。有线网络中损耗与距离的关系为

$$L = E^d \tag{2-1}$$

其中，d 代表距离；E 代表其他关系变量，即信号在双绞线和同轴电缆等导向性媒体中传输时，损耗随距离指数变化。

非导向性传输媒体的传输质量主要受信号带宽影响，在带宽一定的情况下，则主要受距离影响，具体如下：

1）全向信号：信号发射后沿所有方向传播，可被所有天线接收，发射设备和接收设备不必在物理上精确对准。全向信号多为低频信号。

2）定向信号：信号发射后沿特定方向传播，发射端和接收端天线必须精确地对准。定向信号多为高频信号。

3）对于微波以及无线电广播等高频信号，其损耗为

$$L = 10\lg\left(\frac{4\pi d}{\lambda}\right)^2 \tag{2-2}$$

其中，d 代表距离；λ 代表波长。

从式（2-2）可以看出，无线信号的衰减和传输距离的二次方成正比，而双绞线与同轴电缆的损耗随距离的指数变化。综合式（2-1），在相同距离条件下，相比有线传输，无线传输可使用更少的中继设备。

2.1.2　无线传输性能

无线信号在传输过程中会受到各种各样的影响，导致原始信号发生变异。本节对传输过程中的各种现象及其对信号的影响作简要说明。

1. 损耗

损耗：可以理解为无线信号在传播过程中的能量消耗。电磁波跨越一定空间距离是需要消耗能量的，任何长距离信号的传输都会有损耗，其将造成接收方接收到的信号强度不同于发送方发出的信号。造成损耗的原因包括衰减和衰减失真、自由空间损耗、噪声、大气吸收、多径、折射等。

自由空间损耗特指信号在大气空间中传播过程的损耗。自由空间损耗是卫星通信中主要的传播损耗，可表示为天线的发射功率与接收功率之比，或使用分贝作单位，即以该比率取10 为底的对数，结果值再乘以 10。

2. 衰减和衰减失真

衰减：信号强度随信号在传输介质中传输距离的增加而下降的现象。如前所述，有线介质衰减通常为指数值，即每单位距离的衰减对应一个固定的分贝数。无线介质衰减则是发送方和接收方距离的幂函数，但其更为复杂。

衰减失真：由于信号强度衰减为信号频率的函数，所以与发送端信号各频率成分相比，接收端信号各频率成分相对强度有所变化。此种相对强度变化被称为衰减失真，而衰减失真会影响对信号的理解。

无线条件下为保证信号在衰减后仍能够成功接收，一般应考虑以下 3 项因素的影响。

1）接收端信号应有足够强度，使接收方能够检测并解释信号。

2）与噪声相比，信号须维持较高强度，即信号噪声比（Signal to Noise Ratio，S/N）足够大，避免信号被噪声湮没。

3）由于一个信号中的高频部分相对低频部分衰减更严重，所以信号各组成频率的衰减程度不同。若信号中各组成频率相对强度变化过大，则会带来失真，进而导致接收失败。

前两个因素带来的信号接收问题可以通过使用放大器或中继器把信号再次放大来解决，而降低最后一个因素的影响则需要比较复杂的技术。对于衰减失真：可考虑跨频带均衡衰减，或用放大器对高频部分信号进行放大补偿。

3. 噪声

噪声是影响无线信号传输的一大类因素，包括各种类型的噪声。有些噪声可以设法消除，而有些噪声是无法消除的。

热噪声：也被称为白噪声，由电子热扰动产生，普遍存在于电子设备和传输介质中，受温度影响（温度越高，粒子活动越剧烈，白噪声越强），且无法消除（除非温度降低到绝对零度）。卫星通信中，由于卫星与地面站的距离非常远，地面站接收到的信号强度往往非常低，因此白噪声对卫星通信影响显著。

互调噪声：由多个不同频率信号共享传输介质时产生，新产生的信号频率是多个原始信号频率累加的结果，比如频率 f_1 和 f_2 混合可能得到 $f_1 + f_2$ 频率的信号。

串扰噪声：由不同信号路径间融合产生。比如，相邻双绞线间的电子耦合；再比如，微波天线尽管定向性较高，但微波能量在传播期间仍会发散，发散后的信号便有可能与其他信号形成串扰。串扰与热噪声对原始信号具有同等（或较少）干扰作用。对于 ISM（Industrial Scientific Medical，工业、科学和医学）频段串扰是主要的噪声来源。

脉冲噪声：不规则脉冲或短时噪声尖峰，振幅较高。产生的原因包括外部电磁干扰（如雷电）、通信系统错误和缺陷。脉冲噪声对模拟信号影响不大，但也可造成语音通信中短时通话质量下降，但可能导致数字信号严重错误。脉冲噪声可被检测，并可通过重传等方式进行修正。

4. 大气吸收

大气吸收也是造成信号损耗的原因，一般源于大气中的水蒸气和氧气分子。水蒸气产生的衰减峰值约为 22GHz，信号频率低于 15GHz，其影响会降低。氧气产生的衰减峰值约为 60GHz，信号频率低于 30GHz，其影响会降低。另外，雨雾也会散射无线电波，导致衰减。针对大气吸收所带来的损耗，在降水量充沛地区，可多用短距离通信方式，或使用低频段进行通信。

5. 多径

该损耗主要针对无线信号。由于无线环境中障碍物对信号的反射，接收方将在不同时间先后接收到同一信号的多个副本，这就是多径现象。根据直传或反射信号传播路径长度不同，合成信号强度会不同于直传信号。在极端情况下，甚至有可能无法接收到直传信号。

将天线固定且放在较高、遮挡较少的位置（例如卫星和固定地面站间通信场景）可有效抑制多径效应。而在移动通信和天线位置不佳的环境中，多径因素影响较明显。例如，无线信号穿越水面时，由于风使水面始终处于波动状态，信号反射后传输路径难以控制，因此通信质量难以保证。

需要特别说明的是，多径现象不是只有缺点，现代通信在某些情况下对多径现象甚至存在依赖。因为反射及多径传播使原本只能直线传播的无线电波能够绕过障碍物，从而到达山丘、楼房背面、停车场、通道等原来被阻隔的区域。如果没有多径现象，在墙背面、柜子背面这些信号直接传输受到阻隔的区域就无法接收无线信号。

6. 折射

与多径现象密切相关的是折射，其也是造成多径现象、信号损耗的主要原因之一。实际环境中，折射损耗主要发生在大气层折射无线电波的时候。大气密度随高度变化，密度变化将导致信号折射，其效果类似于无线信号传输方向向下弯曲。除高度带来的大气密度变化外，气象条件变化偶尔也会产生类似影响。当然，折射对信号的成功接收也有正面作用。例如，当采用直线波传输时，若发送端与接收端之间存在障碍物遮挡，则折射可使部分信号抵达接收端。

7. 移动环境中的衰落

上面讨论的主要是发送和接收方位置均固定条件下产生损耗的原因，但是现代通信系统所面临的最具挑战性的技术问题还不是固定场景中的信号传输，而是移动环境中的衰落（衰退）。在移动环境中，两端的天线彼此相对移动，各种障碍物的相对位置会随时间而改变，由此会产生更为复杂的传输问题。

1）反射（Reflection）：遇到比电磁信号波长更大的表面会发生反射（地球表面、高建筑物、大型墙面），由于反射中相位偏移，反射波可能会与直线波产生抵消，同时也会产生多径干扰，如图2-3所示。

2）衍射（Diffraction）：发生在难以穿透的物体边缘（该物体比无线电波波长大，例如无线电波传输途中遇到不规则的尖锐边缘），电磁波传输方向将发生变化，因此即使没有来自发送器的直接信号也可接收到信号，如图2-4所示。

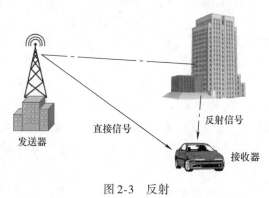

图2-3 反射

3）散射（Scattering）：障碍物（树叶、街牌、灯柱）尺寸和信号波长相近，一路电磁波将被散射为几路信号，散射后的信号强度远低于原始信号，如图2-5所示。

对于视距传输（直线传输且无阻挡），衍射和散射影响并不大；对于非视距传输（非直线传输且有阻挡），衍射和散射是能够成功接收信号的主要原因，这也是多径现象的优点及用途。

随着天线的移动，各种障碍物的位置会发生变化，所产生的次要信号的数量、幅度和抵达接收端的时间都会发生变化，使得设计可过滤多径效应、保真恢复原始信号的处理技术比较困难。

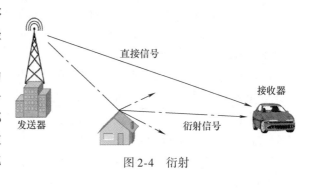

图 2-4　衍射

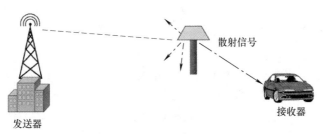

图 2-5　散射

8. 多普勒效应

多普勒效应是为纪念 Christian Doppler 而命名的。多普勒效应指出，波在波源移向观察者时频率变高，而在波源远离观察者时频率变低，当观察者相对波源移动时也能得到同样的结论。假设原有波源的波长为 λ，波速为 c，观察者的移动速度为 v，当观察者走近波源时观察到的波源频率为 $(v+c)/\lambda$，如果观察者远离波源，则观察到的波源频率为 $(v-c)/\lambda$。

多普勒效应不仅适用于声波，也适用于所有类型的波，包括光波、无线电波。在无线移动通信中，当移动终端移向基站时，频率变高，而远离基站时，频率变低，所以在移动通信中要充分考虑多普勒效应，尤其是高速移动条件下的宽带网络接入，如 IEEE 802.20，必须考虑多普勒效应对信号传输的影响。

根据多普勒效应，移动通信衰落效果分为快速衰落或慢速衰落两类。城市环境中节点沿一条街道移动时，超过大约波长一半距离时，其接收到的信号强度急剧变化，即为快速衰落。以使用 900MHz 频段为例，信号振幅变化在一个单位上为 20～30dB。节点移动超出一个波长的距离时，比如用户穿过不同高度的建筑物、空地、十字路口等，跨越这样长的距离时，接收到的信号平均功率值会降低，即为慢速衰落。

2.2　无线频谱

2.2.1　无线频谱划分

无线通信依靠的是以电磁波作为数据传输载体，而电磁波的特性与其频率密切相关。本节先介绍无线通信中的频谱划分及其特点。一旦了解了无线通信使用的电磁波属于哪个频段，也就大体了解了该类无线通信的特点。

　　频谱（Spectrum）：信号包含的所有频率就是频谱。当一个无线信号所有的频率成分都是某个频率的整数倍时，后者被称为基频（Fundamental Frequency）。

　　无线频谱具有以下特点：

　　1）有限性：频段有限，不是可以无限扩充的资源。

　　2）排他性：一定时间、地区和频域内独占，否则将相互干扰。

　　3）复用性：时间、地区、频域和编码不同，频率资源在一定条件下可复用。

　　4）非耗尽性：可重复利用不会耗尽，属于可再生资源。

　　5）传播性：不受国界和行政地域限制，但受自然环境影响。

　　6）易干扰性：互相干扰，特别是在频率相同或接近时。

　　无线电频谱不是无限的，而是极其有限的资源，受到国家的统一管理。除了个别公用频段可以不通过申请批准使用外，其他的都需要向所在国无线电管理机构进行申请备案，经过批准后方可使用。

　　ITU 规定 ISM 频段可以无须许可授权，可免费使用。但关于 ISM 频段的规定不同国家却并不相同。比如，2.4GHz 频段为各国通用，美国还可以使用 902～928MHz、2.4～2.4835GHz 和 5.725～5.850GHz 三个频段；欧洲的 ISM 低频段为 433MHz 和 868MHz。除频率外，ISM 频段使用还需遵守发射功率不得高于 1W 的规定。目前，许多无线网络均工作于 ISM 频段，比如大家每天都在使用的 WiFi。

　　在中国负责无线电频段管理的是中国无线电管理局，其依据《中华人民共和国无线电管理条例》等法律法规负责无线电通信管理，具体包括频率申请备案、固定台站布局规划、台站设置认可、频率分配、电台执照管理、公用移动通信基站的共建共享、监督无线电发射设备研制生产销售、无线电波辐射和电磁环境监测等。

　　国际上将无线电波频谱划分为 12 个频段，通常的无线电通信只使用其中第 4～12 频段，详细的无线电频谱和波段划分见表 2-1。

表 2-1　无线电频谱及波段划分

序号	频段名称	频率范围	波　长
1	极低频（Extreme Low Frequency，ELF）	3～30Hz	极长波（100～10Mm）
2	超低频（Super Low Frequency，SLF）	30～300Hz	超长波（10～1Mm）
3	特低频（Ultra Low Frequency，ULF）	300～3000Hz	特长波（1～0.1Mm）
4	甚低频（Very Low Frequency，VLF）	3～30kHz	甚长波（100～10km）
5	低频（Low Frequency，LF）	30～300kHz	长波（10～1km）
6	中频（Middle Frequency，MF）	300～3000kHz	中波（1000～100m）
7	高频（High Frequency，HF）	3～30MHz	短波（100～10m）
8	甚高频（Very High Frequency，VHF）	30～300MHz	米波（10～1m）
9	特高频（Ultra High Frequency，UHF）	300～3000MHz	分米波（1～0.1m）
10	超高频（Super High Frequency，SHF）	3～30GHz	厘米波（10～1cm）
11	极高频（Extreme High Frequency，EHF）	30～300GHz	毫米波（10～1mm）
12	至高频（Super Extreme High Frequency，SEHF）	300～3000GHz	丝米波（1～0.1mm）

注：波长介于 9～12 的分米波和丝米波之间的电磁波又被通俗地称为微波。

不同频段的典型应用如图 2-6 所示。

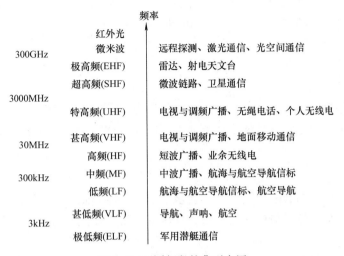

图 2-6 不同频段的典型应用

2.2.2 无线通信的特点

之所以不同频率的电磁波适用于不同的应用场所，是因为其传播特性不同。下面简要介绍一些常见频段及其特性、使用方法、系统构成。在讲述各频段特性之前，先给出一般规律。

一个最基本的公式：

$$c = \lambda \times f \tag{2-3}$$

其中，c 为光速，一般认为是一个常数，恒定不变；f 为波的频率，最原始的解释是波每秒振动的次数，单位是 Hz（赫兹，英文 Hertz 的简写）；λ 为波长，最原始的解释是波每次振动跨越的空间距离。由于 c 是固定的，那么可以推出 f 越大，则 λ 越小；反之，f 越小，则 λ 越大。

电磁波对障碍物的穿透能力、定向性、传播衰减等与频率 f 密切相关，简单总结为：

频率 f 越高，则 λ 越小，衍射性越差，越难越过障碍物，即穿透性越差，但传输方向性强，适合远距离传输。

频率 f 越低，则 λ 越大，衍射性越好，越容易越过障碍物，即穿透性越好，但传输方向性弱，只适合近距离传输。

从衰减来说，频率越高，传输经过相同距离的衰减越大，频率较高的微波因其衰减显著不太适合长途传输，但却非常适合近距离传输。

有了以上的总体概念，下面分析各具体频率的传输特性。

2.2.3 无线电通信

无线电广播频段为 30MHz ~ 1GHz，适用于全向应用。该频段的无线信号频率较低，波长较长，穿透性好，能穿透墙壁，也可到达许多网络线缆无法敷射的地方。除此之外，其不受雪、雨天气的干扰（雨雪等气象条件对低于 1GHz 频率的电磁波吸收不明显），电离层对

30MHz 以上频率的电磁波没有干扰。其既可用于全方向广播，也可用于定向广播，但一般都应用在全向广播中，如果要进行定向广播，则还需要使用定向天线。由于其频率低，传输方向性不强，天线无须精确校准，也无须安装到特定的位置上，使用上具有非常高的灵活性。

2.2.4 微波通信

微波一般是指频率为 300MHz～300GHz、波长为 1m～1mm 的电磁波，包含表 2-1 划分中的分米波、厘米波、毫米波，属于频率非常高的电磁波。

1. 微波的特点

微波具有如下特点：

1）微波频率高、波长短，传播特性与光波相似，直线前进，遇阻挡会反射或阻断，即体现出穿透性差，难以越过障碍物的特点。在城市规划中要充分考虑，避免因高楼阻隔而影响微波通信质量。

2）微波通信主要用于视距（Line of Sight，LOS）内通信。视距人眼在无阻挡物时直视的最大距离，如果微波通信超过视距则需中继转发。由于其不受线缆约束，具有良好抗灾性能，一般不受水灾、风灾、地震等自然灾害影响。

3）微波通信系统容量大、质量好，可传播距离远，体现出高频率电磁波适合于长距离传输的特点。

微波传输主要损耗源于衰减，微波损耗随距离的二次方而变化。微波系统中继器或放大器可彼此相距很远，如 10～100km。下雨时衰减增大，雨水对高于 10GHz 频段的影响明显。另外，其易受电磁干扰影响，同一方向上不能使用相同频率，因此微波频段使用分配须受无线电管理部门严格管理。

微波普遍适用于各种专用通信网，常用的频率范围为 2～40GHz。

2. 微波的分类

微波可分为地面微波和卫星微波两类。

（1）地面微波

地面微波通常在视距范围内传输，收发双方一般为两个互相对准的抛物面天线。比如，两个距离在视距范围内但相距较远的大楼也可通过地面微波通信互连，其成本低于有线链路互连。地面微波可通过中继站和中继链路实现多个局域网互连，以扩大网络范围（如图 2-7 所示），更长距离的传输往往需要使用多个中继站。

终端站　　　　中继站　　　　终端站

图 2-7　地面微波

地面微波天线的形状一般为抛物面（俗称锅盖），直径多为几米（如图 2-8 所示）。天线大多固定，发送方天线将电磁波聚集成波束，向接收方发射。天线通常安装在距地面较远的高处，以避开地面障碍物，并扩展视距范围。

地面微波通信具有如下优点和不足：

1）容量大：波段频率高，频段范围宽，信道容量大。

2）质量高：一般工业干扰和电磁干扰对微波通信影响较小。

3）成本低：与各类有线通信相比，微波通信投资少、见效快。

4）易失真：微波不能有效穿越建筑物，多径效应和衰减失真明显。

5）易受环境影响：恶劣天气（如雨水）会对微波产生吸收。

6）安全保密性差：隐蔽性和保密性均弱于有线通信。

图 2-8 微波天线

7）维护成本较高：中继站维护需耗费一定人力、物力。

（2）卫星微波

卫星微波通信系统由卫星和地球站两部分组成。卫星在空中起中继作用，连接两个或多个地球站收发器，接收一个频段的上行信号，放大后在另一频段进行下行发送。一颗卫星可操作多个频段。地球站是卫星通信中的地面网络接口，地面用户通过地球站接入卫星链路。

卫星微波通信系统的频率为 1~10GHz，大多数使用 4GHz 或 6GHz 频段。不过，目前频段已趋于饱和，加上干扰的存在，已经开始使用更高频率。

卫星微波通信系统中节点间距离远，两地球站间传播时延可能达上百毫秒，由此带来差错检测和流量控制等一系列问题，普通语音通信感受明显，例如海事卫星电话的通信质量一般比民用基站的通信质量差，通话易出现断续现象。

卫星微波通信的优点包括：范围大，距离远，不受地面灾害影响，建设快，费用和距离无关，广播和多址通信实现容易，同一信道可用于不同方向、不同区域的通信，等等。

卫星微波通信的缺点包括：信号传输时延大，有些频段受天气影响明显，天线受太阳辐射噪声影响，安全保密性较差，卫星造价高等。

2.2.5 红外线通信

红外线是太阳光谱中众多不可见光中的一种，其也可作为无线通信的传输载体。红外线频谱段为 $3 \times 10^{11} \sim 2 \times 10^{14}$Hz。不难看出，其频率比微波还要高，因此可以推断其传播方向性强，穿透性差。

实际上，红外线非常适合本地应用，由于红外线可以像可见光一样聚集成窄光束发射，其可在有限区域内（如一个房间）实现局部点对点及点对多点无线短距离通信。但无论是直接传输，还是经由浅色表面（房间天花板）反射传输，收发器间的距离均不能超过视线范围。

因为红外线发射器小而轻、结构简单、价格低廉，被广泛用于各种电器的红外遥控器。

红外线通信具有如下优点和缺点：

优点：具有不易发现和截获、保密性强的优点；几乎不受电磁、人为干扰，抗干扰性强。微波系统中遇到的安全性和干扰问题在红外线传输中都不存在。在不能架设有线线路、使用无线电又怕暴露的情况下，红外线通信是较好的选择。更为方便的是，红外频率使用不需要许可授权。

缺点：须在视距范围内通信，传播易受天气和强烈光源影响，传输无法穿透墙体。

2.2.6 光波通信

与微波、红外线相比，光波频率更高。这里光波主要指非导向光波，而非用于光纤的导向光波。光波通信具有如下优点和缺点：

优点：光波通信提供非常高的带宽，成本也很低，相对容易安装，而且与微波不同，光波使用不需要经过联邦通信委员会（Federal Communication Commission，FCC）等管理机构许可。

缺点：激光是非常窄的一束光，不易瞄准是它的缺点，同时激光束难以穿透雨或者浓雾，白天太阳热量随气流上升也会使激光束因折射产生偏差，光波传输无法实现广播通信。

2.3 天线

天线是发射和接收无线电波必需的设备。发送方将信号通过电缆输送至天线，再以电磁波形式辐射出去；接收方则由天线接收抵达的电磁波，再通过线缆传送至接收机。

以上介绍了无线信号在传输过程中可能受到的损耗和衰减等各类影响，其导致原始信号不能被接收方正确接收。因此，为了达到增强接收信号强度、增大传输距离、提高信号接收的成功率等目的，需要一些额外的方法与设备，而天线就是最为常见的信号增强装置。

2.3.1 天线的分类

按照不同的分类依据，天线可分为以下几类：

1）按用途分为通信天线、电视天线、雷达天线等。

2）按工作频段分为短波天线、超短波天线、微波天线等。

3）按方向性分为全向天线、定向天线等。

4）按外形分为线状天线、面状天线等。

首先，介绍偶极和抛物面两种常见的天线及其设计原理。

1. 偶极天线

偶极天线包括半波偶极和1/4波垂直天线两类，如图2-9所示。

（1）半波偶极天线

半波偶极天线由两个等长度且在同一直线上的导线组成，两条导线由一个小的供电间隙分开，天线总长度是天线最有效传输信号波长的一半。

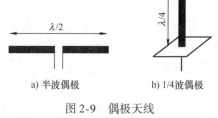

a) 半波偶极   b) 1/4波偶极

图2-9 偶极天线

举例：求2.4GHz半波偶极天线的长度。

$$c = \lambda \times f \qquad (2\text{-}4)$$

其中，c为电磁波的传播速度，即300000000m/s；λ为波长；f为频率。

于是有 $\lambda = c/f = 300000000\text{m/s} \div 2.4\text{GHz} = 300000000\text{m/s} \div 2400000000\text{Hz} = 0.125\text{m}$。如果是半波偶极天线，那么天线长度应该是波长的一半，即 $\lambda/2 = 0.0625\text{m} = 6.25\text{cm}$。

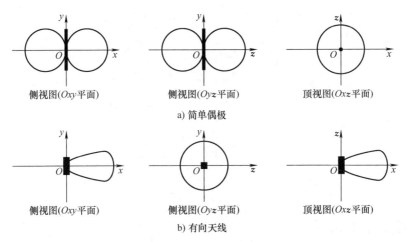

侧视图(Oxy平面)　　侧视图(Oyz平面)　　顶视图(Oxz平面)

a) 简单偶极

侧视图(Oxy平面)　　侧视图(Oyz平面)　　顶视图(Oxz平面)

b) 有向天线

图 2-10　半波偶极天线辐射图

（2）1/4 波偶极天线

1/4 波偶极天线的长度是天线最有效传输的信号波长的 1/4，是汽车无线电和便携无线电中最常见的天线类型。

半波偶极在三维空间的一个维度上具有一致或全向的辐射模式，在另外两个维度上具有"8"字形的辐射模式，还可使用更复杂的天线配置产生一个有向电磁波束，如图 2-10b 所示。

2. 抛物面反射天线

抛物面反射天线能将电磁波从焦点发射到抛物面（如图 2-11 所示），经反射后形成定向辐射，车灯、光学和无线电望远镜均采用了此种原理，常用于地面微波和卫星。抛物面天线的外观如图 2-12 所示。

根据抛物面天线的原理，可改装 WiFi 天线，实现增强某方向无线信号强度的目的。

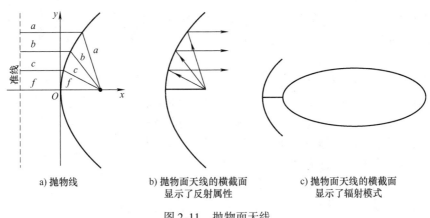

a) 抛物线　　　b) 抛物面天线的横截面　　　c) 抛物面天线的横截面
　　　　　　　　显示了反射属性　　　　　　　　显示了辐射模式

图 2-11　抛物面天线

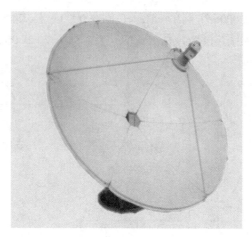

图 2-12　抛物面天线实体

2.3.2　天线的主要指标

天线的类型、增益、方向图、驱动功率、配置、极化等都是影响天线性能的因素。

（1）增益

输入功率相同时，实际天线与理想辐射单元在空间中同一位置产生的信号功率密度之比，被称为天线的增益。天线增益与天线有效面积的关系为

$$G = \frac{4\pi A_e}{\lambda^2} = \frac{4\pi f^2 A_e}{c^2} \tag{2-5}$$

其中，G 为增益；A_e 为有效面积；f 为载波频率；λ 为载波波长；c 为光速。

增益定量描述了天线集中输入功率并辐射的程度。增加增益就可在一个确定方向上增大网络覆盖范围，或在确定范围内增大信号强度余量。但增加某方向的功率是以降低其他方向的功率为代价的，目的是获得更好的定向性。

"全向高增益天线"的误区：天线增益是无源现象，即天线并不能放大输入功率，更换天线并不能改变设备的发射功率。根据能量守恒可知，a 方向获得了更多的能量，则 b 方向能量就会相应减少。市面所售"高增益全向天线"很多时候是靠牺牲垂直方向上（z 轴）信号辐射强度获得的，因此"全向高增益天线"更准确地说应该叫作"水平全向高增益天线"，其特点是同一楼层的信号强度会得到改善，但是同时楼层间的信号会被削弱。

（2）方向图

方向图是天线辐射在固定距离上随极坐标变化的分布图形。方向图中包含最大辐射能量方向的辐射波瓣称天线主波瓣或天线波束，主瓣之外称副瓣、旁瓣或边瓣，与主瓣相反方向的旁瓣称为后瓣。方向图按照使用的辐射强度表示方法可分为：

1）用辐射场强表示，称为场强方向图。

2）用功率密度表示，称为功率方向图。

3）用相位表示，称为相位方向图。

可将辐射强度最大值设为 1，这样的方向图又被称为归一化方向图。

（3）极化

极化是用于描述电磁波场强矢量空间指向的一个辐射特性，习惯以电场矢量的空间指向

作为电磁波的极化方向，指在该天线最大辐射方向上的电场矢量。

电场矢量的空间取向在任何时间均不变的电磁波称为直线极化波。电场矢量方向平行于地面的波称水平极化波，垂直于地面的波称垂直极化波。电场矢量和传播方向所构成的平面称为极化平面。天线在非预定的极化方向上辐射能量，称交叉极化辐射分量，其会造成输入功率浪费。

（4）回波损耗与电压驻波比

当天线与馈线系统阻抗匹配时，所有输入能量都通过天线转化为电磁波辐射出去。当天线与馈线系统阻抗不匹配时，将有部分能量被反射回馈线。天线与馈线接头处的反射与入射功率之比，即为回波损耗，其反映了天线与馈线系统匹配程度。反射能量过大，其回到发射机功率放大器时易烧坏功放管，影响系统工作。

当存在能量反射时，反射波与入射波将在馈线上叠加形成驻波。驻波电压最大和最小值之比称为驻波比。显然，驻波比过高将降低发射功率，缩短通信距离。

（5）端口隔离度

多端口共用天线收发时，一个端口输入能量会在其他端口形成能量泄漏，输入能量与泄漏能量的比值称为端口隔离度。在多端口天线系统中，由于端口间隔离度应大于30dB。

（6）无源互调

接头、馈线、天线、滤波器等无源部件在多个载频大功率信号条件下，由于部件本身非线性所引起的互调称为无源互调。导致非线性的原因包括不同材质金属接合；相同材质金属接合处不光滑、不紧密等。

（7）功率容量

功率容量指天线发射信号、接收信号时能够接收的最大输入功率，其受天线与馈线匹配、平衡、移相及其他耦合装置等因素影响。

（8）其他指标

其他指标有雷电防护能力，防潮、防盐雾、防霉菌能力，工作温度和湿度，外观尺寸等。

2.3.3 天线分集技术

信号强度衰减影响通信质量，但是单纯加大发射功率、增加天线尺寸和高度等方法并不现实，且会增大不同信源之间的相互干扰，为了应对以上挑战，发展出了天线分集技术。

分集技术在若干支路上接收彼此相关性很小的同一数据信号，然后合并输出，可在接收方降低深衰落概率。采用分集接收减轻衰落影响，获得分集增益，提高接收灵敏度。分集通过多通道（时间、空间、频率）接收到载有相同信息的多个副本，由于各通道传输特性不同，各副本衰落相关性较小，同时出现深衰落概率较小，因此可提高接收性能。

分集包括空间分集、时间分集、频率分集和极化分集等。常见的多入多出（Multiple Input Multiple Output，MIMO）系统就是分集技术的应用实例。MIMO系统中发送方和接收方均采用多根天线或天线阵列，采用多发射、多接收天线进行空间和时间分集，利用多天线抑制信道衰落。当然MIMO系统不仅仅使用了分集技术，还有以下一些辅助技术。

1）空时信号处理：从时间和空间同时进行信号处理，分为空时编码和空间复用。

2）信道估计：采用空时编码时，接收方需准确知道信道特性才能有效解码，因此信道估计尤为重要。一类方法是训练序列或导频，另一类方法是采用盲方法（可分为全盲和半盲）辨别信道。

3）同步：包括载波同步、符号同步和帧同步等。

2.3.4 赋形波束技术

赋形波束技术根据系统性能指标，对基带（中频）信号进行最佳组合或分配，以补偿传播过程中由空间损耗、多径效应等导致的信号衰落与失真，同时可分辨不同用户对相同信道空域的占用，随后降低不同用户同信道之间的干扰。

赋形波束原理是先进行系统建模，描述系统中各处信号；再根据性能要求，将信号组合或分配转化为数学问题，寻求最优解。或者将模型直接建立在信道参量基础上，其算法描述、性能分析及仿真都依赖无线信道的建模与估计。

赋形波束系统分上行和下行两个方向。上行与用户信号检测密切相关，比如码分多址（Code Division Multiple Access，CDMA）系统赋形波束可结合各种信号检测技术，尤其是多用户检测技术，以实现协同检测；下行波束赋形则与功率分配有关。

2.4 信号处理

如前所述，无线电通信依靠电磁波作为传输数据的载体，或者说无线信号就是需要传输数据的电气或电磁表现，而调制解调技术的应用可以使数据传输获得更高的准确率。本节主要介绍以下 3 项内容。

1）数据信息是如何使用电磁波表示的。

2）电磁波在传输中会遇见各种问题，导致抵达接收方时电磁波已无法正确识别，即所谓信号失真。信号就是要传输数据的电气或电磁表现。为了应对信号失真问题，在 2.2 节中介绍了使用天线设备和其配套技术增强发射信号强度，降低衰落的影响，但这还远远不够，为了更进一步减轻各种干扰对无线信号传输的影响，一般在传输时并不会直接传输原始信号，而是通过某种方式将原始信号转换为更适合远距离传输的形式，待接收后再还原为原始信号，这就是本节将要介绍的调制与解调技术。在实际应用中，一般长距离信号传输都会经过调制与解调过程，而短距离传输则可视情况省略。

3）为追求更高的性能，在基本的调制与解调方法基础上，又发展出了更加复杂的扩频与跳频通信技术。

2.4.1 信号编码

首先，给出模拟和数字数据的概念。

模拟（Analog）数据：代表消息的参数取值是连续的。

数字（Digital）数据：代表消息的参数取值是离散的。

根据以上对模拟数据和数字数据的定义，可同理推广出模拟信号和数字信号的定义。

模拟信号（Analog Signal）：是一个连续变化的电磁波，根据它的频率可以在多种类型的媒体上传播，如铜线媒体、光纤、大气空间，如图 2-13 所示。

数字信号（Digital Signal）：是一个脉冲序列，这些脉冲可以在铜线媒体上传输，但不适合直接在无线媒介中传播，如图 2-14 所示。

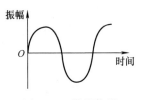

图 2-13　模拟信号

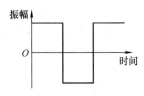

图 2-14　数字信号

两者对比起来，数字信号生成比较容易，通常比使用模拟信号成本更低，且较少受噪声的干扰，但是数字信号比模拟信号的衰减要严重，如图 2-15 所示。

因为数据传输载体是电磁波，用什么样式的波形表示什么样的数据，

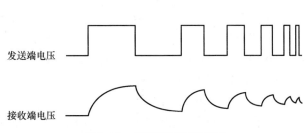

图 2-15　数字信号衰减严重

这就是编码规则要解决的问题。模拟数据和数字数据都可以转换成模拟信号或数字信号，采用何种转换方案取决于具体需求、所用的传输媒体及通信设备。根据数据与信号的不同组合，共有以下 4 类：

1）模拟数据→模拟信号。

2）模拟数据→数字信号。

3）数字数据→模拟信号。

4）数字数据→数字信号。

其中涉及的几个术语如下：

数据率 R：数据传输的速率（bit/s）。

比特时间或长度 $1/R$：发送方发送 1 比特所需的时间。

调制速率（Modulation Rate）：信号电平改变的速率，其等于每秒信号元素数量，以波特（Baud）为单位，"信号"（Mark）和"空"（Space）分别代表二进制数字 1 和 0。

由于大量应用中都采用数字信号，因此首先介绍数字数据和模拟数据如何被编码为数字信号进行传输。

1. 数字数据→数字信号编码原理

数字信号是离散的、非连续性的电压脉冲序列，每个脉冲就是一个信号元素，二进制数据传输就是通过把每个数据编码成信号元素完成的。最简单的情况下，位和信号元素存在一一对应关系，比如 0 以低电平表示，1 以高电平表示。接收器解释信号时，根据每个数据位的定时关系（每个数据位的起始和终止时间），判别每个数据位是高电平还是低电平（一般通过与阈值比较来完成，高于阈值即为高电平，低于阈值即为低电平，但噪声和其他干扰可能会导致误差），进而还原为 0 和 1 组成的数据序列。

图 2-16 所示就是最简单、最直观的一种二进制数据编码为高低脉冲电磁信号的例子。

25

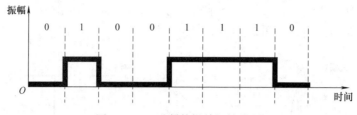

图 2-16　二进制数据单极性编码

只用一个电平即可表示一位二进制
数据，即 0 是用零电平或者空闲的线路
状态表示，1 用高电平表示。但是这种被
称为"单极性"的编码方法有一个重大
缺陷，即如果发送和接收方时钟不同步
（实际情况中很可能发生），接收方就无
法正确解析信号，如图 2-17 所示。

图 2-17　时钟不同步难以识别信号

当一台设备发送 1 比特的数字信号时，由一个内置的时钟负责定时，它将在一定的周期
内（假定为 T）产生一个持续的信号。接收设备必须知道信号的周期，它也有一个负责定时
的内置时钟，这样它才能在每个 T 时间单位内对信号进行采样。剩下的就是确保收发双方
两个时钟使用同样的 T。但是，任何物理设备都存在着设计上的局限性和缺陷，任何两个时
钟间不可避免地都存在着微小的差别，这使得设备无法对传输信号进行完全精准的采样，因
此不变的信号不具备同步机制。

如果信号改变，则相应的改变就可以用来同步设备时钟，各类强制信号改变的编码方案
就是基于这个原因。相关编码方案很多，适用于不同领域，这里仅仅介绍一种在互联网中广
泛应用的曼彻斯特和差分曼彻斯特编码。

（1）曼彻斯特编码（Manchester Encoding）

每比特间隔的中间位置处都存在一个跳变。这种中间处的跳变既包含时钟信息，每次跳
变对应一个比特位，也包含数据信息，即从低到高的跳变代表 1，从高到低的跳变代表 0
（注意有些系统也可能相反），如图 2-18 所示。

（2）差分曼彻斯特编码（Differential Manchester Encoding）

比特间隔中间位置处的跳变仅包含时钟信息。在比特间隔开始处的跳变代表数据内容，
如果出现跳变代表 0，没有跳变代表 1，如图 2-19 所示。

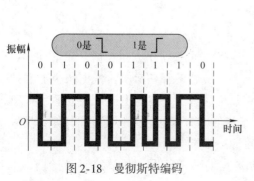

图 2-18　曼彻斯特编码

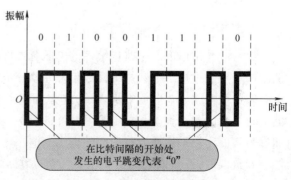

图 2-19　差分曼彻斯特编码

2. 模拟数据→数字信号编码原理

使用数字信号传输模拟数据，与传输数字数据原理很相似，只是需要增加一个模拟数据转换为数字数据的过程，转换为数字数据之后，就可以采用数字数据→数字信号的方法进行编码。

模拟数据转换为数字数据的主要问题是如何在不损失信号质量的前提下，将信息（数据）从连续无穷多个数值转换为离散有限个数值。解决方法是采用脉冲编码调制（Pulse Code Modulation，PCM），即按顺序进行采样脉幅调制（Pulse Amplitude Modulation，PAM）→量化→二进制编码，如图 2-20 所示。

模拟数据→数字信号编码的第一步是脉幅调制（PAM），即对模拟信号进行采样，然后生成一连串基于采样结果的脉冲，如图 2-21 所示。

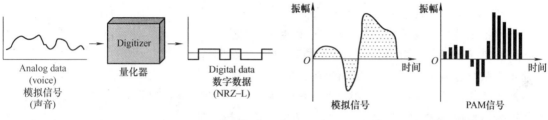

图 2-20　模拟数据通过采样转换为数字数据　　　　图 2-21　模拟信号采样

如果以一定时间间隔对某个信号 $f(t)$ 进行采样，并且采样频率是该信号中最高频率的 2 倍，则认为采样值包含了原信号的全部信息。通过使用低通滤波器，可以由这些采样值重新构造信号，并对采样信号进行量化，如图 2-22 所示。

最后，对量化出的数据进行二进制编码即可，如图 2-23 所示。

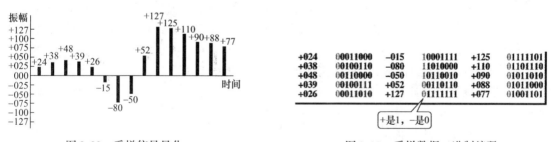

图 2-22　采样信号量化　　　　　　　　　图 2-23　采样数据二进制编码

一旦得到二进制数据，就可以采用曼彻斯特编码等多种编码方式转换为高低电平进行发送。

2.4.2　调制与解调

接下来需要说明"模拟数据→模拟信号"和"数字数据→模拟信号"的转换方法。也是常说的"调制"，其逆过程就是所谓的"解调"。其中，后者一般会把数字数据，例如最常见的二进制数字 0 和 1 转换为模拟信号。比如，有振幅代表 1，没有振幅代表 0，转换为模拟信号之后再进行"解调"。因为二进制数字转换为模拟数据较为简单，所以问题的难点在于模拟数据如何调制为模拟信号。

调制与解调过程中涉及的相关术语、概念如下：

调制：是给信号赋予一定特征，这个特征由作为载体的电磁波提供。

载波信号：通常以一个高频正弦信号或脉冲信号作为载体，这个高频信号称为载波信号。

调制信号：用于改变载波信号的某一参数（如幅值、频率、相位）的信号称为调制信号，一般来说就是原始信号，即要发送的原始数据。

已调信号：经过调制的载波信号叫已调信号，如图 2-24 所示。

下面先介绍一个基本公式用以理解调制的原理。根据傅里叶公式，所有的模拟信号都可以用多个正弦波来组合形成，其公式为

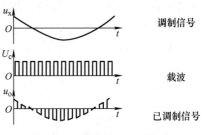

图 2-24　调制解调相关概念

$$u(t) = A\cos\varphi(t) = A\cos(\omega t + \varphi_0) \qquad (2\text{-}6)$$

任何正弦波都可以用幅度 A、频率 ω 和相位 φ_0 这 3 个参数进行标识。也就是说，3 个参数确定后，那么这个正弦波也就确定了。最简单的调制方法，就是改变高频载波即信息载体信号的幅度、相位或频率，使其随基带信号幅度而变化。解调过程则将基带信号从载波中提取出来，使接收方能正确解析。

最基本的 3 种二元制调制方法如下：

1）把调制信号装载在载波的幅度上，称为幅度调制，简称调幅（Amplitude Modulation，AM）。

2）把调制信号装载在载波的频率上，称为频率调制，简称调频（Frequency Modulation，FM）。

3）把调制信号装载在载波的相位上，称为相位调制，简称调相（Phase Modulation，PM）。

图 2-25 中，第一行是原始信息，即调制信号，第二行是高频载波，第三行是调制好的已调信号。

根据原始信号的属性不同，还可以划分为以下两类。

1）模拟调制：将连续变化的信号调制成一个高频正弦波，包括上述的调幅、调频和调相。

2）数字调制：用模拟信号对（正弦或余弦波）数字信号进行调制，包含振幅键控（Amplitude Shift Keying，ASK）、频移键控（Frequency Shift Keying，FSK）、移相键控（Phase Shift Keying，PSK）。

注意，这种定义是针对原始信号属性而言，即原始信号是模拟信号就是模拟调制，原始信号是数字信号就是数字调制，与载波是模拟还是数字并没有关系。

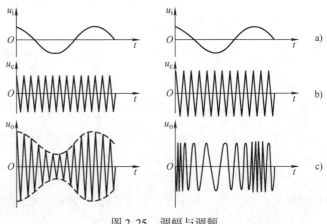

图 2-25　调幅与调频

最简单的二进制数字调制方法如下。

1）二进制数字振幅键控 2ASK：是将二进制数字信息加载在载波的幅度属性上，如图 2-26 所示。

2）二进制数字频移键控 2FSK：是将二进制数字信息加载在载波的频率属性上，如图 2-26 所示。

3）二进制数字相移键控 2PSK：是将二进制数字信息加载在载波的相位属性上。根据数字基带信号，相位在不同数值间切换，载波相位随调制信号状态不同而改变。例如，传输数字信号时，用 1 码控制发 0°相位，0 码控制发 180°相位，如图 2-27 所示。

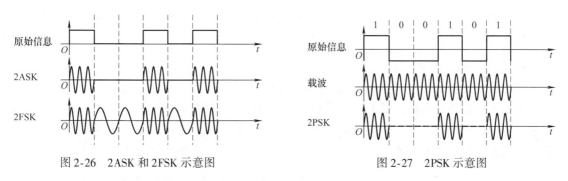

图 2-26　2ASK 和 2FSK 示意图　　　　图 2-27　2PSK 示意图

以上方法针对二进制，因此命名以 2 开始。其他调制的特性也在其缩写中予以前置。其他相位调制总称为相移键控 PSK，由于其抗干扰性强，信道衰减效果表现亦佳，在高速数字传输应用广泛，具体可分二相、四相、八相、十六相等。其他常见调制方式还有：

正交相移键控（Quadrature Phase Shift Keying，QPSK）：是一种数字调制方式。其在相位上加载信息，但要求不同信源的载波相位正交（这样的载波，相互之间的干扰较小）。

正交幅度调制（Quadrature Amplitude Modulation，QAM）：也是一种数字调制方式。其同时以载波信号幅度和相位来表示不同的比特编码，多进制与正交载波相结合，可进一步提高频带利用率。信号有两个相同频率载波，相位相差 90°（四分之一周期），称 I 和 Q 信号，分别表示成正弦和余弦，两种被调制的载波发射时被混合。到达接收方后，载波分离，数据被分别提取，然后和原始调制信息相混合。

图 2-28 中，可供选择的相位有 12 种，对于每一种相位有 1 或 2 种振幅可供选择。由于 4 位编码共有 16 种不同的组合，因此这 16 个点中的每个点可对应于一种 4 位的编码。显然，若每一个码元表示使用的位数越多，则在接收端进行解调时要正确识别每一种状态就越困难。具体包括二进制（4QAM）、四进制（16QAM）、八进制 QAM（64QAM）等。

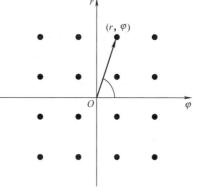

图 2-28　正交幅度调制

2.4.3　扩频技术

除了以上介绍的常见调制与解调技术之外，还有一些调制技术的出发点不是减小信源间干扰、增大数据率这些普通需求，而是考虑安全因素，如防窃听、防干扰。扩频（Spread Spectrum，SS）和跳频（Frequency Hopping，FH）就是其中的两种典型技术。

1. 扩频技术的起源

扩频通信技术在 1941 年由好莱坞女演员 Hedy Lamarr 和钢琴家 George Antheil 提出。同时，他们基于通过安全无线通信对鱼雷控制的思路申请了美国专利#2.292.387。

当时该技术并没有引起美国军方的重视，直到 19 世纪 80 年代才引起关注并被用于敌对环境下无线通信系统的构建。典型应用包括：全球定位系统（Global Positioning System，GPS）、3G 移动通信、WLAN 和 Bluetooth。除此之外，扩频技术也为提高无线电频率的利用率带来了帮助。随着码分多址（Code Division Multiple Access，CDMA）技术在通信领域的成功应用，Hedy Lamarr 也被誉为 CDMA 之母。

2. 扩频技术的原理

扩频技术最初是针对军事和情报部门的需求而开发的。其基本思想是将携带信息的信号扩展到更大的带宽范围内，以加大干扰和窃听的难度。频带扩展在发送端基于一个独立的码序列，用编码及调制的方法来实现的，与所传信息数据无关。在接收端则用同样的码序列进行同步接收、解扩并恢复所传送的信息数。扩频通信系统工作流程如图 2-29 所示。

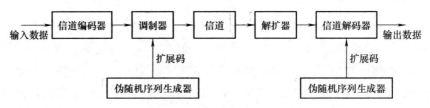

图 2-29　扩频通信系统工作流程

要用宽频带信号来传输窄频带信息，主要是基于通信安全的考虑。其基础理论是信息论中关于信道容量的香农（Shannon）公式

$$C = W \log_2\left(1 + \frac{S}{N}\right) \tag{2-7}$$

式(2-7) 揭示了这样一个原理：在信道容量（或传输速率）C 不变的条件下，频带宽度 W 和信噪比 S/N 是可以互换的。也就是说，可通过增加频带宽度的方法，在信噪比较低的情况下传输信息。扩展频谱换取降低信噪比要求也就是降低了干扰的威胁，正是由于扩频通信的上述特点，奠定了扩频通信广泛应用的基础。

因此，扩频之后的信号对各类噪声、多径、衰减失真都具有一定免疫性，同时可隐藏和加密信号，接收方必须知道正确的扩频码，才可恢复原始信息，而且因为多个用户可同时占用同一频段，并且相互不干扰，扩频通信成为一种重要的抗干扰通信技术。

3. 主流扩频技术

主流扩频技术包括跳频扩频和直接序列扩频。

（1）跳频扩频（Frequency Hopping Spread Spectrum，FHSS）

跳频扩频工作原理：发送方从约定的扩频码序列里选择合适的频率进行频移键控调制，随着时间的推移选择不同频率，即载波频率随时间不断跳变，以固定时间间隔从某一频率跳变至另一频率，以看似随机的频率序列承载信息，接收方在接收信息时也按照相同的频率序列同步进行频率跳变。窃听者由于不知道跳频的规律，只能听到无法识别的噪声，即使试图在某一频率上实施干扰，也只能影响有限的信号位。

实际应用中，跳频系统往往有几个、几十个，甚至上千个频率，由所传信息与扩频码的组合去进行频率选择，不断跳变。所以，跳频系统也占用了比原始信息带宽要宽得多的频带，这算是一个为了安全和抗干扰性付出的代价，也是扩频技术共同的缺点。

（2）直接序列扩频（Direct Sequence Spread Spectrum，DSSS）

直接序列扩频原理：高码率扩频码序列在发送方直接扩展信号频谱，接收方用相同扩频码序列解扩，把扩频后的信号还原成原始信息。原始信号中每一位在传输中以多个码片表示，即扩展编码。这种扩展编码能将信号扩展至更宽的频带范围，该频带范围与使用码片位数成正比。因此，一个 10 位的扩展编码能够将信号编码并扩展至 10 倍于带宽中传输。码分多址（CDMA）就是一种典型的基于 DSSS 的具有扩频功能的多路无线通信技术。

（3）跳频扩频与直接序列扩频对比

DSSS 采用全频带传送资料，速度较快。FHSS 注重传输速率和稳定性，未来网络产品发展将以二者结合为趋势。

4. 扩频通信技术的特点

（1）抗干扰能力强

扩频编码随机生成，同类信号间经扩频后频率也不相同。误码率很低，正常条件下可达 10^{-10}，最差条件下也可达 10^{-6}，远高于普通无线通信的效果。也可以说，抗干扰能力强是扩频通信最突出的优点。

（2）屏蔽性强

经扩频后，原窄带信号被散布在更宽的频带中，单位频带功率小，信号湮没在噪声里，被窃听后不易发现原始信号的存在，并且由于单位频带功率低，其对周边设备干扰较小。

（3）抗多径干扰

利用扩频码技术容易在接收端从多径信号中提取出强度最高的信号，也可以对同一码序列的多径信号进行相位调整叠加，达到较好的抗多径干扰效果。

（4）提高了无线频谱利用率

无线频谱十分宝贵，世界各地都设置有频谱管理机构，用户只能使用获得授权的频率。同时，一般依靠频谱划分来防止信道之间发生干扰。由于扩频通信采用了相关接收这一技术，信号发送功率极低（小于 1W，一般为 1~100mW），且可工作在有噪声信道和热噪声背景中，易于在同一地区重复使用同一频率，也可以与现今各种窄带通信共享同一频段资源。

（5）可以实现码分多址

扩频通信提高了抗干扰性能，但付出了占用更多带宽的代价。如果让许多用户共用这一频带，则可大大提高频谱利用率。通过给不同用户分配不同码片可以区分来自不同用户的信号，方便提取出目标信号。这样一来，在同一频带上的多对用户间可以同时通信而互不干扰。

（6）能精确地定时和测距

电磁波在空间中的传播速度是固定不变的，如果能够精确测量电磁波在两个物体之间传播的时间，也就等于测量了两个物体之间的距离。

扩展频谱很宽，意味着所采用的扩频码速率很高，每个码片占用的时间就很短。当发射出去的扩频信号被反射回来后，再解调出扩频码序列，并比较收发两个码序列相位之差，就可以精确测量出信号往返的时间差，从而算出二者之间的距离。测量的精度取决于码片的宽度，也就是扩展频谱的宽度。扩展频谱越宽，码片越窄（占用时间越短），精度越高。

2.4.4　复用和多址

上面总结扩频通信的特点时提到，扩频占用了更多的频率资源，并且可以通过分配不同的码片给不同的用户实现对不同用户的区分，这就是接下来要介绍的复用和多址的概念。

1. 复用和多址的定义

1）两点间使用相同信道同时传输互不干扰的多个信号称为信道复用。

2）多点间实现互不干扰的多边通信称为多址接入。

其本质是信号分割，赋予各信号不同特征或地址。根据特征差异来区分不同地址发送的多个信号，并且满足互不干扰。

多点间通信和点对点通信在技术上不同，难点在于如何消除、避免冲突。其关键是设计正交信号集合，各信号彼此无关。实际中，实现完全正交或者不相关非常困难，因此一般要求准正交，相关性较低，并允许各信号间存在一定干扰。

2. 复用方式

复用方式包括频分复用（Frequency Division Multiplexing，FDM）、时分复用（Time Division Multiplexing，TDM）、码分复用（Code Division Multiplexing，CDM）和空分复用（Space Division Multiplexing，SDM）。多址通信方式则包括频分多址（Frequency Division Multiplexing Address，FDMA）、时分多址（Time Division Multiplexing Address，TDMA）、码分多址（CDMA）和空分多址（Space Division Multiplexing Address，SDMA）。

（1）频分多址（FDMA）

频分多址常用于卫星通信、移动通信、微波通信等。传输频带划分为若干较窄且互不重叠的子频带，各用户分配一个固定子频带。各信号调制到对应子频带内，各用户信号同时传输，接收时分别按分配的子频带提取。实际应用中滤波器往往达不到理想效果，各信号间存在一定相关和干扰。为此各频带间往往预留一定间隔，以减少串扰。

频分多址可分模拟调制和数字调制，可由一组模拟信号用频分复用方式或一组数字信号用时分复用方式占用一个较宽频带，调制到相应子频带后传输到同一地址。模拟信号数字化后占用带宽较大，可考虑压缩编码技术。

正交频分复用（Orthogonal Frequency Division Multiplexing，OFDM）是一种特殊的频分复用技术。信道分为若干正交子信道，将高速数据信号转换成多个低速子流，并调制至多个子信道上并行传输。各个子信道的载波在整个信号周期上相互正交，于是各子载波信号频谱可以互相重叠，这样不但减小了子载波间的相互干扰，同时又提高了频谱利用率。每个子信道上信号带宽远小于总带宽，因此每个子信道可被看成平坦性衰落，从而消除信号间的干扰。另外，各子信道带宽仅是原信道总带宽的一小部分，信道均衡相对容易。接收方则采用相同技术区分并提取正交的各子信号。

OFDM 是物理层的一种调制技术。正交频分多址（Orthogonal Frequency Division

Multiplex Address，OFDMA）是 OFDM 在数据链路层的发展。OFDMA 原理如图 2-30 所示。图 2-30a 是一般频分复用，即将一个比较宽的频段分为多个较窄的频段即信道，每个信道发送不同的信息。为了不互相干扰，每个信道之间必须留有一定的频率间隔。而正交频分复用技术中相邻信道的载波频率必须相互正交，即从数学上满足互不干扰。每个载波在一个信号时间内有整数个载波周期，每个载波频谱零点和相邻载波零点重叠，这样又减小了载波间干扰。由于允许载波间有部分重叠，如图 2-30b 所示，相比传统 FDMA，OFDMA 频带利用率更高。

　　由于目前光通信技术不断发展，出现了一类叫波分复用（Wavelength Division Multiplexing，WDM）的技术，实际就是光波频率上的频分复用。

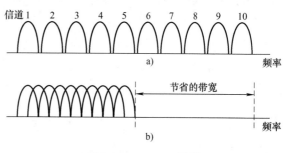

图 2-30　OFDMA 原理

（2）时分多址（TDMA）

　　时分多址则是将时间划分为多段等长的时分复用帧（TDM 帧）。时分多址中，每个用户在每一个 TDM 帧中占用一组特定序号的时隙，即每个用户所占用的时隙是周期性地出现（如图 2-31 所示），因此 TDM 信号也称为等时信号。简而言之，时分多址中，所有用户是在不同的时间占用同样的频带宽度。

　　显然，每个用户最大数据传输速率事先就已确定，不随时间的变化而改变。各用户使用突发脉冲序列方式发送或接收信号。接收方接收解调后，各用户分别按次序提取对应的时隙信息。如图 2-32 中，序号代表不同的用户。总码元速率为各路之和，当然还有少量位帧同步等额外控制开销。

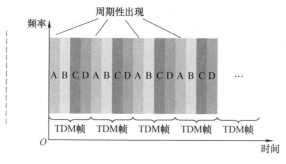

图 2-31　时分多址

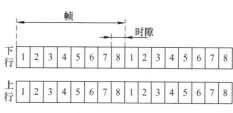

图 2-32　时隙示意图

（3）码分多址（CDMA）

　　时分多址和频分多址的实质是从时间和频率上进行划分并区别不同用户，每个用户独占相应的时间或者频率资源。那么，多个用户可不可以在同一时刻，使用同一频段发送信息呢？答案是可以，不过各用户需要使用经过特殊挑选的不同码型，保证彼此不会干扰。这种系统发送的信号有很强的抗干扰能力，其频谱类似于白噪声，不易被窃听者发现。

　　CDMA 系统工作原理及步骤如下：

　　1）以传输 1 比特信息所需时间为单位时间，每一个单位时间进一步划分为 m 个短的间隔，称为码片（Chip），m 的取值视具体情况而定。

2）每个用户（电信系统中又被称为站）被指派一个唯一的 m 位码片序列。这个码片序列就等同于用户的身份标识。

3）如前所述，CDMA 是典型的直接序列扩频系统，发送信息遵循如下规则：如果发送比特 1，则发送自己的 m 位码片序列；如果发送比特 0，则发送该码片序列的二进制反码。例如，S 站的 8 位码片序列是 01011011。发送比特 1 时，就发送序列 01011011；发送比特 0 时，就发送序列 10100100。更进一步，为了更好地区分 0 和 1，在实际中，通过负向电平"-1"表示 0，通过正向电平"1"表示 1，因此 S 站实际发送的码片序列为（-1 +1 -1 +1 +1 -1 +1 +1）。

4）每个站分配的码片序列不仅必须各不相同且互相正交（Orthogonal）。

信号系统里所谓"正交"指的是向量 S 和 T 的规格化内积（Inner Product）是 0。其中令向量 S 表示用户 S 的码片向量，令 T 表示其他任何用户的码片向量，应满足

$$S \cdot T \equiv \frac{1}{m} \sum_{i=1}^{m} S_i T_i = 0 \tag{2-8}$$

假定向量 S 为（-1 +1 -1 +1 +1 -1 +1 +1），向量 T 为（-1 +1 +1 -1 +1 +1 +1 -1）。把向量 S 和 T 的各分量值代入式(2-8)，计算可得结果为 0，所以这两个码片序列是正交的。任何一个码片向量和自己的规格化内积都是 1，见式(2-9)。一个码片向量和该码片向量反码的规格化内积值是 -1。

$$S \cdot S = \frac{1}{m} \sum_{i=1}^{m} S_i S_i = \frac{1}{m} \sum_{i=1}^{m} S_i^2 = \frac{1}{m} \sum_{i=1}^{m} (\pm 1)^2 = 1 \tag{2-9}$$

5）在实际系统中使用的是伪随机码序列，发送方用一个带宽远高于信号带宽的伪随机编码信号或其他扩频码，处理需传输的信号，即拓宽原信号的带宽，再经载波调制后发送。接收方使用相同扩频码序列，同步后对接收信号作相关处理，解扩为原始数据。不同用户虽占用相同频带，但使用互相正交的码片序列，仍然可以实现互不干扰的多址通信。由于以正交的不同码片序列区分用户，称码分多址，也称扩频多址（Spread Spectrum Multiple Access，SSMA）。

（4）空分多址（SDMA）

利用空间特征区分不同用户称为空分多址。配合电磁波传播特性，可使不同地域用户同时使用相同频率且互不干扰。如利用定向天线或窄波束天线，按一定方向发射电磁波，覆盖范围局限在波束范围内，从而实现多个波束使用相同频率，并且通过控制发射功率控制传输距离。因此可依靠空间区分用户，电磁波影响范围以外地域仍可使用相同频率。

实际生活中使用的蜂窝移动通信系统就是一个典型的空分多址系统。这个系统充分运用 SDMA，用有限频谱构成大容量通信系统，实现频率复用。

如图 2-33 中，每个六边形代表一个蜂窝。可从数学上证明，覆盖同样面积，六边形所需要的顶点数目最少，即需要建设的基站数目最少。每个蜂窝内部的通信为了不相互干扰，一般会选用间隔 4 个以上序号的信道，临近信道之间由于频率接近而干扰较强。可以看到最左边的蜂窝选用的信道是 1、5、

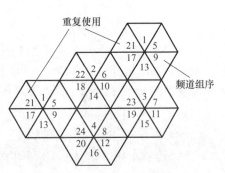

图 2-33 蜂窝网络的空分多址

9、13、17、21，相互之间至少间隔 4 个序号。而右上角选用的信道和最左边这个蜂窝一样，但是由于不同蜂窝覆盖的空间范围不同，因此并不影响使用。通过这样的空间划分，就实现了信道的复用，增加了系统的通信容量。这也是第二代通信系统 GSM 的核心原理。

此外，卫星通信中采用窄波束天线实现空分多址以提高频谱利用率。但一般来说，空间分割不可能太细，且一般某一空间范围内也不会仅一个用户，所以 SDMA 常结合其他多址方式一起使用。

2.5　本章小结

本章简要介绍了无线通信的原理，包括无线频谱的划分、无线通信的特点、不同频率无线通信的优缺点、无线传输的媒体与性能、辅助无线传输的天线规格与天线技术、数据与信号的区别、调制与解调、复用与多址等基础的无线通信概念，为后面学习具体的无线网络技术打下基础。

习　题

1. 下列有关传输媒介的说法中，错误的是（　　　　）。
   A. 传输媒介是发送端与接收端之间的物理路径
   B. 大气空间是无线传输过程中的传输媒介
   C. 无线传输过程中传输媒介是导向性的
   D. 无线传输过程中传输媒介是非导向性的
2. 下列关于天线的说法中，错误的是（　　　　）。
   A. 半波偶极天线与四分之一波垂直天线是完全相同的
   B. 天线将电磁波辐射到大气空间中
   C. 天线从大气空间中收集电磁波
   D. 按照方向性或辐射模式，天线可分为全向天线与定向天线
3. 将数字数据转换为模拟信号时，_____方法采用不同频率区分 0 和 1。
4. 通过分集技术，可以达到增强信号强度的作用，常见的分集技术包括时间分集、空间分集、极化分集和_____。
5. 判断正误：白噪声是可以消除的。
6. 判断正误：ISM 频段频率在使用过程中，除频率外还需要满足功率限制要求。

第3章 无线局域网技术

本章从理论和实践两方面入手,对无线局域网技术,特别是 WiFi,进行介绍。具体内容包括:无线局域网的由来,无线局域网与有线局域网的区别,无线局域网的网络组成、拓扑结构、服务、协议以及无线路由器的简单配置等。

3.1 无线局域网技术简介

3.1.1 无线局域网的由来

在无线局域网发明之前,人们要想通过网络进行通信,必须先用物理线缆,比如双绞铜线,组建一个电子能够运行的通路。当网络发展到一定规模后,人们又发现,这种有线网络无论组建、拆装还是在原有基础上进行重新布局、改建或扩建都非常困难,且成本和代价也非常高。上述问题在 20 世纪 80 年代,随着计算机网络逐渐走向普及而日趋严重,新建的建筑物为了保证各类终端的网络接入,往往需要预留大量的网络接口。

同时,随着人们对网络传输速率要求的不断提高,加重了对双绞线,特别是 5 类线、超 5 类线甚至 6 类线的依赖,质量好的超 5 类线的零售单价为 7~8 元/米。图 3-1 为超 5 类线和 6 类线,可以清楚地看到图 a 中超 5 类线中心的抗拉丝,图 b 中超 6 类线中心的十字骨

a) CAT 5E   b) CAT 6

图 3-1　超 5 类线及 6 类线

架结构,其用于将 4 对双绞线卡在骨架的凹槽内,保持 4 对双绞线的相对位置,以提高电缆的平衡特性和串扰衰减。这样,无疑一方面增加了网络布线的难度与成本,另一方面也降低了网络使用的灵活性。

必须要说明的是,无线局域网并不是为了取代有线局域网而出现的,大多数情况下,无线局域网和有线局域网互为补充,骨干网络使用有线局域网组网以保证较高的传输速率,而接入层则使用无线局域网,以方便设备接入网络。以家庭宽带上网为例,往往是通过光纤网络完成 Internet 接入,再由无线路由器完成整个家庭内部的网络信号覆盖,满足各类终端设备的上网需求。

3.1.2 典型的无线局域网技术

比较典型的 WLAN 技术包括 WiFi、HiperLAN（High Performance Radio LAN）、红外LAN 等。

　　上述最具代表性的技术就是大家所熟知的 WiFi，其英文原意是无线保真的意思，即可以通过无线的方式实现可靠的数据传输。这里想要强调的是，虽然 WiFi 是最为重要的无线局域网技术，但其绝非唯一的无线局域网技术，也不能简单地将 WiFi 等同于 WLAN。

　　HiperLAN 是在欧洲应用的无线局域网通信标准的一个子集。HiperLAN 有两种规格：HiperLAN/1 和 HiperLAN/2。HiperLAN/1 标准采用 5GHz 射频频率，可以达到上行 20Mbit/s 的速率。HiperLAN/2 同样采用 5GHz 射频频率，上行速率可以达到 54Mbit/s。

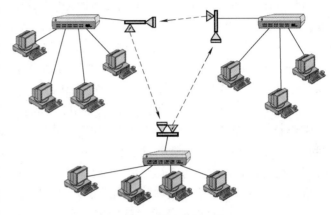

　　亦可以使用红外频段实现 WLAN，但是由于红外线波长小于 1μm，其方向性强，往往只能在视距内传输。常见的红外 LAN 结构有点对点、扩散和反射 3 种。点对点结构如图 3-2 所示。

　　除点对点结构外，还可以将红外 LAN 设备布置在房间顶部，通过扩散的方式来实现整个房间的网络覆盖；或者借助房间天花板对红外线的反射来实现信号传输，如图 3-3 所示。

图 3-2　点对点结构的红外 LAN

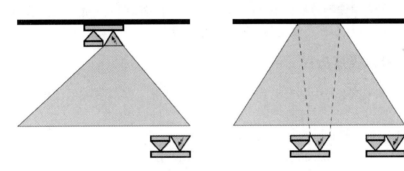

图 3-3　扩散和反射结构的红外 LAN

　　近年来，随着人们对于网络传输速率需求的不断提高，还出现了使用可见光、激光作为传输载体的光保真技术（Light Fidelity，LiFi），其原理是根据借助光线作为传输载体。例如，LED 开表示 1，关表示 0，通过光源的快速开关就能传输信息，LiFi 理论数据传输速率能达到 224Gbit/s，远超目前 WiFi 的最高传输速率。

　　LiFi 概念由英国爱丁堡大学 Harald Haas 教授在 2011 年首次提出。商业发展则主要由爱丁堡大学 LiFi 研究中心和该校校办企业 pureLiFi 合作推广。其目标是向在无处不在的 LED 灯上植入一个微小芯片形成类似于无线路由器的设备，随后即可通过控制房间照明光线的闪烁频率进行数据传输，使终端接入网络更为便捷。也许在不远的将来，只要在室内开启电灯，便可接入互联网。

3.2 WiFi 简介

3.2.1 WLAN、WiFi 与 802.11

虽然 WLAN、WiFi、IEEE 802.11（以下简称 802.11）几个名词经常被混用，但三者其实是完全不同的概念。如前所述，WLAN 是无线局域网的缩写，其包含了各类无线局域网技术。因此 WLAN 和符合 802.11 标准的无线网络之间是包含关系。WiFi 本身其实是一个技术联盟，其成立于 1999 年，当时的名称叫作无线以太网兼容联盟（Wireless Ethernet Compatibility Alliance，WECA），在 2002 年 10 月，正式改名为 WiFi Alliance。802.11 则是 IEEE 所制定的一个网络标准。WiFi 联盟成立的初衷是改善基于 802.11 标准的无线网络产品之间的互联互通性，对符合 802.11 标准的设备提供认证，并负责 802.11 标准的市场推广。由于 WiFi 组织和 802.11 标准之间的这种关系，WiFi 经常也被视作 802.11 协议族的代名词。

WiFi 技术最初是由一群在澳洲政府研究机构工作的悉尼大学工程系毕业生组成的研究小组发明的，并于 1996 年成功在美国申请专利。随后，IEEE 官方在 1999 年定义 802.11 标准时将其选为核心技术。为了让全世界免费使用 WiFi 技术，IEEE 曾请求澳洲政府放弃其无线网络专利，但遭到拒绝。澳洲政府随后在美国通过官司胜诉或庭外和解，收取了世界上几乎所有电器电信公司（包括苹果、英特尔、联想、戴尔、AT & T、索尼、东芝、微软、宏碁以及华硕等著名 IT 企业）的专利使用费。人们每购买一台支持 WiFi 技术的电子设备，支付的费用就包含了交给澳洲政府的 WiFi 专利使用费。截至 2013 年底，澳洲政府无线网专利过期之后，大概有 50 亿台设备支付过 WiFi 专利使用费。

3.2.2 WiFi 技术发展历程

从 1997 年 WiFi 技术诞生到今天，它已经发展了 5 代，其简要发展历史以及代表性技术如下。

1）第一代，1997 年原始的 802.11 标准出现。

2）第二代，1999 年 802.11b 标准出现。

3）第三代，2002 年左右 802.11a、802.11g 标准推出。

4）第四代，从 2007 年出现，一直持续改进并沿用到现在的 802.11n 标准，无线传输速率从最初的 2Mbit/s 提升至 150Mbit/s、300Mbit/s、450Mbit/s 甚至是 600Mbit/s。

5）第五代，2012 年 802.11ac 标准发布。2016 年，TP - LINK 发布了全球首台符合 802.11ad 标准的无线路由器产品发布，如图 3-4 所示。

6）第六代，尚未推出的 802.11ax，其理论传输速率可达 5Gbit/s。

802.11 协议全家族见表 3-1。需要说明的是，表中的 802.11 标准其实是 802.11 下属的任务组针对不同专题分别制定的标准修正案，比如表 3-1

图 3-4　802.11ad 无线路由器

中的 802.11i 就针对无线安全专题进行了补充。802.11m 任务组专门负责 802.11 协议的维护，其会将经过批准的正式修正案发布成标准，比如 IEEE 802.11—1999 包含了 802.11a/b，IEEE 802.11—2007 包含了 802.11a/b/d/e/g/h/i。同时新标准一旦发布，旧标准自动作废。

表 3-1 IEEE 802.11 协议各版本主要技术特点

标准代号	发布时间	主要技术内容
IEEE 802.11	1997 年	原始标准（2Mbit/s，工作在 2.4GHz）
IEEE 802.11a	1999 年	物理层补充（54Mbit/s，工作在 5GHz）
IEEE 802.11b	1999 年	物理层补充（11Mbit/s 工作在 2.4GHz）
IEEE 802.11c	2000 年	符合 802.11 的媒体接入控制层桥接（MAC Layer Bridging）
IEEE 802.11d	2000 年	根据各国无线电规定做的调整
IEEE 802.11e	2004 年	对服务质量（Quality of Service, QoS）的支持
IEEE 802.11f	2003 年	基站的互连性（Inter - Access Point Protocol, IAPP），2006 年 2 月被 IEEE 批准撤销
IEEE 802.11g	2003 年	物理层补充（54Mbit/s，工作在 2.4GHz）
IEEE 802.11h	2004 年	无线覆盖半径的调整，室内（Indoor）和室外（Outdoor）信道（5GHz 频段）
IEEE 802.11i	2004 年	无线网络的安全方面的补充
IEEE 802.11j	2004 年	根据日本规定做的升级
IEEE 802.11l		预留及准备不使用
IEEE 802.11m		标准维护
IEEE 802.11n	2009 年	WLAN 的传输速率由 802.11a 及 802.11g 提供的 54Mbit/s、108Mbit/s，提高到 350Mbit/s 甚至到 475Mbit/s
IEEE 802.11p	2010 年	这个通信协议主要用在车用电子的无线通信上。它在设定上是从 IEEE 802.11 扩充延伸，以符合智慧型运输系统（Intelligent Transportation Systems, ITS）的相关应用。应用的层面包括高速率的车辆之间以及车辆与 5.9 千兆赫（5.85 ~ 5.925 千兆赫）波段的标准 ITS 路边基础设施之间的资料数据交换
IEEE 802.11k	2008 年	该协议规定了无线局域网频谱测量规范。该规范的制定体现了无线局域网对频谱资源智能化使用的需求
IEEE 802.11r	2008 年	快速基础服务转移，主要用来解决客户端在不同无线网络 AP 间切换时的延迟问题
IEEE 802.11s	2007 年	拓扑发现、路径选择与转发、信道定位、安全、流量管理和网络管理。网状网络带来一些新的术语
IEEE 802.11w	2009 年	针对 802.11 管理帧的保护
IEEE 802.11x		包括 802.11a/b/g 三个标准
IEEE 802.11y	2008 年	针对美国 3650 ~ 3700MHz 的规定
IEEE 802.11ac	2012 年	802.11n 之后的版本。工作在 5GHz 频段，理论上可以提供高达 1Gbit/s 的数据传输能力

　　而设备制造厂商在生产无线网络产品时，可以在各修正案中进行自主选择，所以我们在购买 WiFi 无线路由器时，才会看到形如图 3-5 所示的设备参数说明。

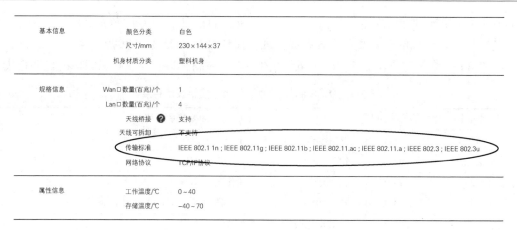

基本信息	颜色分类	白色
	尺寸/mm	230×144×37
	机身材质分类	塑料机身
规格信息	Wan口数量(百兆)/个	1
	Lan口数量(百兆)/个	4
	天线桥接 ❓	支持
	天线可拆卸	不支持
	传输标准	IEEE 802.1 1n；IEEE 802.11g；IEEE 802.11b；IEEE 802.11.ac；IEEE 802.11.a；IEEE 802.3；IEEE 802.3u
	网络协议	TCP/IP协议
属性信息	工作温度/℃	0～40
	存储温度/℃	-40～70

图 3-5　某款无线路由器对 802.11 协议的支持情况

3.2.3　WiFi 的局限性

正如上一小节中所讲到的，WiFi 相对于传统的有线局域网虽然有其优点，例如，支持一定的移动性，允许设备在一定范围内移动；扩展容易，只需通过更换无线网络设备即可实现网络扩容；由于不需要进行大量的钻孔布线操作，也不需要大量的线缆，其网络布置成本更低。

但是 WiFi 也有其局限性，比如多个临近的 WiFi 网络由于采用相同的通信频率，相互之间可能存在干扰，进而导致数据传输失败，或者网络传输速率下降。再比如同一 WiFi 网络内，多个终端设备需要共享整个网络带宽，所以 WiFi 传输速率往往不及有线局域网。这也是为什么大多数情况下，有线网络作为骨干网络实现 Internet 接入，而无线网络作为其扩展，用于实现终端设备网络接入的原因。另外，由于采用无线方式进行数据传输，还带来了很多无线局域网特有的新问题，如流氓 AP（Rogue Access Point）、隐藏终端（Hidden Terminals）与暴露终端（Exposed Terminals）等。

流氓 AP 是指未经授权或许可，随意设立并接入有线骨干网络的接入点（即 WiFi 路由器）。由于攻击者可以在组织的基础设施外部利用流氓 AP 作为跳板进而接入组织内部网络，而不需要进入组织内部，因而其具有较高的隐蔽性。图 3-6 所示为非授权客户端（Unauthorized Client）借助流氓 AP 接入企业内部网络。因

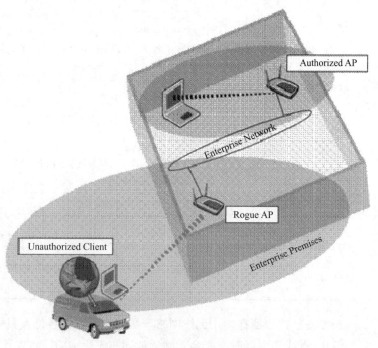

图 3-6　流氓 AP 带来的安全隐患

此，流氓 AP 对于各类机构都是一种潜在的安全隐患。当然，企业级无线路由器一般都具备流氓 AP 的侦测和压制功能，一旦检测到内部网络出现非授权接入点，将对其进行干扰和压制，导致非授权客户端与流氓 AP 间连接中断，如图 3-7 所示，从而可以在一定程度上防范流氓 AP 威胁。

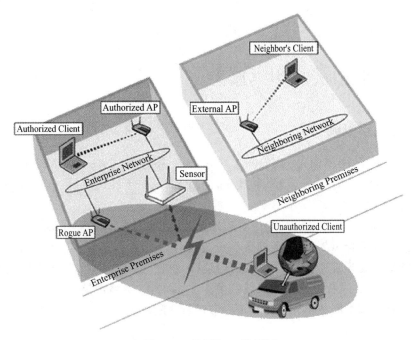

图 3-7　对流氓 AP 的压制

隐藏终端问题可以简单定义为：节点间由于处于彼此通信半径之外，互不知晓对方的存在，也无法监听对方的消息发送。上述节点在不可同时传输数据时，同时进行消息发送操作，在接收端出现信号冲突，最后导致消息发送失败的现象。如图 3-8 中，节点 A 与节点 C 位于彼此通信范围之外，由于未能监听到对方的消息发送，同时向同一接收方节点 B 发送消息，导致在接收端出现冲突。

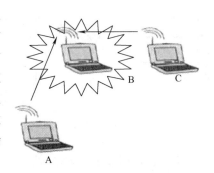

图 3-8　隐藏终端问题

与隐藏终端问题类似，暴露终端问题可以简单定义为：节点间处于彼此通信半径之内，能够有效监听对方的消息发送。但节点在原本可以同时进行传输时，由于监听到对方消息发送，选择进行退让，导致原本可以同时进行的数据传输被取消，从而造成信道的浪费。如图 3-9 中，节点 B 与节点 C 位于彼此通信范围之内，当节点 B 想向节点 A 发送消息时，由于监听到节点 C 的发送操作，其取消了预定操作。其实，从图 3-9 中可以非常直观地看出节点 A 和节点 D 由于相隔距离较远，可以同时分别接收来自节点 B 和节点 C 的消息，并不会造成冲突。

从上述例子不难得出结论，无线局域网虽然有其优越性，但也绝非局域网技术的终极解决方案。

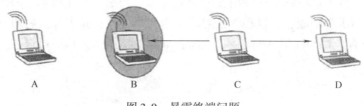

图 3-9   暴露终端问题

3.3   WiFi 网络组成、拓扑与服务

3.3.1   WiFi 网络组成

一个典型的 WiFi 网络由站（Station，STA）、无线介质（Wireless Media，WM）、基站（Base Station，BS）或接入点（Access Point，AP）以及分布式系统（Distribution System，DS）4 部分组成，如图 3-10 所示。

其中，STA 即具备无线功能的笔记本式计算机、智能手机等各类终端设备；WM 即大气空间；BS 或 AP 即符合 802.11 标准的各类无线路由器；DS 是运行在各基站上的一种服务，其功能是让各基站能够通过无线的方式进行互联，同时不影响各基站所负责区域内的无线覆盖，如图 3-11 所示。或者说分布式系统起到了提高 WiFi 网络部署灵活性和可扩展性的作用。图中 BSS 称为基本服务单元，将在下一节进行介绍。

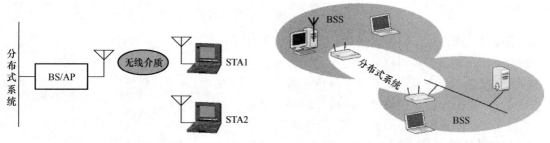

图 3-10   WiFi 网络组成   图 3-11   无线网络通过分布式系统实现互联

3.3.2   WiFi 网络拓扑结构

虽然 WiFi 网络的基本组成元素相同，但却可以有多种不同的网络拓扑结构，包括有基础设施的集中式拓扑结构（如图 3-12 所示）、分布式对等拓扑结构（如图 3-13 所示）等。

在图 3-12 中，AP 接入到有线局域网中，并作为整个网络的中心节点存在，因而被称为有基础设施的集中式拓扑结构。另外，由单个 AP 及其覆盖范围内站点所组成的集合又被称为基本服务单元（Basic Service Set，BSS），BSS 所覆盖的区域又被称为基本服务区域（Basic Service Area，BSA）。在同一个 BSS 中，即便站点与站点位于彼此直接通信范围之内，站点间也无法直接通信，需要借助 AP 的中转来实现站点间的相互通信。

在图 3-13 中，由于没有 AP 的存在，各站点间以 AdHoc 的方式相互连接，而各站点间地位均等，因而被称为分布式对等拓扑结构。这样一个没有 AP 存在的服务集，就被称为独立基本服务集（Independent Basic Service Set，IBSS）。与 BSS 相反，在一个 IBSS 中，站点与站点可直接通信，而无需借助第三方进行转发。

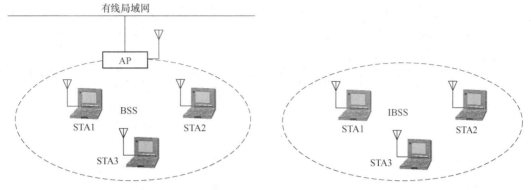

| 图 3-12　有基础设施的集中式拓扑结构 | 图 3-13　分布式对等拓扑结构 |

普通笔记本式计算机无线网卡，在操作系统支持的前提下可通过 AdHoc 的方式实现不借助 AP 的直接连接。以 Windows 7 系统为例，具体操作如下：

1）打开网络和共享中心，选择"设置新的连接或网络"，在弹出的窗口中选择"设置无线临时（计算机到计算机）网络"，如图 3-14 和图 3-15 所示。

2）为网络设置名称、安全协议类型和对应的连接密码，如图 3-16 所示。

3）配置完成后，即能以连接普通 WiFi 网络的方法接入上述 AdHoc WiFi 网络，如图 3-17 所示。

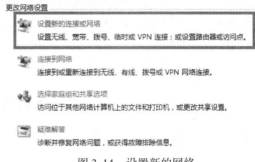

图 3-14　设置新的网络

图 3-15　选择设置 AdHoc 网络

图 3-16 配置 AdHoc 网络

图 3-17 连接 AdHoc 网络

多个 BSS 可以通过有线、无线的方式组成一个更大的服务集，即扩展服务集合（Extended Service Set，ESS），其对应的服务区域就叫作扩展服务区域（Extended Service Area，ESA），如图 3-18 所示。

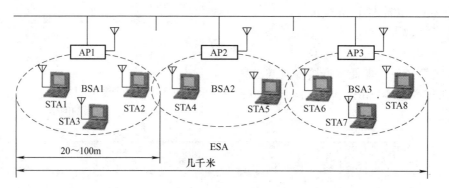

图 3-18 ESS 型拓扑结构

3.3.3 WiFi 网络服务

为了保证无线局域网的正常运行，站和接入点还需要分别运行相关的系统服务。具体而言，站需要运行的服务包括：

1）认证：站点需要通过身份鉴别才能接入网络，通过认证服务来控制站点对无线网络的访问权。

2）解除认证：当一个站点不愿与一个网络或另一站点保持相互认证关系时，可以通过解除认证来解除网络连接。解除认证是一种通知服务，而非请求服务。

3）保密：对数据进行加密和完整性校验。

4）数据传输：数据的发送与接收，最为基本的服务。

接入点需要运行的服务包括：

1）连接：当站点通过认证接入网络时，通过连接服务告之站点其所属的 AP 信息。

2）重新连接：当站点在一个扩展服务集中移动时，若其从一个 BSS 移动到另一个 BSS 所属范围内，将需要进行重新连接，即更新其所属的 AP 信息。

3）解除连接：即断开站点与 AP 之间的关联关系，与解除认证类似，其也是一种通知服务。

4）分布：用于站点通过 DS 发送数据的情况中，通过分布服务可以获得目标节点所属的 BSS。

5）集成：提供地址和协议转换功能，当站点发送数据转发到有线网络上时，需要用到集成服务。

站接入网络过程中，服务运行流程及站状态变化如图 3-19 所示。

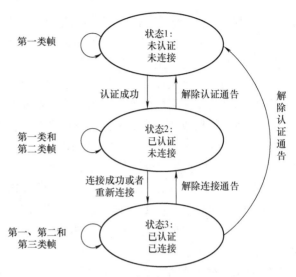

图 3-19　认证、连接状态变化

3.4　802.11 协议栈

3.4.1　802.11 网络模型与 OSI 模型对比

802.11 协议作为一种网络协议，其仍然是分层结构，与有线局域网的 802.3 协议相比较，其主要是为了通过无线方式进行数据传输而重新定义了物理层和数据链路层的内容。在 802.11 协议中，把相对复杂的数据链路层和物理层进一步划分为链路控制层（Link Layer Control，LLC）、介质访问控制层（Media Access Control，MAC）、物理层汇聚协议（Physical Layer Convergence Procedure，PLCP）、物理介质依赖子层（Physical Medium Dependent，PMD），如图 3-20 所示。

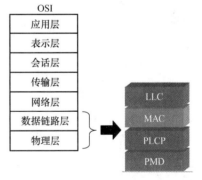

图 3-20　802.11 协议栈与 OSI 模型比较

3.4.2　802.11 的数据链路层

1. 802.11 数据链路层的任务

802.11 数据链路层负责以下 3 项任务。

1）可靠的数据传输：能够保证数据包接收成功，若发送失败可以自动重传；数据包接收顺序与发送顺序一致；接收到的数据包内容不会出现差错。

2）接入控制：多个客户端能够以有序方式进行数据传输，以避免竞争信道带来的冲突、数据发送失败。

3）安全：能够保证数据传输的机密性、完整性等。

为实现上述 3 个目标，802.11 数据链路规定了 3 种类型的帧：管理帧（共 11 种子类型）、控制帧（共 6 种子类型）和数据帧（共 8 种子类型）。管理帧主要负责无线客户端的接入和断开、信道选择，比如无线网络的 SSID（Service Set Identity，服务集标识）就是通过管理帧获得的；控制帧主要完成各类信道控制，主要包括传输速率控制和信道协商等功能，成功接收数据帧的确认任务也由控制帧负责；数据发送与接收通过数据帧完成。

为了理解数据链路层是如何完成可靠的数据传输的，有必要研究数据链路层的帧格式。当一个网络层数据包从网络层传到数据链路层的时候，LLC 会添加一些内容形成 MAC 服务数据单元（MAC Service Data Unit，MSDU）。当 MSDU 移交到 MAC 层的时候，MAC 层就会为其添加 MAC 头部信息和尾部帧校验序列（Frame Check Sequence，FCS）校验信息形成 MAC 协议数据单元（MAC Protocol Data Unit，MPDU），即 802.11 无线帧，也就是平常无线抓包所看到内容。802.11 数据链路层帧格式如图 3-21 所示。需要特别说明的是，只有数据帧才需要添加内容以形成 MSDU，管理帧、控制帧无须添加信息，直接附加 MAC 头部及尾部帧校验序列。

为实现可靠的数据传输，接收端在收到数据帧后会向发送端发送应答消息 ACK；若未收到 ACK，将自动重传，从而保证了数据包能够成功接收。从图 3-21 中可以看出，其包含了 2 字节的顺序控制（Sequence Control，SC），通过帧顺序控制信息，能够在接收端按照发送顺序对帧进行重组，并且通过 FCS 尾部的 CRC 校验码，能够判断接收内容是否存在差错。

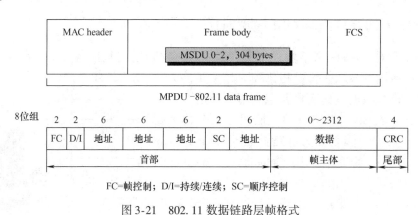

图 3-21 802.11 数据链路层帧格式

2. 802.11 数据链路层的相关机制

为实现多个站点有序数据传输，802.11 数据链路层主要采用了请求发送（Request To Send，RTS）/准许发送（Clear To Send，CTS）来避免隐蔽终端问题；通过分布式协调（Distributed Coordination Function，DCF）、点协调（Point Coordination Function，PCF）和混合协调（Hybrid Coordination Function，HCF）来实现多个站点竞争使用信道时的信道分配。下面分别介绍相关机制。

（1）RTS/CTS

当终端需要发送数据包时，为预约链路使用权，先广播 RTS 包，所有收到 RTS 包的终端将暂停数据发送。接入点收到 RTS 包以后，将广播 CTS 包进行应答，同时所有收到 CTS

包的终端也将暂停数据发送。可知位于发送节点和接收节点通信范围内的所有节点都将暂停数据发送，因而避免了隐蔽终端问题带来的冲突。当然，RTS/CTS 机制开销比较大，一般只用于传输竞争比较明显的场合。一般网卡驱动会根据数据帧长度来决定是否采用 RTS/CTS 机制，当数据帧长度大于阈值时启用 RTS/CTS 机制，反之不启用。

（2）DCF

DCF 是最基础的协调机制，可与 RTS/CTS 配合使用。使用 DCF 时，节点以分布式方式独立决定何时进行数据发送。其主要通过载波侦听/冲突检测（Carrier Sense Multiple Access/Collision Detect，CSMA/CD）来避免冲突。但载波侦听无法完全避免冲突，当多个站点同时检测到媒体空闲时可能出现冲突，因此还需要退避机制。

终端需要发送数据时，会持续侦听媒体（或介质）是否空闲，如果检测到媒体持续空闲时间大于分布式帧间隔（Distributed Inter–Frame Space，DIFS），则立即进行数据发送；否则，继续等待，直到媒体持续空闲时间大于 DIFS 时，也不立即发送数据，而是启动计时器并入竞争窗口，或者说必须等待 DIFS 的时长后才能进行发送尝试。

除 DIFS 外，还有点协调帧间隔（Point Inter–Frame Space，PIFS）和最短帧间隔（Shortest Inter–Frame Space，SIFS）。PIFS 在 PCF 机制中发送管理帧时使用，SIFS 在发送 RTS、CTS、ACK 和分片数据等情况下使用。显然，越短的 IFS 越有利于数据的快速发送，因为其等待时间短，可以先于其他节点进入发送尝试阶段。

在竞争窗口期，将启动定时器 Slot Time，并继续监测媒体状态。如果媒体空闲，Slot Time 将自减，当 Slot Time 自减为 0 后，终端将进行数据发送。这个过程中，哪个终端 Slot Time 先减到 0，则这个终端会最先发送数据。因此，这段时间被称为竞争窗口（Contention Window，CW）。如果退避过程中，监测到媒体忙，则 Slot Time 被冻结，直到媒体持续空闲时间大于 DIFS 时，恢复自减。整个过程如图 3-22 所示。

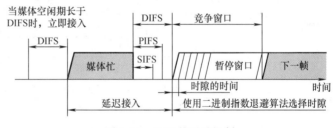

图 3-22　DCF 的退避机制

其中，Slot Time 初始值为 $(2^5 - 1)$ 个时隙 = 31μs，各终端可从 0~31 个时隙之间随机选取 Slot Time 大小。若 Slot Time 自减至 0，终端进行数据发送后发现数据发送失败，则 Slot Time 将按指数级增大。如图 3-23 所示，第一次尝试失败后，Slot Time 将变为 $(2^6 - 1)$ 个时隙 = 63μs，第二次尝试失败后，Slot Time 将变为 $(2^7 - 1)$ 个时隙 = 127μs，依此类推，直到 Slot Time 到达阈值。当数据发送成功后，即收到 ACK 后，Slot Time 将被重置。Slot Time 大小表征了网络负载大小，Slot Time 越大，表示数据发送失败次数越多，网络负载越大。

（3）PCF

PCF 要求网络中存在一个中心节点，由中心节点决定哪

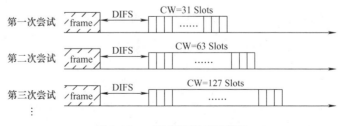

图 3-23　二进制指数退避算法

个终端可以进行数据发送。非常明显，这里的中心节点即是 AP，AP 负责轮询终端是否有数据发送需求，因此 PCF 无法用于 AdHoc 网络中。相比 DCF，PCF 并不常用。

（4）HCF

HCF 主要应用在需要 QoS 机制的场合。比如，对于流媒体类业务，为保证用户体验，使用 HCF 机制可为多媒体数据提供更多的媒体访问机会。

最后，802.11 采用的各类安全协议，将在本书第 4 章详细介绍，此处不再赘述。

3.4.3　802.11 的物理层

当 MAC 层的 MPDU 移交到 PLCP 层时，它就有一个新的身份，称为 PLCP 子层服务数据单元（PLCP Service Data Unit，PSDU），其实 MPDU 和 PSDU 内容一模一样，只是在数据链路层和物理层两边叫法不一样而已。PLCP 层接收到 PSDU 时，它将给这个帧添加一个前导同步码和物理层头部形成 PLCP 子层协议数据单元（PLCP Protocol Data Unit，PPDU）。

最后，PPDU 会移交到 PMD 层，根据不同的算法调制成一串 0、1 比特流进行发送。发送、接收过程中，数据在数据链路层、物理层处理过程的详细流程见图 3-24 所示。

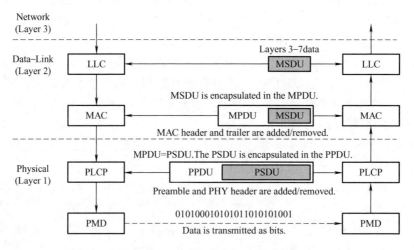

图 3-24　802.11 数据发送与接收过程

3.4.4　802.11 抓包分析

下面通过 Wireshark 抓包工具来进一步说明 802.11 协议数据包格式以及其与有线局域网 802.3 协议的异同。

1. 在 Windows 下使用 Wireshark

首先，在 Windows 下通过抓取应用层数据包来说明 802.11 与 802.3 高层协议（网络层以上）是相同的，此处使用的是 Wireshark 2.2.1 版。

（1）启动 Wireshark

启动后选择无线网络接口，如图 3-25 所示。需要以管理员身份运行 Wireshark，否则可能显示无接口可用。

（2）开始抓包

单击图 3-25 中红框内的按钮，开始捕获数据包。捕获到的数据包如图 3-26 所示，通过被捕获数据包的协议类型可以发现，TCP、ARP、DNS、ICMP 这些传统有线网络协议在 WiFi 网络中同样存在。

（3）捕获登录数据包

接下来进入某非 https 邮箱登录页（如图 3-27 所示）并输入任意用户名和密码，单击"登录"按钮后，即可结束抓包。为了尽快锁定包含

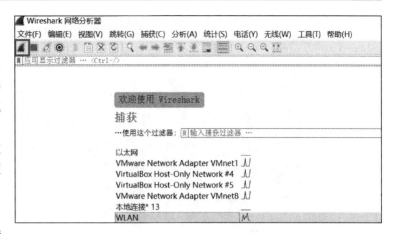

图 3-25　启动 Wireshark

用户登录信息的数据包，在过滤器一栏，输入过滤条件"http and ip. dst == 125. 69. 85. 24"（图 3-28 中上部框体），此处过滤条件含义指通过数据包协议及目的地址 IP 对数据包进行过滤，Wireshark 中过滤器语法可参考其官网，应用后可见数据包数量大幅减少。

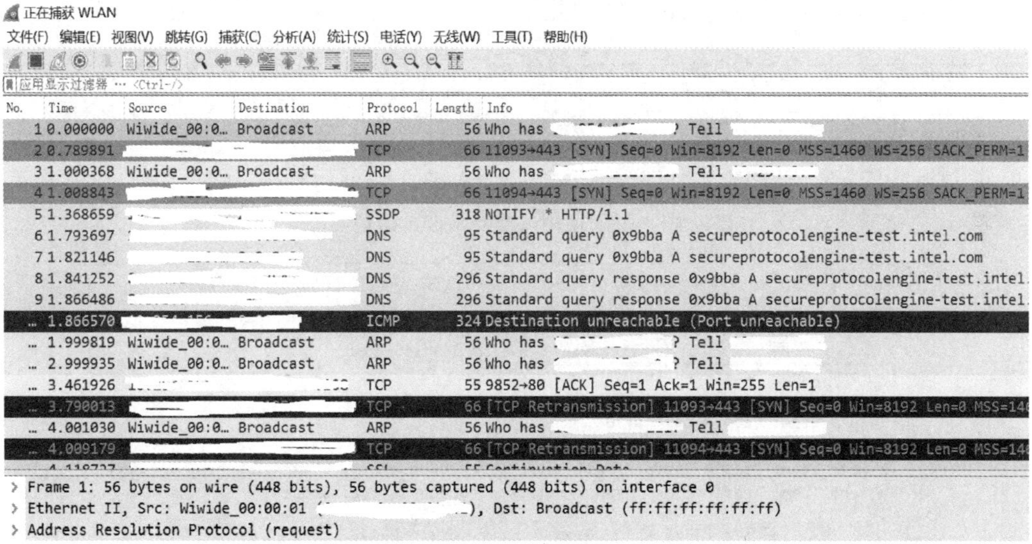

图 3-26　捕获到的数据包

（4）查看用户名和密码

通过数据包 Info 信息一栏，可以发现有一个数据包内容为进行登录信息发送操作（图 3-28 框中下部框体），双击该数据包可查看其详细信息，并在详细信息中将编码过的表单信息（HTML Form URL Encoded）一栏展开，如图 3-29 所示。非常明显，刚才我们所输入的用户名和密码由于没有采用 https 加密传输，已经被捕获（图 3-29 框中信息）。当然，更为重要的是说明对于 WiFi 网络而言，其在访问网页过程中和传统有线局域网并无二致，仍然使用的是 HTTP 协议。

图 3-27　某不支持 https 方式的邮件系统

图 3-28　使用过滤器筛选数据包

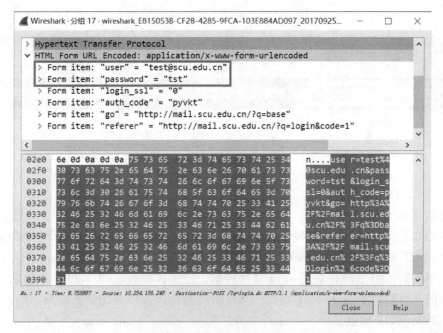

图 3-29　数据包详细信息

2. 在 Kali Linux 中使用 Wireshark

接下来，在 Kali Linux（Kali Linux 是一款集成了数字取证、渗透测试、黑客攻防工具套件的 Linux 系统。预装软件包括端口扫描器 nmap、数据包分析器 Wireshark、密码破解器 John the Ripper 以及一套用于对无线局域网进行渗透测试软件 Aircrack－ng 等）中再次使用 Wireshark 抓包，通过观察所抓取的 MAC 层包头来说明 802.11 协议栈与 802.3 协议栈的区别。此处使用的是 VMWare 12.5.0 版本和 Kali Linux 1.1.0a 版本的 ISO 镜像文件（使用 ISO 镜像创建虚拟机的过程此处从略，读者可自行查阅相关资料完成）。

（1）启动 Wireshark

为保证能够获得 root 权限，在命令行模式下输入"sudo wireshark"来启动 Wireshark，如图 3-30 所示。

图 3-30　以 root 权限运行 Wireshark

（2）进行接口设置

启动后，选择无线网络接口，如图 3-31 框中所示，此处选择"wlan21"，并双击进行接口设置，除默认选中的开启混杂模式外（图 3-32 中"Capture packets in promiscuous mode"），还需选中监听模式复选框（图 3-32 中下部框中"Capture packets in monitor mode"）。

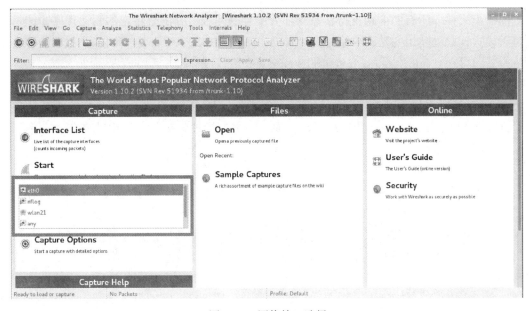

图 3-31　网络接口选择

51

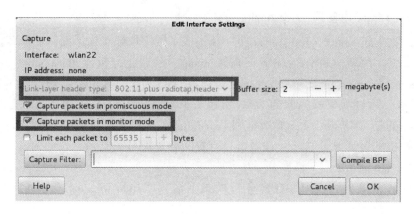

图 3-32　接口设置

　　混杂模式在有线局域网中抓包时也经常使用，启用后网卡能够接收所有经过它的数据流，而不论其目的 MAC 地址是否是它。监听模式则是无线网卡特有的工作模式（除监听模式外，无线网卡还有被管理、AdHoc 和主模式，共 4 种工作模式），监听模式不区分所接收数据包的目的地址，这点和混杂模式类似。然而，与混杂模式不同的是，监听模式不需要网卡和 AP 或其他终端建立网络连接，监听模式工作示意图如图 3-33 所示。

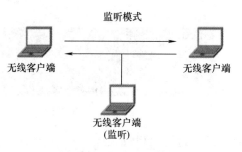

图 3-33　网卡监听模式

　　从图 3-32 中也可以看出，此时选定的无线网卡并没有连接任何无线网络，因而也没有获得 IP 地址分配，其"IP address"信息一栏为"none"。

　　监听模式并非所有网卡均支持，只有部分型号的网卡，并配合特定的驱动程序才能够使用监听模式，此处使用的是网卡型号为"Netgear WG111v2"。至于哪些网卡及驱动能够支持监听模式，可在"http://linuxwireless. org/en/users/"上查看。

　　在图 3-32 的上部框中是链路层包头类型，这里的"802. 11 plus radiotap header"是指在原始 802. 11 链路层包头基础上附加 radiotap header。而 radiotap header 则是在接收到物理信号后，去除 PLCP header（见图 3-24）部分后，在本地增加的头部，其中就有包含功率、信道这样的物理层信息。

　　（3）进行抓包

　　启动抓包后，可以发现在未连接任何无线网络的情况下，仍然抓取到了大量的数据包，如图 3-34 所示，这就是启用监听模式的效果。

　　进一步观察所抓取到的数据包，可以发现，其包含了物理层信道、通信频率、信号强度等信息，以及数据链路层的 MAC 时间戳（图 3-35 中高亮部分）、管理帧信息（图 3-35 的框中内容）。不论物理层的通信频率，还是数据链路层的管理帧信息都是 802. 11 协议区别于有线网络 802. 3 协议的具体例子，因而通过抓包充分说明 802. 11 协议栈与 802. 3 协议栈在物理层、数据链路层的差异。

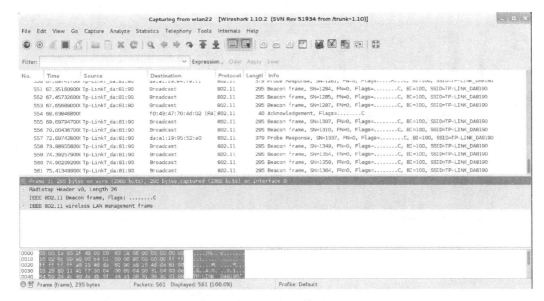

图 3-34　抓包结果

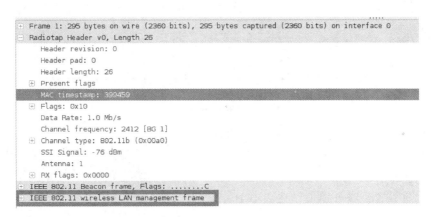

图 3-35　数据包内容

3.5　WiFi 设备

3.5.1　消费级无线路由器

不论是笔记本式计算机、智能手机或是无线路由器，为了接入 WiFi 网络，其都必须要支持 802.11 协议。但是，同为无线路由器，其功能、性能上肯定有所不同，而这些主要是通过设备参数以及支持的功能来进行体现的。

1. 消费级无线路由器的相关技术

以图 3-36 所示的一款消费级无线路由器的参数来说明其使用相关技术，并解释部分术语的含义。

1）从产品名称和所支持的传输标准可以看出，这是一款支持 802.11ac 协议的路由器。

Wan口数量（无线路由）	1个
Lan口数量（无线路由）	4个
Qos限速功能	支持
无线桥接	支持
支持WPS	支持
天线可拆卸	不支持
天线增益	5dbi
无线传输率	2.4GHz频段：450Mbps；5GHz频段：1.35Gbps
传输标准	IEEE 802.11n、IEEE 802.11g、IEEE 802.11b；IEEE 802.11.ac；IEEE 802.11.a；IEEE 802.3、IEEE 802.3u、IEEE 802.3ab；
网络协议	TCP/IP协议
尺寸	243mm x 160mm x 33mm（L x W x H）
安全标准	无线MAC地址过滤；无线安全功能开关；64/128/152位WEP加密；WPA-PSK/WPA2-PSK、WPA/WPA2安全机制；WPS快速安全设置

图 3-36　WiFi 路由器参数

2）这款产品是双频无线路由器，其实际含义是 802.11ac 作为 802.11n 协议的升级版本，其除支持 2.4GHz 频段外，还可以工作在 5GHz 频段。其外置天线分别工作在 2.4GHz 和 5GHz 频段上，如图 3-37 所示。

3）6 根外置天线除工作频段不一样之外，其背后隐藏的技术就是 MIMO。MIMO 是 802.11n 提高传输速率所使用的核心技术。简单来说，MIMO 技术采用空间复用技术对无线信号进行处理后，数据通过多重切割之后转换成多个平行的数据子流，数据子流经过多副天

图 3-37　天线对应的工作频段

线同步传输，在空中产生独立的并行信道传送这些信号子流。为了避免被切割的信号不一致，在接收端也采用多个天线同时接收，根据时间差等因素将分开的各信号重新组合，还原出原始数据。当然，在这个过程中还会运用到波束成型（Beamforming）、空时分组码（Space‐Time Block Code，STBC）等技术。

理论上，MIMO 技术通过增加天线数量，能够减少信号覆盖盲点，但这种差异在普通家庭环境中完全可以忽略不计。也就是说，使用不使用 MIMO 技术，与无线路由器的覆盖范围大小没有太大关系。此外，至于 MIMO 技术和"穿墙"效果更是不存在任何联系。

4）在描述产品发射功率大小时，其使用了 dBm 作为功率单位。dBm 与传统的功率单位 W 之间的换算关系为

$$1W = 1000mW = 10\ \log_{10}1000dBm = 30dBm \qquad (3-1)$$

根据式(3-1)的换算关系 1mW 等于 0dBm，0.1mW 等于 -1dBm。所以，当使用 dBm 作为功率单位时，0 并不代表发射功率为 0，负值也不代表发射功率为负。发射功率是决定覆盖范围、"穿墙"效果的重要因素之一。

2. WiFi 网络涉及的相关理论

分别通过消费级、企业级无线路由器的一些基本配置，进一步说明 WiFi 网络所涉及的相关理论。

图 3-38 是一款消费级 AP 基本配置界面截图。

图 3-38　WiFi 路由器基本配置信息

（1）SSID 号

SSID 号即无线网络的名字。更具体地说，SSID 是 Service Set Identity 的意思，是无线网络的唯一标识，其中 Service Set 就是本章 3.3 节提到的服务集。

（2）信道

信道是指 AP 工作的频率，之前提到 AP 的参数中会指出其工作频段，比如 2.4GHz、5GHz。但一个频段还可以进一步被划分为若干信道，以 802.11 最常用的 2.4GHz 频段为例，其最多可被划分为 14 个信道，各信道带宽均为 22MHz，对应的中心频率如图 3-39 所示。在世界上大多数国家，802.11 可使用的信道为 1~13 号信道；在日本还可以使用第 14 号信道；在美国只能使用 1~11 号信道。这是由各国无线电监管机构的频谱资源使用分配所决定的。从图 3-39 中还可以看出，第 1、第 6 和第 11 号信道之间的频率范围无重叠，所以其也是最为常用的信道。因为频谱资源、信道是有限的，所以相邻 AP 若使用相同信道设置或使用相邻信道，彼此之间就会相互干扰，严重时甚至会影响到网络的正常访问。

（3）工作模式

工作模式是指 AP 运行、支持的 802.11 协议版本。由于 802.11b、802.11g、802.11n 在物理层相互兼容，均使用 2.4GHz 频段，因此图 3-36 中无线路由器可以在 802.11b/g/n 混合模式下运行。

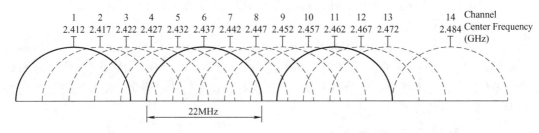

图 3-39　802.11 2.4GHz 频段信道划分

（4）频段带宽

频段带宽即信道带宽，802.11 除支持图 3-39 中 22MHz 的信道带宽外，还支持 40MHz 的信道带宽。信道带宽增大后，好处显而易见，能够有效提高传输速率，但是其与周围无线路由器频段重叠、相互干扰的可能性也会增大，所以在进行频段带宽设置时应特别注意。

（5）WDS 功能

WDS 功能是 Wireless Distribution System 的首字母缩写，也就是前面所介绍的 WiFi 网络四大组成部分之一 ——分布式系统。通过 WDS 功能能够实现两台无线 AP 的无线连接，在图 3-40 中，如果主 AP 已接入 Internet，则

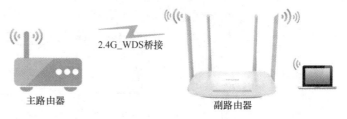

图 3-40　WDS 功能应用

笔记本式计算机与副 AP 连接后即可接入 Internet。

在浏览器中输入无线路由器 IP 地址，并登录无线路由器管理界面后，通过选中"开启 WDS"功能复选框即可启用 WDS，如图 3-38 框中所示。开启 WDS 后，将需要配置如图 3-41 所示的信息。

需要桥接的 SSID 即为图 3-40 中主路由器对应的 SSID，除直接输入 SSID 外，亦可通过扫描的方式获取周围 WiFi 网络的 SSID，并从列表中选择需要连接主路由器的 SSID，单击"扫描"按钮后执行效果如图 3-42 所示，扫描结果中除网络 SSID 外，还有对应无线网络的信号强度、使用信道及是否加密等信息。

图 3-41　WDS 功能配置

选择需要连接的网络后，并选择安全协议类型，输入正确的网络连接密码即可实现连接。是否连接成功也非常容易判断，只需在客户端连接上副路由器后，测试其是否能够正常浏览网页即可。

虽然 WDS 配置本身并不复杂，但配置过程中有以下几点需要注意：

1）副路由信道必须显示设置为与主路由一致，如果信道不一致或信道选择为自动模式，则无法连接，如图 3-43 所示。

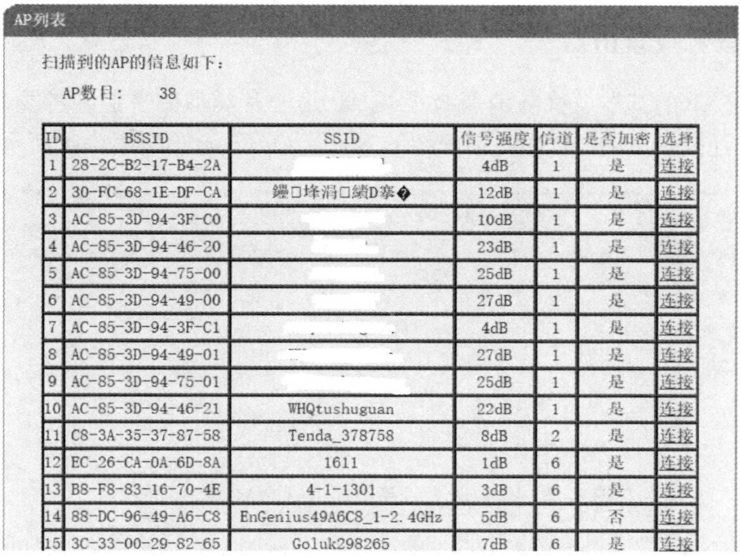

AP列表

扫描到的AP的信息如下：

AP数目： 38

ID	BSSID	SSID	信号强度	信道	是否加密	选择
1	28-2C-B2-17-B4-2A		4dB	1	是	连接
2	30-FC-68-1E-DF-CA	鑷口垰洊口鑌D寀◆	12dB	1	是	连接
3	AC-85-3D-94-3F-C0		10dB	1	是	连接
4	AC-85-3D-94-46-20		23dB	1	是	连接
5	AC-85-3D-94-75-00		25dB	1	是	连接
6	AC-85-3D-94-49-00		27dB	1	是	连接
7	AC-85-3D-94-3F-C1		4dB	1	是	连接
8	AC-85-3D-94-49-01		27dB	1	是	连接
9	AC-85-3D-94-75-01		25dB	1	是	连接
10	AC-85-3D-94-46-21	WHQtushuguan	22dB	1	是	连接
11	C8-3A-35-37-87-58	Tenda_378758	8dB	2	是	连接
12	EC-26-CA-0A-6D-8A	1611	1dB	6	是	连接
13	B8-F8-83-16-70-4E	4-1-1301	3dB	6	是	连接
14	88-DC-96-49-A6-C8	EnGenius49A6C8_1-2.4GHz	5dB	6	否	连接
15	3C-33-00-29-82-65	Goluk298265	7dB	6	是	连接

图 3-42　WiFi 网络扫描结果

2）由于很多无线路由器默认 IP 地址设置多为 192.168.1.1，为了避免主路由器和副路由器 IP 地址冲突，需修改其中一个的默认 IP 地址，如图 3-44 所示。为了避免客户端接入网络时通过 DHCP 获取 IP 地址出现冲突，还需关闭主路由器和副路由器其中的一个 DHCP 服务。如果不关闭副路由器的 DHCP 服务，则需要注意主路由器和副路由器的 IP 地址池应不重叠。

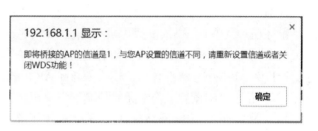

192.168.1.1 显示：

即将桥接的AP的信道是1,与您AP设置的信道不同,请重新设置信道或者关闭WDS功能！

确定

图 3-43　WDS 信道设置错误

3）在 WDS 配置过程中，主路由器和副路由器的 SSID、网络连接密码设置为一样可以，设置为不同亦可，不影响 WDS 配置结果。但是将主路由器和副路由器的 SSID、网络连接设置为相同，在使用网络过程中比较方便，不用记忆多个网络连接密码。

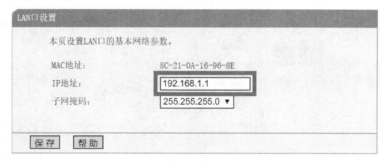

LAN口设置

本页设置LAN口的基本网络参数。

MAC地址：　　　8C-21-0A-16-96-8E

IP地址：　　　192.168.1.1

子网掩码：　　　255.255.255.0 ▼

保存　帮助

图 3-44　修改路由器 IP 地址

需要说明的是，主路由器和副路由器之间即便配置了 WDS 连接，并且 SSID、网络连接密码也设置为相同也无法实现"无缝漫游"，即当从无线路由器 A 的覆盖范围移动到无线路由器 B 的覆盖范围时，会断开与 A 的连接，再与 B 建立连接，即便这个时间很短，仍然会存在一个网络中断的时间。若要实现"无缝漫游"，需要使用接下来提到的无线控制器（Wireless Access Point Controller，AC）加瘦 AP 来实现。

3.5.2　企业级无线路由器

　　企业级无线 AP 的基本设置与消费级无线 AP 是非常类似的，但除各类基本设置之外，企业级无线 AP 还提供了诸如针对之前介绍的 Rouge AP 反制（如图 3-45 所示）等功能。

图 3-45　企业级无线路由器 Rouge AP 反制功能

　　除上述功能之外，企业级无线 AP 与家用无线 AP 最大的差别在于，企业级无线 AP 除支持使用命令行、Web 管理界面等方式对单个无线 AP 进行管理之外，还可以通过无线控制器 AC 来实现对多个 AP 的统一管理。

　　上述两种 AP 工作模式一般也被称为瘦 AP（Fit AP）和胖 AP（Fat AP）模式。消费级无线 AP 采用的就是胖 AP 模式，所有配置操作均在 AP 上完成，单个 AP 可以独立存在并工作，所以胖 AP 模式也被叫作自治模式。与胖 AP 模式相反，在瘦 AP 模式下，AP 本身可以实现"零配置"，所有配置工作在无线控制器上完成，此时 AP 只具有射频和通信功能，无法独立工作。图 3-46 中无线网络解决方案就采用了无线控制器 WC7520 加瘦 AP（WNAP320、WNDAP360 等型号）的组网方式。

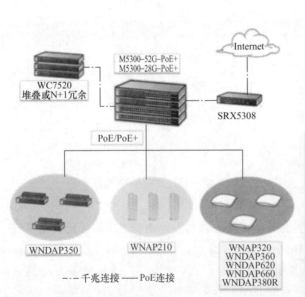

802.11N900M高速WiFi集中控制型解决方案
适合于1500个无线终端/(或)多达150个AP
明星产品：WC7520

关键产品	
WC7520	
WNDAP660	WNDAP620
WNDAP360	WNDAP350
WNAP320	WNAP210
M5300-28/52G-PoE+	GS728/521TPS
FS728/52TP	FS726P
GS110TP	FS116P
GS510TP	FS108P

NETGEAR

图 3-46　无线控制器加瘦 AP 组网方案示例

3.6　本章小结

本章主要内容包括：无线局域网的由来、分类与有线局域网的区别等基本概念；无线局域网的组成、拓扑结构以及服务；无线局域网的物理层与数据链路层的任务、包结构和重要协议，并通过抓包与有线局域网的物理层与数据链路层进行了对比；无线局域网中最为典型的网络设备即无线路由器的基本配置。

习　　题

1. 下列关于无线局域网组成部分的说法中，错误的是（　　　）。

A. 站指笔记本式计算机、手机等终端设备

B. 必须有基站存在才能完成组网

C. 无线介质即大气空间

D. 无线分布式系统让多个基站间能够通过无线方式实现互联

2. 下列选项中，不是 802.11 MAC 层要实现的功能为（　　　）。

A. 可靠数据传输

B. 安全数据传输

C. 信道分配与接入

D. 信道选择

3. 按照 dBm 与 mW 之间的换算关系，0dBm 等于_____。

4. 采用 MIMO 技术，同频天线数量最多不超过_____根。

5. 802.11 中，通过_____服务实现无线网络与有线网络的互联。

6. 判断正误：将无线网络的 SSID 设为隐藏后，用户将无法连接该无线网络。

7. 判断正误：在无线路由器配置过程中，开启 AP 隔离后，将起到让其他用户看不到本路由器的 SSID 广播的作用。

第 4 章　WiFi 网络安全

本章主要介绍 WiFi 安全协议 WEP、WPA/WPA2 的数据加密、完整性校验、密钥分配过程，WPA/WPA2 PSK 模式网络连接密码破解，QSS 原理、使用及破解，增强 WiFi 网络安全的配置方法等内容。

4.1　WEP 与 WPA/WPA2

无线网络虽然使人们在网络使用过程中摆脱了线缆的束缚，使网络接入变得更加便捷，但由于无线电波在空间中不受约束地向四面八方发射，也使得对网络传输数据的窃听、注入变得更加容易。正是由于这样的原因，WiFi 网络在进行数据传输时必须要对数据进行加密、完整性校验等操作。上述各类数据保护操作正是通过各类安全协议来完成的。WiFi 网络中主要的安全协议包括有线等效加密（Wired Equivalent Privacy 或 Wireless Encryption Protocol，WEP）、WiFi 保护接入（Wireless Protection Access，WPA）和 WiFi 保护接入 II（Wireless Protection Access2，WPA2）3 种，下面逐一进行介绍。

4.1.1　WEP

WEP 于 1999 年 9 月被批准作为 WiFi 安全标准。即使在当时，第一版 WEP 的加密强度也不算高，因为美国对各类密码技术的限制，导致制造商仅采用了 64 位加密。当该限制解除时，加密强度提升至 128 位。尽管后来还引入了 256 位 WEP 加密，但 128 位加密仍然是最常见的加密。

尽管经过了加长密钥等升级，WEP 还是由于种种安全漏洞，而在 2004 年正式被放弃。2005 年美国联邦调查局还曾发布过公开演示，其使用公开免费软件在几分钟内就破解了WEP 密码。

1. WEP 的加解密过程

（1）加密过程

为了解释 WEP 存在的安全漏洞，首先解释一下 WEP 的数据加密过程，整个过程如图 4-1所示。

1）发送方选取加密密钥，并从中提取出初始化向量（Initial Vector，IV），初始向量长度为 24 位，IV 将以明文形式传递给接收方。这里就产生了 WEP 的第一个安全隐患，IV 长度太短（若将 IV 设置为 0，并传递数据时依次加 1 递增。对于一个繁忙的网络，通常 2 ~ 5h就能够将所有 IV 遍历一次）。当采用 64 位密钥长度时，由于 IV 以明文形式传输，故除去24 位 IV 后，若采用暴力破解，需要猜解的加密密钥长度仅 40 位，其加密强度远远达不到安全标准。

2）IV 与密钥连接后作为种子（Seed）输入，RC4 算法会通过密钥时序子算法（Key Scheduling Algorithm，KSA）进行长度扩充，并经伪随机序列生成子算法（Pseudo Random Generation Algorithm，PRGA）生成一个伪随机数序列。此处产生了 WEP 的第二个安全隐患，

60

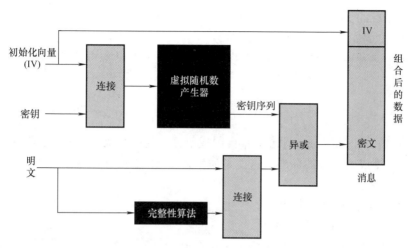

图 4-1　WEP 加密过程

即 RC4 算法本身存在安全漏洞。早在 2001 年就有以色列科学家指出 RC4 加密算法存在漏洞，其伪随机数生成过程存在缺陷，输出的密钥流前若干字节具有非常强的非随机性，因此可以通过对使用相同加密密钥和 IV 的密文进行分析，从而得到加密密钥。由于 RC4 算法的潜在漏洞，2015 年微软、Mozilla 更是建议弃用 RC4 算法。

3）明文会通过循环冗余校验（Cyclic Redundancy Check，CRC）生成完整性校验码，明文与校验码连接后形成待加密明文。这里由于没有采用密码学方法生成消息完整性校验值，导致攻击者可以在篡改完明文后，生成正确校验值，这样接收者无法通过完整性校验发现消息被篡改。

4）上一步生成的待加密明文与 RC4 输出的伪随机数序列异或即得密文消息，IV 与密文消息连接后发送。

（2）解密过程

简单概括一下 WEP 的解密过程，在收发双方共享相同密钥的情况下，接收方可通过相同密钥经 RC4 算法生成相同的伪随机数序列，再与密文异或后即可恢复出明文。

2. WEP 存在的问题

除上述问题之外，在 WEP 的配置使用过程中，还存在以下两个问题。

1）WEP 支持可选开放式系统验证和共享密钥验证两种验证模式。其中，开放式系统验证模式下，客户端在不提供正确网络接入口令的情况下仍然可以通过认证并进行连接。虽然未提供正确口令，客户端将不能获得 IP 地址分配，但这无疑也是一项非常危险的操作。

2）在 WEP 配置时，可设置 4 个密钥（如图 4-2 所示），密钥的轮换

图 4-2　WEP 配置

无疑能够增强系统的安全性。但是，设置的 4 个密钥并不会自动轮换，需要用户进行手动更新，这也使 WEP 的安全性打了不小的折扣。

正是由于上述种种安全问题，WEP 在支持 802.11n 的设备中已无法再使用，如图 4-2 所示。

4.1.2 WPA

WPA 实际是 IEEE 802.11i 标准的重要组成部分，是在 802.11i 完备之前替代 WEP 的过渡方案，WPA2 则成为完整的标准。这就是为什么在 AP 配置过程中，WPA 和 WPA2 共存的原因，如图 4-3 所示。

抛开具体加解密算法、流程不讲，WPA/WPA2 相对 WEP 有一点很大的改进是支持使用 802.1x 认证服务器对接入客户端进行认证，即认证服务器（Authentication Server，AS）模式。在 AS 模式下，所有用户不再通过提供相同的 WiFi 网络连接密码来进行身份验证，而是通过各自的用户名和密码，因此避免了用户间互相传播网络连接密码的问题。现在手机上有一款应用叫 WiFi 万能钥匙，能够提供公共场所 WiFi 网络的连接密码，这其实就是利用了所有用户使用相同连接密码这个薄弱环节。

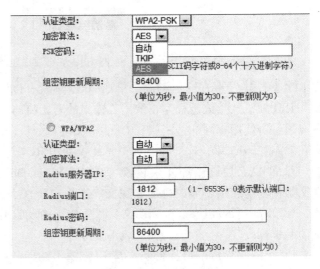

图 4-3　WPA/WPA2 配置

当然，使用 AS 模式对用户专业技能要求较高，在路由器端需要配置服务器 IP、端口等信息，同时还需要安装配置 Radius 服务器，因此其一般应用在企业环境中。为了方便家庭使用，WPA/WPA2 也支持传统的使用网络连接密码接入网络的客户端验证方式，即预共享密钥（Pre‑Shared Key，PSK）模式。

接下来再详细讲解 WPA 的认证过程、数据加密密钥生成、消息完整性认证。首先，不同于 WEP，接入 WiFi 网络使用的网络连接密码不再直接用于数据加密，而仅仅是生成数据加密密钥的组成部分之一。而 PSK 模式和 AS 模式的数据加密密钥生成方式有所不同，下面分别介绍。

1. PSK 模式下的 WPA 认证过程

1）由 AP 生成临时值 ANonce 并发送给 STA

2）由 STA 完成下述计算：

① STA 生成临时值 SNonce。

② STA 将 WiFi 网络接入口令，即 Passphrase 和 SSID 作为输入参数经"口令‑PSK 映射"函数（Passphrase‑Based Key Derivation Function 2，PBKDF2）计算生成 256 位的 PSK，PSK = PBKDF2（Passphrase，SSID，4096，256）。此处 PSK 又被称为 PMK（Pairwise Master Key）。

③ STA 构造临时对密钥（Pairwise Transient Key，PTK），其用于 STA 与 AP 间通信数据的加密及完整性校验。PTK 由之前计算得到的 PSK、ANonce、SNonce、STA 的 MAC 地址 SMAC 以及 AP 的 MAC 地址 AMAC 连接后经过 SHA－1 512 算法生成，即 PTK = SHA1_PRF（PSK‖ANonce‖SNonce‖AMAC‖SMAC）。PTK 详细结构如图 4-4 所示。其中，EAPOL（Extensible Authentication Protocol Over LAN）即基于局域网的扩展认证协议，这里指 STA 接入 WiFi 网络的认证过程。不难看出，PTK 包含了用于认证阶段

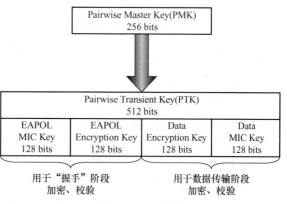

图 4-4　PTK 结构

数据加密（EAPOL Encryption Key）和完整性验证（EAPOL MIC Key），通信阶段数据加密（Data Encryption Key）和完整性验证（Data MIC Key），共 4 个密钥。

④ STA 通过 SNonce 和 PTK 生成消息完整性验证（Message Integrity Check，MIC），并将 SNonce 和 MIC 回送给 AP。

3）由 AP 完成下述计算：

① AP 收到 SNonce 和 MIC 后，可以使用与 STA 相同的方法生成 PSK 和 PTK，并通过 PTK 验证 MIC 是否正确。若正确，则 STA 通过验证，可接入网络，并且 STA 和 AP 间已经共享相同的密钥，可进行后续数据传输；反之，验证失败，不能接入网络。

② 若 STA 通过验证，则 AP 进一步生成组临时密钥（Group Transient Key，GTK）。GTK 用于 AP 向所有已认证的客户端进行加密组播和广播。

③ AP 将 GTK 使用 PTK 加密后，连同 MIC 发送给 STA。

4）由 STA 完成，STA 接收到 GTK 后，完成校验，并向 AP 发送应答消息 ACK（ACKnowledgement），告知其 GTK 已收到。至此，认证完成，整个过程如图 4-5 所示，因其共有 4 步，又被称为"4 次握手"。

2. AS 模式下的 WPA 认证过程

在 AS 模式下，认证过程的参与方由 STA 和 AS 双方变成了 STA、AS 和 Radius 认证服务器 AS 三方，认证过程如图 4-6 所示。其与 PSK 模式的差别在于，客户端 STA 通过用户名和密码向 AS 证明其身份合法性。认证通过后，由

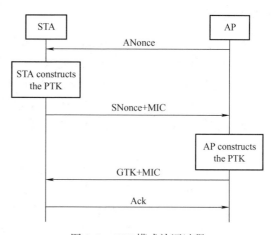

图 4-5　PSK 模式认证过程

AS 生成主密钥（Master Key，MK）用于 PSK/PMK 的生成。这里的 MK 用于取代 PSK 模式中的网络连接密码 Passphrase。由于 MK 可由 AS 动态生成，不同客户端每次连接的 MK 均不同，因此加大了破解的难度，增强了安全性。剩余的 PTK、GTK 生成过程，AS 模式与 PSK 模式相同。

相比 WEP，WPA 虽然仍然使用 RC4 算法，但其针对 WEP 的弱点进行了如下改进。

1）WPA 的数据加密密钥长度为 128 位（如图 4-4 所示），解决了 WEP 密钥长度过短的问题。

2）WPA 中，即使用同一客户端每次连接使用的密钥也不相同，其与 STA、AP 生成的临时值，STA 与 AP 的 MAC 地址等多个因素有关。因为其数据包加密密钥的动态性，WPA 的加密算法又被称为临时密钥完整性协议（Temporal Key Integrity Protocol，TKIP），见图 4-3 中加密算法的下拉列表。

3）WPA 的消息完整性校验方式不同于 WEP 简单使用 CRC 算法生成，而是使用密码学方法生成的 MIC，在不知道密钥的情况下无法伪造。

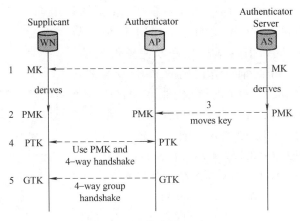

图 4-6　AS 模式认证过程

4）WPA 中，每一个数据包都具有独有的 48 位序列号，这个序列号在每次传送新数据包时递增，并被用作初始化向量和密钥的一部分。其解决了 WEP 的另一个问题，即所谓的"碰撞攻击"。"碰撞攻击"发生在两个不同数据包使用同样的密钥时，由于不同数据使用的序列号不同因此不会出现碰撞。同时，由于 48 位序列号需要数千年时间才会出现重复，因此通过重放之前的数据包来实施攻击的难度非常大。

最后，由于 WPA 仍然使用 RC4 加密算法，因此 WEP 设备可在不更新硬件的情况下过渡到 WPA 协议，降低了协议更新成本。

4.1.3　WPA2

WPA2 与 WPA 相比，区别如下：

1）使用高级加密算法（Advanced Encryption Standard，AES）替换 RC4 算法，避免了加密算法本身的漏洞所带来的安全隐患，提升了安全性。

2）与 PTK 结构有所不同，其取消了数据完整性验证密钥，即消息加密和消息完整性验证使用同一密钥，长度由 512 位变为 384 位。WPA2 PTK 结构及其与 WPA PTK 的区别如图 4-7 所示。

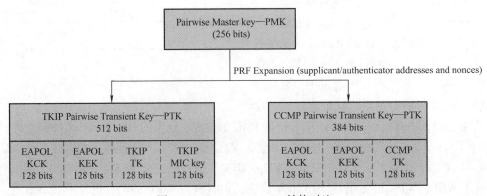

图 4-7　WPA/WPA2 PTK 结构对比

3）WPA2 在消息加密时使用计数器（Counter，CTR）模式，消息完整性验证使用密码块链接（Cipher Block Chaining，CBC）模式。这就是 CCMP 叫法的来历，即 Counter Mode with Cipher－Block Chaining Message Authentication Code Protocol。Counter 模式和 CBC 模式工作流程如图 4-8 所示。

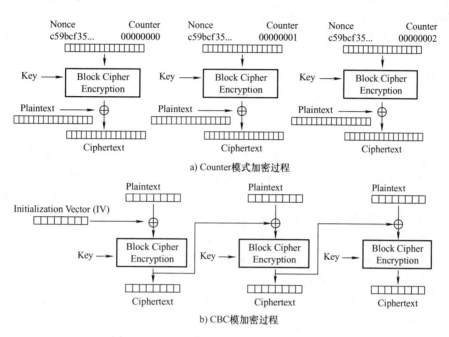

图 4-8　Counter 模式与 CBC 模式的加密过程

4）如图 4-9 所示，WPA2 与 WPA 数据包结构也有所区别。WPA 中，除 MIC 外，还有段（Integrity Check Value，ICV）。ICV 也用于消息完整性校验，但其只保护了载荷部分，未保护包头，且用途与 MIC 重复。因此在 WPA2 中，取消了 ICV，且其 MIC 由包头和载荷共同参与计算生成。

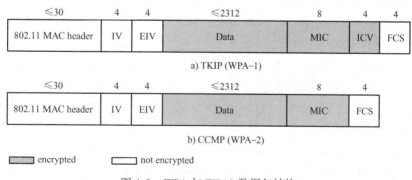

图 4-9　WPA 与 WPA2 数据包结构

值得一提的是，除了 WEP、WPA/WPA2 之外，我国也提出了一种无线局域网安全协议（Wireless LAN Authentication and Privacy Infrastructure，WAPI），并作为国家强制标准。与 WiFi 安全协议单向认证客户端不同，WAPI 客户端与接入点双向均认证，从而增强了网络安全性。WAPI 采用公钥密码技术，认证服务器负责证书的颁发、验证与吊销等，客户端与无线接入点上都安装有认证服务器颁发的公钥证书作为身份凭证。当无线客户端登录至无线接入点时，在访问网络之前必须通过鉴别服务器 AS 对双方进行身份验证。根据验证的结果，持有合法证书的客户端才能接入持有合法证书的无线接入点。

虽然 WAPI 的确比 WiFi 更安全，并且为了推广它政府一度关闭了行货手机的 WiFi 功能。但此举引来很多人的不满，最终也没能阻挡 WiFi 的流行，后来就低调放开了，行货手机上也有了 WiFi。最终 WAPI 并未实现大规模应用，现在只是在军队等有保密要求的场所使用。

4.2　WiFi 网络连接密码破解

这里所说的 WiFi 网络连接密码破解，更为准确地讲，应该叫 PSK 模式下 WPA/WPA2 网络接入密码的破解。

WPA/WPA2 PSK 模式下 PTK 的生成过程，简单来说是通过 WiFi 网络连接密码生成 PSK，PSK 再与 ANonce、SNonce、AMAC、SMAC 一起计算得到 PTK。通过倒推，为了得到 PTK，需要 PSK、ANonce、SNonce、AMAC 和 SMAC。由于 ANonce、SNonce 均通过明文形式传递，因此可通过抓包得到；AMAC、SMAC 同样可以通过抓包得到。而 PSK 的计算方法是公开的，计算所需内容包括 WiFi 连接密码和 SSID，并且 SSID 已知。因此，为了实现解密 WiFi 网络中所传输的数据，需要成功猜解 WiFi 连接密码。

为了得到正确的 WiFi 连接密码，最直接的方法就是暴力破解，即逐一尝试所有可能的 WiFi 连接密码，这样工作量显然太大。退而求其次，可结合社会工程学，生成密码字典，从而大大缩小破解工作量。不论强力破解还是使用密码字典，都存在同样问题，即如何验证猜测的 WiFi 连接密码是否正确。回顾图 4-5 中 PSK 模式的 4 次握手过程，4 次握手过程所有数据包均可通过抓包得到，显然也包括 MIC，生成正确的 MIC 最终依赖于正确的 WiFi 连接密码。也就是说，可以通过猜测的 WiFi 连接密码所生成的 MIC 与捕获的真实 MIC 比对，判断是否猜解成功。

为了进一步加速破解过程，再次进行 MIC 的计算过程，而为了得到 MIC，需要计算 PTK，并从中提取 EAPOL MIC Key。PTK 计算方法可总结为

$$\text{SHA1\_PRF}\left(\text{PBKDF2}\left(\text{Passphrase},\text{SSID},4096,256\right)\,\|\,\text{ANonce}\,\|\,\text{SNonce}\,\|\,\text{AMAC}\,\|\,\text{SMAC}\right)$$

$$(4\text{-}1)$$

如果可以预先生成所有 Passphrase 对应的 Hash 值（SHA1 是一种 Hash 算法），在破解过程中可以不用进行 Hash 值比较，只需用 Hash 值进行 MIC 计算并比对，如果 MIC 计算正确，反查对应的 Passphrase 即可。这样，事先构造的 Hash 散列数据文件在安全界被称之为Table。最出名的 Table 是 Rainbow Tables，即安全界中常提及的彩虹表。

接下来，演示使用 CD - Linux 0.9.5（CD - Linux 版本较多，但使用大同小异，读者可自行选择）中自带的工具奶瓶（FeedingBottle）破解 WPA/WPA2 - PSK 连接密码。该软件同样对网卡型号有要求，但一般来讲，支持监听模式的网卡都支持奶瓶工具。这里我们使用的网卡仍然是 Netgear WG111 v2。完成下载 CD - Linux 的镜像文件并使用 VMWare 制作虚拟机后即可开始破解。

（1）启动奶瓶工具

启动奶瓶后会有一个提示，请使用自己的无线路由器做测试，选择"Yes"，如图 4-10 所示。

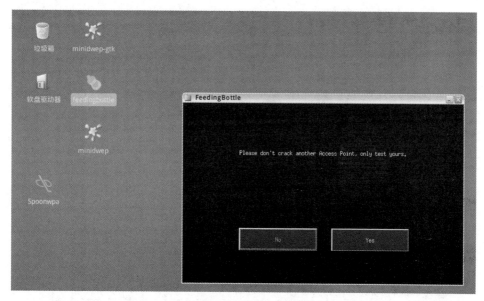

图 4-10　奶瓶工具启动界面

（2）选择无线网卡

选择无线网卡后，会自动开启无线网卡的监听模式，如图 4-11 所示。

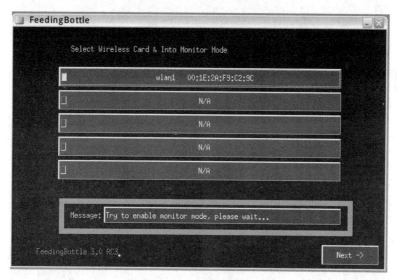

图 4-11　网卡选择

（3）扫描配置

成功启动监听模式后，可进行周边无线网络扫描，并对扫描进行配置（如图 4-12 所示），包括无线网络使用的加密协议类型、信道、扫描时间等。扫描过程如图 4-13 所示，从图中可以看到无线网络接入点的 BSSID（即无线路由器的 MAC 地址），以 dBm 为单位的信号强度，捕获到的 Beacon 包数量、数据包数量、信道、安全协议类型等信息。扫描完成后，可在扫描结果中（如图 4-14 所示）选择需破解的 WiFi 网络并进入下一步，这里选择自己设置的一个接入点，即图 4-14 中高亮的网络。

图 4-12　扫描配置

图 4-13　扫描过程

图 4-14　扫描结果

（4）进行破解

开始破解前，还需要选择密码字典，即奶瓶会对字典中的条目进行逐一尝试，并判断是否为正确的 WiFi 连接密码，字典选择界面如图 4-15 所示。

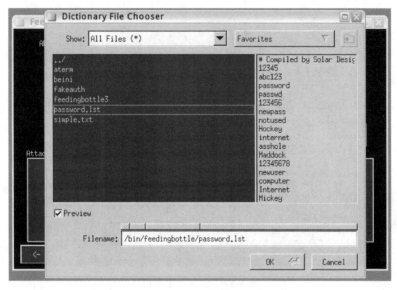

图 4-15　字典文件选择

进入破解过程后（如图 4-16 所示），奶瓶会捕获目标无线路由器的 Beacon 包与站之间通信的数据包（特别是站在接入网络认证过程中的"4 次握手"包）。

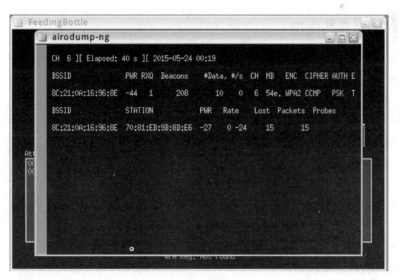

图 4-16　破解过程

成功破解需要满足以下几个条件。

1）接入点信号强度较高，否则可能因无法捕获数据包而导致失败。

2）必须有站点接入到 WiFi 网络中，并且其认证过程中的"4 次握手"包必须被成功捕获。如果无法捕获到"4 次握手"包，将无法破解，比如图 4-17 中会出现"Waiting a four –

way handshake"，并且界面下方会提示无法找到连接密码。

如果信号强度足够，捕获到"4 次握手"包，并且连接密码也非常幸运地包含在字典文件中，那么图 4-17 下方的提示会变成破解成功，并且显示正确的网络连接密码。

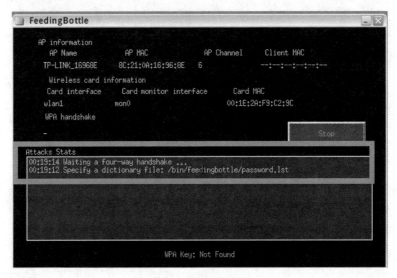

图 4-17　破解结束界面

4.3　QSS 使用、原理及其破解

4.3.1　QSS 简介及其使用

有关 WiFi 网络安全，除了协议 WEP、WPA/WPA2 外，不得不提的还有快速安全配置（Quick Secure Setup，QSS），也被称为 WiFi 保护设置（WiFi Protected Setup，WPS）。与 WEP、WPA/WPA2 不同，QSS 并不是一种安全协议，而是一种 WiFi 路由器提供的配置方法。其目的是让不具备计算机专业知识的用户，也能够快速地在客户端设备与无线路由器之间建立起 WPA2 – PSK 级别的安全连接。如果无线路由器、USB 无线网卡支持 QSS 功能，在其外包装上能够找到类似图 4-18 的图案。

用户在使用 QSS 进行网络安全连接的过程中不需要输入 WiFi 网络接入密码，其使用过程示意图如图 4-19 所示。用户只需分别按下无线路由器和客户端设备上的 WPS 或 QSS 功能开关，就可以自动完成网络连接。

图 4-18　QSS 标志

QSS 虽然使用方便，但问题也由此而来，没有输入 WiFi 网络连接密码，是如何验证设备合法性的？QSS 是建立在物理安全基础之上的，即假设所有能够物理接触到 WiFi 路由器的用户，都是合法的 WiFi 网络用户。当按下 QSS 功能开关后，WiFi 路由器会接纳在一定时间内（一般是 120s）请求加入网络的设备。每按一次开关，只能向 WiFi 网络中新增一台设备。在加入网络的请求中，设备会捎带其

PIN（Personal Identity Number）码。在后续网络使用中，设备只需提供正确的 PIN 码即可加入网络。换言之，QSS 正是使用设备的 PIN 码作为设备合法性认证依据。

图 4-19　设备通过 QSS 方式加入 WiFi 网络的过程示意

下面通过例子进一步说明 PIN 码在以 QSS 方式进行连接过程中的作用。此处需要使用两款设备，即 TP‑Link TL‑WN821N USB 无线网卡和 TP‑Link TL‑WR741N 无线路由器。在以 QSS 方式连接之前，需要完成无线网卡驱动程序及管理软件安装。完成后启动管理软件，可通过以下 4 种方式使用 QSS 功能。

1）先按下无线路由器背面的 QSS 开关，再按下无线网卡上的 QSS 开关并保持 2~3s（如图 4-20 所示），随后会出现图 4-21 中的提示框。这种方式与图 4-19 所示的过程一致，最为简便，无须用户记忆任何信息。

2）先按下无线路由器背面的 QSS 开关，单击管理软件中的"连接"按钮如图 4-22 所示，后续过程与图 4-21 相同。

3）在无线网卡 QSS 功能界面中，输入无线路由器 PIN 码，单击"连接"按钮，随后程序将自动完成连接，如图 4-23 所示。其中，无线路由器的 PIN 码，可在无线路由器管理界面中找到，如图 4-24 所示。与前两种方式相比，需要用户在无线路由器管理界面中提取出无线路由器 PIN 码。

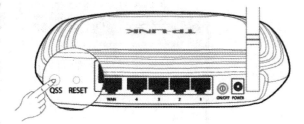

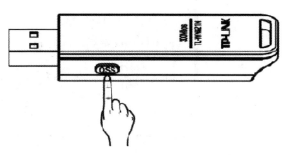

图 4-20　通过设备 QSS 开关建立连接

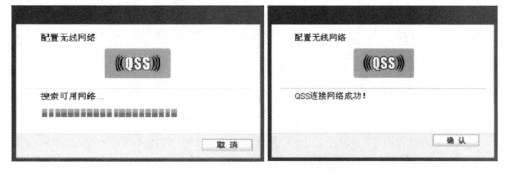

图 4-21　搜索网络过程及连接成功提示

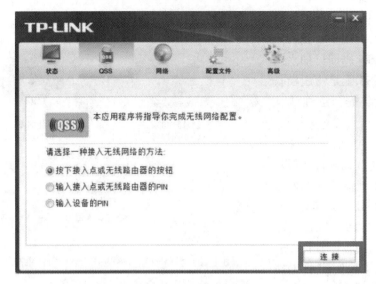

图 4-22　QSS 功能界面

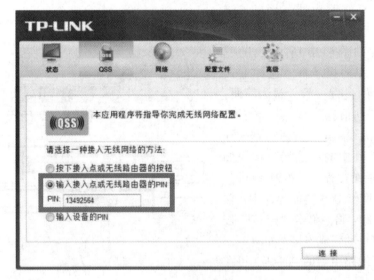

图 4-23　输入无线路由器 PIN 码

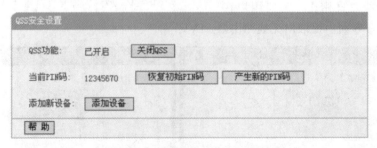

图 4-24　无线路由器 QSS 功能界面

4）在 QSS 功能界面中，查看 USB 无线网卡的 PIN 码（如图 4-25 所示），而后在无线路由器管理界面中选择添加新设备并输入网卡 PIN 码，如图 4-26 所示。

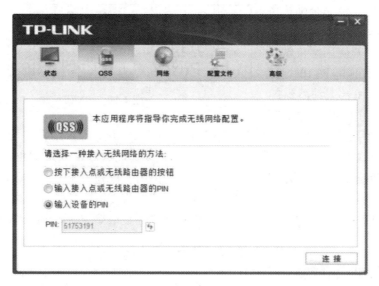

图 4-25　查看网卡 PIN 码

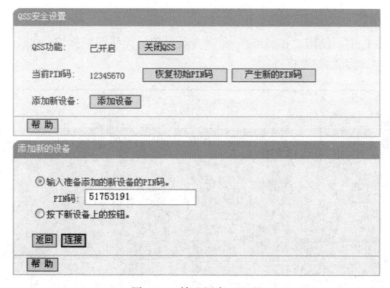

图 4-26　输入网卡 PIN 码

4.3.2　QSS 原理

不论上述哪一种方式，本质上都是通过设备 PIN 码来验证设备的合法性，通过后再分配 WPA2 - PSK 连接密码，并完成连接。

再来详细研究下 PIN 码的结构。PIN 码由 8 位数字构成，其中第 8 位是前 7 位数字的校验和，其结构如图 4-27 所示。前 7 位数字其实又可分为两部分：前 4 位和后 3 位。在设备通过 PIN 码请求加入 WiFi 网络时，若 PIN 码有误，无线路由器会向客户端设备发回一个应答信息，通过该消息能够确定是前 4 位有错，还是后 3 位有错，抑或均有错，由此产生了 QSS 的 PIN 码攻击漏洞。

若 PIN 码是 8 位完全随机的数字，其共有 $10^8 = 100000000$，即 1 亿种组合，若使用客户端进行一次 PIN 码验证需要 10s，则穷举 8 位全数字组合大约需要 31 年才能破解。但是，由于第 8 位

1	2	3	4	5	6	7	0
1st half of PIN				2nd half of PIN			checksum

图 4-27　PIN 码结构

数字是前 7 位数字的校验和，因此其实只需尝试 10^7，共 1000 万种组合即可，同样条件下，破解所需时间下降到 3 年多。更为不幸的是，由于攻击者能够判断究竟是前半部分 PIN 码错误，还是后半部分 PIN 码错误，即分别猜解 PIN 码的前 4 位和后 3 位，需要尝试的 PIN 码数量将下降至 $10^4 + 10^3 = 11000$，只需 1d 多时间即可完成所有组合尝试，只要攻击者稍有耐心即可完成强力破解。综上，PIN 码由于设计缺陷导致通过破解 PIN 码加入 WiFi 网络的难度非常低。

4.3.3　QSS PIN 码破解

下面，在 Kali Linux 中使用 reaver 工具进行 PIN 码破解。

1. 查看可用的无线接口

在终端命令行中，使用"iwconfig"命令查看可用的无线网络接口，如图 4-28 所示。此处的无线网络接口为"wlan23"。

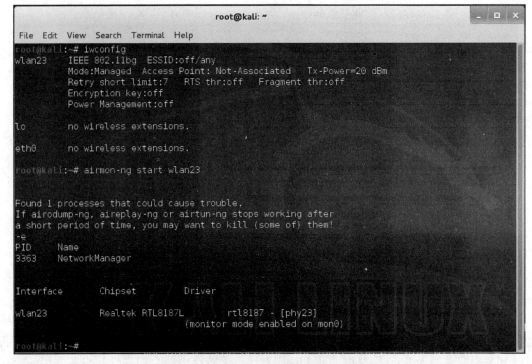

图 4-28　查看并启动无线接口的监听模式

2. 启动监听模式

在进行 PIN 码破解过程时，其实没有接入任何无线网络，为了捕获无线数据包，需要开启监听模式。在命令行中，使用"airmon‑ng start wlan23"开启无线网卡的监听模式，此处的 wlan23 即是第一步中的可用无线网络接口，成功后会有"monitor mode enabled on mon0"类似的提示，如图 4-28 所示。

在上述过程中，可能遇到进程与后续命令有冲突的情况，就需要手动杀死对应进程，比如图 4-28 中，进程号为 3363 的 NetworkManage 有可能导致 airodump‑ng 等命令中止。

3. 通过抓包扫描周边 WiFi 网络

在命令行中输入命令"airodump‑ng mon0"来寻找待破解的 WiFi 网络，扫描结果如图 4-29 所示。不难发现，显示内容与破解 WPA/WPA2 连接密码界面类似，其实在 WPA2 破解过程中虽然使用的带用户界面的工具，其扫描仍然是使用 airodump 命令来实现的。此处待破解 WiFi 网络即是 BSSID 为"8C:21:0A:16:96:8E"的网络。最后 airodump 命令若没有自动停止执行，可使用"Ctrl + Z"来手动终止。

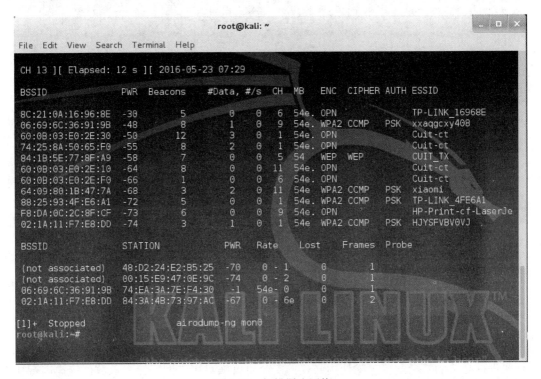

图 4-29　扫描周边网络

虽然 PIN 码破解网络扫描过程与 WPA/WPA2 连接密码破解有相似之处，但所不同的是，PIN 码破解是直接破解无线路由器中预设的 PIN 码，并不需要有任何客户端来接入无线网络，并产生流量。

4. 启动 reaver 进行破解

接下来，在命令行输入"reaver‑i mon0‑b 8C:21:0A:16:96:8E‑vv"即可开始破解。

该命令较长，第一个参数"－i"表示破解使用的接口，此处为"mon0"；第二个参数"－b"表示待破解网络的 BSSID；第三个参数"－vv"控制破解过程中的信息输出，v 为 verbose 首字母，破解过程中的各类杂项信息均将会输出。命令执行效果如图 4-30 所示，从图中方框可以看出，将会对不同 PIN 码组合进行尝试，直至找到正确的 PIN 码。

虽然需要尝试的 PIN 码组合只有 11000 种，但是整个过程仍然会消耗比较长的时间。特别是现在不少无线路由器为了防范 PIN 码攻击，在 PIN 码连续错误一定次数后，会对 PIN 码尝试间隔进行限制，所以破解过程自然需要更有耐心才行。

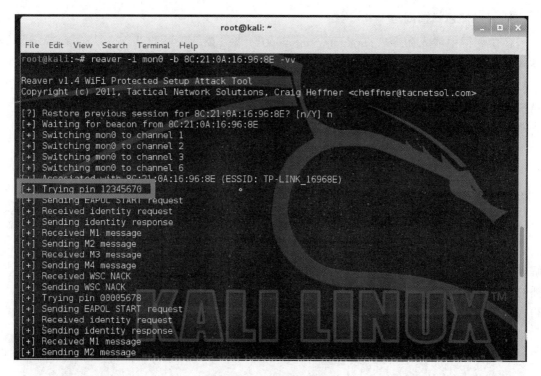

图 4-30　PIN 码破解过程

4.4　加固 WiFi 网络

面对连接密码破解、PIN 码破解等一系列潜在的安全威胁，在使用 WiFi 网络过程中，必须要进行必要的安全配置。除使用必要的安全协议来对用户网络接入、数据传输进行加密保护外（比如启用 WPA2 并保证认证密码强度，在有条件的情况下使用 AS 模式），还有一些设置也能提高 WiFi 网络的安全性。

1. 控制发射功率

进行任何形式的无线网络攻击、破解的前提都是能够收到对应 WiFi 网络的无线信号，因此在不影响网络使用的前提下，适当地降低无线路由器发射功率（如图 4-31 所示），将无线网络覆盖范围限制在尽可能小的范围内，能够有效降低网络受到攻击的可能性。

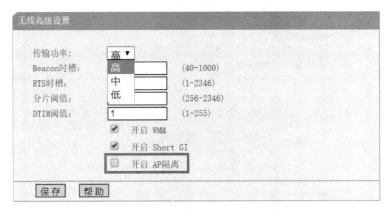

图 4-31　调整无线路由器发射功率

2. 关闭 SSID 广播

关闭 SSID 广播后，无线路由器在其 Beacon 帧中将不再携带 WiFi 网络的 SSID 名称；而客户端则必须在其 ProbeRequest 帧中携带 SSID 名称进行主动探测。具体而言，客户端在连接 WiFi 网络时，需要手动连接，并输入 WiFi 网络 SSID 才能进行连接，如图 4-32 及图 4-33 所示。

虽然设置 SSID 隐藏后，仍然有方法可以获取到网络的 SSID，但其无疑加大了破解难度。开启和关闭 SSID 广播的区别好比是暴力破解用户账户过程中，已知用户名进行用户密码猜解和用户名、用户密码均未知的区别。

3. MAC 地址过滤

设置 MAC 地址过滤，可以为 WiFi 网络增加一道防线。即便在已有 WiFi 网络密码的情况下，若无法通过 MAC 地址验证，其仍然无法进行网络访问。需要补

图 4-32　手动连接 WiFi 网络

充的是，MAC 地址过滤分为无线 MAC 地址过滤与有线 MAC 地址过滤，若仅开启无线 MAC 地址过滤，攻击者仍然可以通过无线路由器背后的 RJ45 接口接入，直接绕过 WiFi 网络密码和无线 MAC 地址过滤。所以，比较合理的做法是同时开启无线和有线 MAC 地址过滤，并且使用白名单，即仅允许合法的设备接入网络。当然，攻击者仍然可以通过伪造合法 MAC 地址的方法来绕过 MAC 地址过滤，但要获得合法设备的 MAC 地址无疑又需要费一番周折。

图 4-33　输入 WiFi 网络连接信息

4. 关闭 DHCP 与 MAC 地址绑定

在关闭 DHCP 后，客户端无法自动获取到 IP 地址。其配合静态地址分配（或 MAC 与 IP 地址绑定）即可以让 MAC 地址白名单中的设备正常上网，又可以增加攻击者正常使用网络的难度（如图 4-34 与图 4-35 所示），这对防范以蹭网为目的的攻击十分有效。

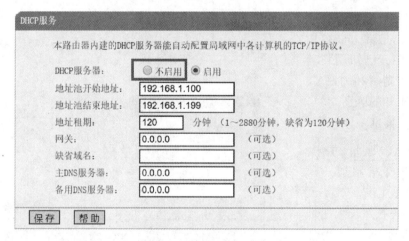

图 4-34　关闭 DHCP 服务

5. 开启隔离

对于已经接入网络，且获得 IP 地址的合法客户端，为防止其进行 ping、抓包等网络嗅探操作，可以开启 AP 隔离功能（如图 4-31 中的框内所示）。尤其是在一些开启访客功能的无线网络中，避免攻击者利用访客网络作为跳板进行网络攻击。一旦开启 AP 隔离功能后，各客户端之间无法进行数据交换，其作用类似于有线网络中进行虚拟子网（Virtual Local Area Network，VLAN）划分，相当于每个客户端都对应一个独立的 VLAN。

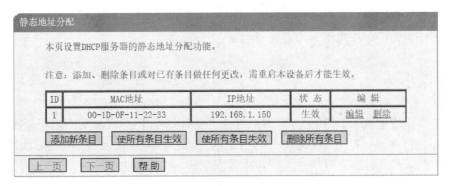

图 4-35　设置静态地址分配

6. 关闭 QSS

对于专业用户，为防止攻击者利用 QSS PIN 码破解来实现网络接入，可以直接将 QSS 功能关闭，如图 4-36 所示。当然，关闭 QSS 功能后，可能会增加部分非专业用户网络使用难度，这就是安全性与易用性之间平衡的很好例子。也就是说，提升安全性往往会以使用难度提高为代价。

图 4-36　关闭 QSS 功能

7. 管理密码强度

上述一切配置都是通过无线路由器管理账户来实现的，几乎所有无线路由器都有默认的管理账户和密码，若不对其进行更改，攻击者完全可以使用管理员账户对无线路由器配置进行任意更改，安全也无从谈起。因此，对默认的管理账户进行更改，并保证密码设置强度是必须的，如图 4-37 所示。

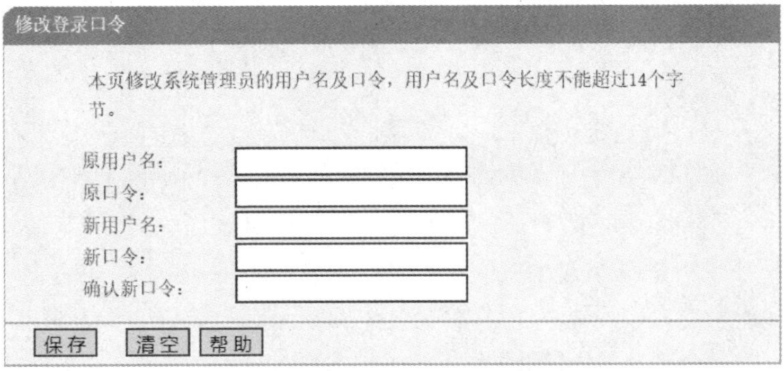

图 4-37　更改无线路由器管理员账户信息

总结起来，靠单一手段很难保证 WiFi 网络安全，只有通过多种方法，并且定期进行无线路由器固件更新、安全扫描才能有效提高 WiFi 网络的安全性。

4.5　本章小结

本章主要介绍了 802.11 安全方面的内容，主要有：WEP、WPA/WPA2 安全协议，特别是 WEP 的漏洞，WPA/WPA2 数据加密密钥生成过程，PSK 模式与 AS 模式的区别等；QSS 配置流程、原理及其破解；可增强无线路由器安全的各类配置方法。

习　　题

1. 下列关于无线路由器安全配置的说法中，正确的是（　　）。

A. QSS 支持建立 WPA2 级别的安全连接

B. WEP 和 WPA 采用的加密算法不相同

C. WPA 和 WPA2 均不支持 AS 模式

D. PSK 即预设密码，WPA、WPA2 最多支持 4 个预设密码

2. 下列关于 802.11 无线路由器安全设置的说法中，错误的是（　　）。

A. 从安全性角度来看 WPA2 > WPA > WEP

B. QSS 通过 PIN 码方式来进行设备身份认证，然后由 PIN 码生成数据加密所需的密钥

C. 从安全性角度来看 AS 模式高于 PSK 模式

D. CCMP 模式指 WPA2 使用 Counter 模式加密数据，使用 CBC 模式生成消息完整性校验值

3. WEP 采用＿＿＿＿加密算法对数据进行加密。

4. CCMP 模式中，使用计数器模式加密数据，使用＿＿＿＿模式生成消息完整性校验值。

5. 对无线路由器进行 QSS 破解，实质是破解无线路由器中存储的＿＿＿＿。

6. QSS 中的 PIN 码共＿＿＿＿位数字。

7. 判断正误：WEP 可设置 4 个网络连接密码，4 个连接密码将自动轮换。

8. 判断正误：QSS PIN 码包含 7 位数字及 1 位校验位，共 8 位数字。

第5章　WiFi网络编程

WiFi网络编程，其实是个伪命题，因为大多数情况下，网络编程在传输层，甚至应用层完成，而802.11协议和802.3协议的区别主要体现在物理层和数据链路层。也正是因为上述原因，在无线网络中进行网络编程，几乎不需要理会物理层、数据链路层的差异。

本章首先通过传输层的TCP、UDP套接字编程进一步说明WiFi网络和传统有线网络协议栈的相似之处；然后介绍使用winpcap自行编程实现网络抓包，为更深入地理解802.11协议、包结构，甚至自行开发网络嗅探工具、寻找协议安全漏洞奠定基础。

5.1　TCP、UDP编程

5.1.1　环境准备

后续开发将使用Microsoft Visual Studio Enterprise 2015 Update1（以下简称VS 2015）完成。在VS 2015下进行TCP、UDP编程，无须额外第三方开发包，完成VS 2015安装即可。

5.1.2　TCP编程

简要回顾一下TCP。TCP的要点如下：
- 通信双方使用TCP方式建立连接时，需要经过3次握手。
- 在数据发送过程中，为保证数据成功接收，TCP引入了接收确认（Acknowledgement，ACK）机制，因而可以实现可靠的数据传输。
- 在数据传输过程中，通信双方将保持连接，除非一方主动断开连接。
- 任何一方均可断开连接，断开连接时需要经过4次握手。

单次TCP通信流程图及使用的API函数如图5-1所示。另外，进行TCP通信程序开发，需要分别编写客户端与服务器端程序，下面分别介绍。

1. 服务器端程序

（1）新建项目

在VS 2015中，选择"文件"→"新建"→"项目"菜单命令，并从项目模板中，选择"Visual C#"中的"控制台应用程序"，并将解决方案名称改为TCPSocket，如图5-2所示。

（2）添加代码

将C#源文件重命名，打开TCPServer. cs文件，如图5-3所示。

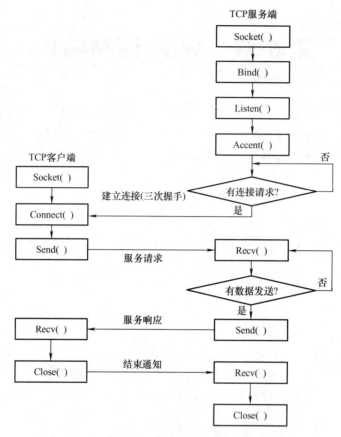

图 5-1 单次 TCP 通信流程图及使用的 API 函数

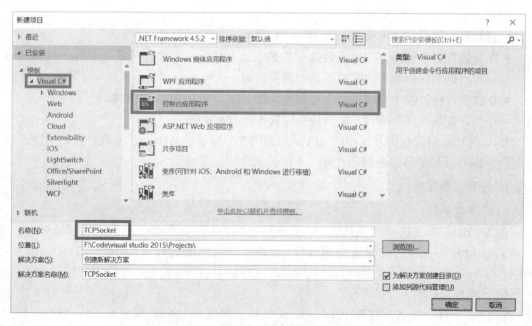

图 5-2 新建项目

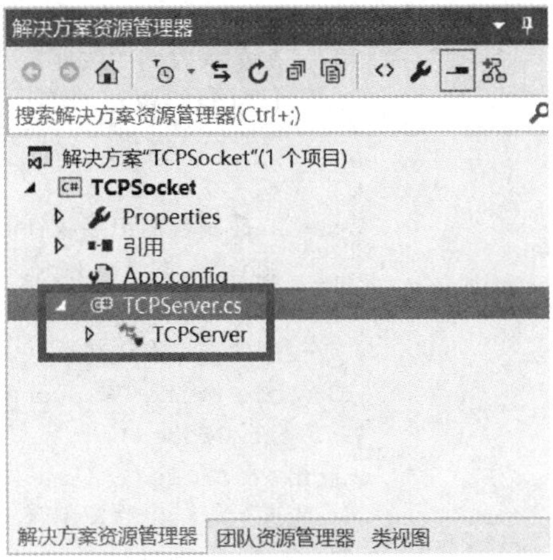

在 C#源文件中添加如下代码：

```csharp
using System;
using System. Net;
using System. Net. Sockets;
using System. Collections. Generic;
using System. Text;

namespace net
{
    class Program
    {
        static void Main(string[] args)
        {
            //定义接收数据长度变量
            int dataLength;
            //定义接收数据缓冲区
            byte[] recvData = new byte[1024];
            //定义侦听端口,应设置为 1024 以上的端口,此处设置为 54321;其中参数 IPAddress. Any
            //亦可直接填写 IP 地址,如"127.0.01";
            IPEndPoint ipEnd = new IPEndPoint(IPAddress. Any, 54321);
            //定义套接字类型,此处为原始 TCP 套接字
            Socket socket = new Socket(AddressFamily. InterNetwork, SocketType.
Stream, ProtocolType. Tcp);
            //绑定主机
            socket. Bind(ipEnd);
            //开始监听端口
            socket. Listen(10);
            //控制台输出侦听状态,即等待客户端连接
            Console. Write("Waiting for client connection at port 54321 \n");
            //接受连接后返回一个套接字对象
            Socket client = socket. Accept();
            //获取客户端的 IP 和端口
            IPEndPoint ipEndClient = (IPEndPoint)client. RemoteEndPoint;
            //控制台输出客户端的 IP 和端口,其中{0}、{1}为占位符,在输出时将分别被 ipEnd-
Client. Address, ipEndClient. Port 代替
            Console. Write("Connection established with {0} at port {1} \n", ipEnd-
Client. Address, ipEndClient. Port);
            //定义消息,该消息在客户端成功与服务端连接后,向客户端发送,并在客户端命令行中输出
            string welcome = "Connected with the server \n";
            //数据类型转换
            recvData = Encoding. ASCII. GetBytes(welcome);
            //发送
            client. Send(recvData, recvData. Length, SocketFlags. None);
            while (true)
            {
                //清空缓冲区
                recvData = new byte[1024];
                //获取收到的数据的长度
```

图 5-3　打开 C#源文件

```
        dataLength = client. Receive(recvData);
        //如果收到的数据长度为0,则退出
        if (dataLength == 0) {
            break;
        }
        //控制台输出接收到的数据
        Console. Write(Encoding. ASCII. GetString(recvData,0,dataLength) +"\n");
        }
        //控制台输出连接状态
        Console. Write("Disconnected with client{0} \n",ipEndClient. Address);
        client. Close();
        socket. Close();
        //程序运行结束后控制台不关闭
        Console. ReadLine();
        }
    }
}
```

首先，为进行套接字编程所需要添加的命名空间，即代码中的

```
using System. Net;
using System. Net. Sockets;
```

然后，按照"构造新的 socket 对象"→"定义主机对象"→"端口绑定和监听"→"发送或接收数据"→"关闭套接字"的步骤进行代码编制。代码的具体含义详见注释。

2. 客户端程序

1）为解决方案添加一个项目，完成后解决方案如图 5-4 所示。

2）打开 TCPClient. cs 文件，并添加如下代码：

```
using System;
using System. Net;
using System. Net. Sockets;
using System. Collections. Generic;
using System. Text;

namespace client
{
    class Program
    {
        static void Main(string[] args)
        {
            //定义接收数据长度变量
            int dataLength;
            //定义数据缓存区
            byte[] bufferedData = new byte[1024];
            //定义字符串,用于控制台输出或输入
            string inputString, outputString;
```

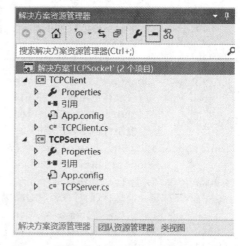

图 5-4　添加客户端项目后的解决方案视图

```
//定义需连接的服务端 IP 地址与端口
IPAddress ip = IPAddress.Parse("127.0.0.1");
IPEndPoint ipEnd = new IPEndPoint(ip, 54321);
//定义套接字类型
Socket socket = new Socket(AddressFamily.InterNetwork, SocketType.
Stream,ProtocolType.Tcp);
//尝试连接
try
{
    socket.Connect(ipEnd);
}
//异常处理
catch (SocketException e)
{
    Console.Write("Connection failed \n");
    Console.Write(e.ToString());
    return;
}
//从服务端接收的数据长度
dataLength = socket.Receive(bufferedData);
//将从服务端接收的数据转换成字符串
outputString = Encoding.ASCII.GetString(bufferedData, 0, dataLength);
//控制台输出从服务端接收到的数据
Console.Write(outputString);
//定义从键盘接收的用户输入
inputString = Console.ReadLine();
//将从键盘接收的用户输入转换成字节数据并存储在数组中
bufferedData = Encoding.ASCII.GetBytes(inputString);
//将用户输入发送给服务端
socket.Send(bufferedData, bufferedData.Length, SocketFlags.None);
//定义死循环,用于连续接收用户输入
while (true)
{
    //从键盘接收的用户输入
    inputString = Console.ReadLine();
    //如果用户输入"quit",则退出循环
    if (inputString == "quit")
    {
        break;
    }
    //将从键盘接收的用户输入转换成字节数据并存储在数组中
    bufferedData = Encoding.ASCII.GetBytes(inputString);
    //将用户输入发送给服务端
    socket.Send(bufferedData, bufferedData.Length, SocketFlags.None);
    //控制台输出用户输入内容
    Console.Write(bufferedData + "\n");
}
//控制台输出连接状态
```

```
            Console.Write("Disconnected with the server \n");
            socket.Shutdown(SocketShutdown.Both);
            socket.Close();
            //程序运行结束后控制台不关闭
            Console.ReadLine();
        }
    }
}
```

上述代码按照"创建套接字"→"向服务器发出连接请求"→"与服务器端进行数据发送或接收"→"关闭套接字"的步骤进行处理。代码的具体含义详见注释。

3. 运行程序

通过 VS 2015 菜单分别生成服务器端和客户端程序,如图 5-5 所示。

找到解决方案路径中 bin 目录下的可执行程序,如图 5-6 所示(可通过选中解决方案后,右键菜单中的"在文件资源管理器中打开文件夹"快速找到解决方案的存储路径)。然后先运行服务器端,后运行客户端。

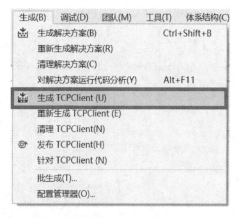

图 5-5　生成服务器端与客户端程序

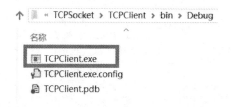

图 5-6　客户端可执行程序所在路径

4. 程序运行效果

运行服务器端程序后,控制台会出现"Waiting for client connection at port 54321"的提示。随后运行客户端程序,连接成功后,服务器端控制台会出现"Connection established with 127.0.0.1 at port 63153"的提示;而客户端控制台则会输出提示"Connected with the server"。随后,在客户端控制台输入一条消息"a message from the client",其会被发送到服务器端并显示。如果在客户端输入"quit",则连接会断开。服务器端和客户端命令行运行效果分别如图 5-7 和图 5-8 所示。

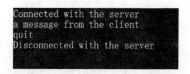

图 5-7　服务器端控制台输出内容　　　　　图 5-8　客户端控制台输出内容

86

5.1.3　UDP 编程

同样简要回顾一下 UDP。UDP 要点如下：

- 不同于 TCP，UDP 通信双方在建立连接过程中无须经过 3 次握手的过程。
- UDP 无数据接收确认功能，这意味着一旦数据包丢失，协议不会自动重传，需要由用户进行处理。
- UDP 不对数据包进行编号，也不会对数据包按发送顺序进行重组，如果需要保证按顺序接收、重组，同样需要由用户进行维护。
- UDP 无连接保持能力，即通信双方不会保持连接。也就是说，一个 UDP 服务器端进程可以同时接收来自多个客户端的信息。

UDP 编程，创建解决方案，添加项目，生成可执行程序的过程与 TCP 编程相同，此处不再赘述，单次 UDP 通信流程图及使用的 API 函数，如图 5-9 所示。

采用原始套接字来实现 UDP 通信，为了使服务器应用能够发送和接收 UDP 数据包，则需要做两件事情：

1）创建一个 Socket 对象。

2）将 Socket 对象与本地 IPEndPoint 进行绑定。

完成上述步骤后，那么创建的套接字就能够在 IPEndPoint 上接收流入的 UDP 数据包，或者将流出的 UDP 数据包发送到网络中的其他任意设备。使用 UDP 进行通信时，不需要建立连接，所以 UDP 的数据收发不能使用标准的 Send（）和 Receive（），而是使用 SendTo（）和 ReceiveFrom（）。除使用 Socket 实现

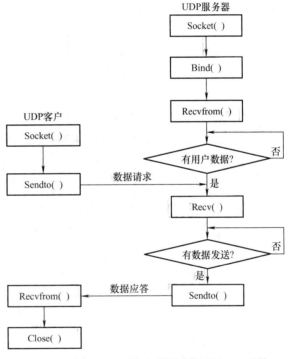

图 5-9　单次 UDP 通信流程图及使用的 API 函数

UDP 通信之外，还可以使用 UDPClient 进行实现。由于 UDPClient 对原始套接字进行了进一步封装，其实现更简单，代码量更少，读者可以自行尝试。这里采用 Socket 方式实现 UDP 通信。此处，把数据发送方称为客户端，把数据接收方称为服务器端。

1. 服务器端

```
using System;
using System.Collections.Generic;
using System.Text;
using System.Net;
using System.Net.Sockets;

namespace UDP
{
```

```
class Program
{
    static void Main(string[] args)
    {
        //定义接收数据长度变量
        int dataLength;
        //定义数据缓冲区
        byte[] BufferedData = new byte[1024];
        //得到本机 IP,设置端口号
        IPEndPoint ip = new IPEndPoint(IPAddress. Any, 54321);
        //定义网络类型,数据连接类型和网络协议 UDP
        Socket socket = new Socket(AddressFamily. InterNetwork, SocketType.
Dgram,ProtocolType. Udp);
        //绑定网络地址
        socket. Bind(ip);
        //控制台输出状态
        Console. WriteLine("This is a UDP terminal");
        //得到远程终端 IP 和端口号
        IPEndPoint sender = new IPEndPoint(IPAddress. Any, 0);
        EndPoint remote = (EndPoint)(sender);
        //从远程终端接收信息
        dataLength = socket. ReceiveFrom(BufferedData, ref remote);
        Console. WriteLine(Encoding. ASCII. GetString(BufferedData, 0, dataLength) +
" received from {0}:", remote. ToString());
        //定义向远程终端发送的信息
        string message = "Remote Terminal is ready for data transmission";
        //数据类型转换
        BufferedData = Encoding. ASCII. GetBytes(message);
        //发送信息
         socket. SendTo(BufferedData, BufferedData. Length, SocketFlags. None,
                    remote);
        //定义死循环,持续接收远程终端发送的信息
        while (true)
        {
            BufferedData = new byte[1024];
            //接收信息
            dataLength = socket. ReceiveFrom(BufferedData, ref remote);
            if (dataLength == 0) {
                break;
            }
            //控制台输出接收的信息
            Console. WriteLine(Encoding. ASCII. GetString(BufferedData, 0,
dataLength) + " received from {0}:", remote. ToString());
        }
        //控制台输出连接状态
        Console. Write("End data transmission");
        socket. Close();
        //程序运行结束后控制台不关闭
```

```
            Console.ReadLine();
        }
    }
}
```

2. 客户端

```
using System;
using System.Collections.Generic;
using System.Linq;
using System.Text;
using System.Net;
using System.Net.Sockets;

namespace UDPClient
{
    class Program
    {
        static void Main(string[] args)
        {
            //定义接收数据长度变量
            int dataLength;
            //定义数据缓冲区
            byte[] BuffereData = new byte[1024];
            //定义字符串,用于控制台输出或输入
            string inputString;
            //设置 IP,设置端口号
            IPEndPoint ip = new IPEndPoint(IPAddress.Parse("127.0.0.1"), 54321);
            //定义网络类型,数据连接类型和网络协议 UDP
            Socket socket = new Socket(AddressFamily.InterNetwork, SocketType.
Dgram, ProtocolType.Udp);
            //控制台输出状态
            Console.WriteLine("This is another UDP terminal");
            //定义向远程终端发送的信息
            string message  = "message from a remote terminal";
            //数据类型转换
            BuffereData = Encoding.ASCII.GetBytes(message);
            //向远程终端发送信息
            socket.SendTo(BuffereData, BuffereData.Length, SocketFlags.None, ip);
            //得到远程终端 IP 和端口号
            IPEndPoint sender = new IPEndPoint(IPAddress.Any, 0);
            EndPoint remote = (EndPoint)sender;
            //清空缓冲区
            BuffereData = new byte[1024];
            //从远程终端接收信息
            dataLength = socket.ReceiveFrom(BuffereData, ref remote);
            //控制台输出从远程终端接收的信息
            Console.WriteLine(Encoding.ASCII.GetString(BuffereData, 0, dataLength) +
" received from {0}:", remote.ToString());
```

```
//定义死循环,用于连续接收用户输入
while (true)
{
    //从键盘接收的用户输入
    inputString = Console.ReadLine();
    //如果用户输入"quit",则退出循环
    if (inputString == "quit"){
        break;
    }
    //将用户输入发送给远程终端
    socket.SendTo(Encoding.ASCII.GetBytes(inputString), remote);
}
//控制台输出连接状态
Console.WriteLine("End data transmission");
socket.Close();
//程序运行结束后控制台不关闭
Console.ReadLine();
        }
    }
}
```

代码的具体含义详见注释。使用与 5.1.2 小节中相同的方法生成并运行可执行程序，先运行服务器端，再运行客户端。

运行服务器端后，控制台会出现"This is a UDP Terminal"的提示。随后运行客户端程序，连接成功后，服务器端控制台会出现"Message from a remote terminal received from 127.0.0.1:50590"的提示；而客户端控制台则会输出提示"Remote terminal is ready for data transmission received from 127.0.0.1:54321"。随后，在客户端控制台输入一条消息"message"，其会被发送到终端 1 并显示。如果在客户端控制台输入"quit"，则客户端会关闭连接，同时控制台出现提示信息"End data transmission"。由于 UDP 是无连接服务，关闭连接后，服务器端并不会收到任何消息，因此服务器端无法根据连接状态来判断对方是否关闭连接进而采取相应处理，这也是 UDP 和 TCP 的重要区别。服务器端和客户端命令行运行效果分别如图 5-10 和图 5-11 所示。

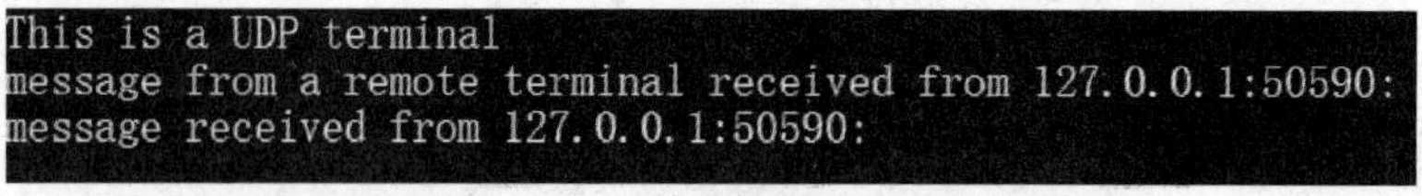

图 5-10　服务器端控制台输出内容

图 5-11　客户端控制台输出内容

5.2　网络抓包

5.2.1　环境准备

此处介绍在 Windows 下使用 VS 2015 编程实现网络数据包的抓取。在进行编程之前首先需要下载 winpcap 开发包，winpcap 是 Windows Packet Capture 的缩写。下载可在 winpcap 官方网站（https://www.winpcap.org/）上完成，需要下载的内容包括 winpcap 安装包（用于提供运行时环境），版本为 4.1.3 和开发者套件（Developer's Pack），版本为 4.1.2。其中，开发者套件无须安装，只需解压后放在任意路径下即可（此处直接放在 E:\ 根目录下）。

5.2.2　新建 winpcap 抓包项目

与使用 Socket 进行数据传输相比，抓取数据包的新建工程过程稍微复杂一点。其过程如下。

（1）新建项目

通过 VS 2015 "文件"菜单选择 "新建"→"项目"，并从项目模板中，选择 "Visual C++"中的 "Win32 控制台应用程序"，并将解决方案名称改为 Winpcap Demo，如图 5-12 所示，并在创建项目向导中选中 "空项目"复选框，如图 5-13 所示。

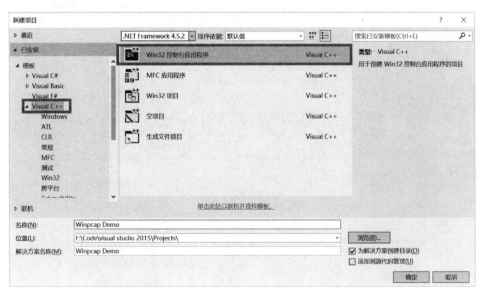

图 5-12　新建项目

（2）为项目添加文件

选中解决方案后，从右键菜单中依次选择 "添加"→"新建项"，从弹出的对话框中选择 "Visual C++"→"C++ 文件（.cpp）"，如图 5-14 所示。

（3）项目配置

选中解决方案后，从右键菜单中选择 "属性"对项目进行配置。

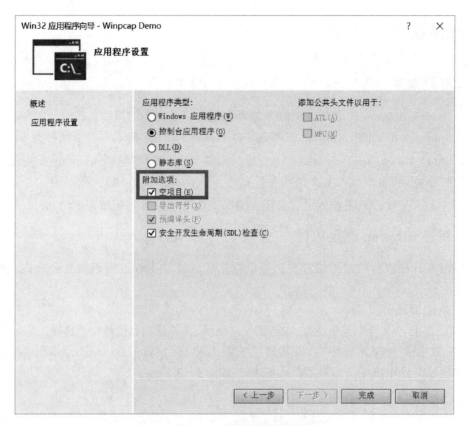

图 5-13　应用程序设置

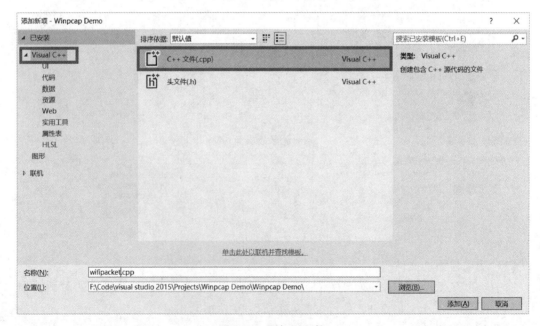

图 5-14　添加源文件

1）添加预处理器，在"配置属性"框中选择"C/C++"→"预处理器"，如图 5-15 所示，在"预处理器定义"框中添加"WPCAP"和"HAVE_REMOTE"，如图 5-16 所示。

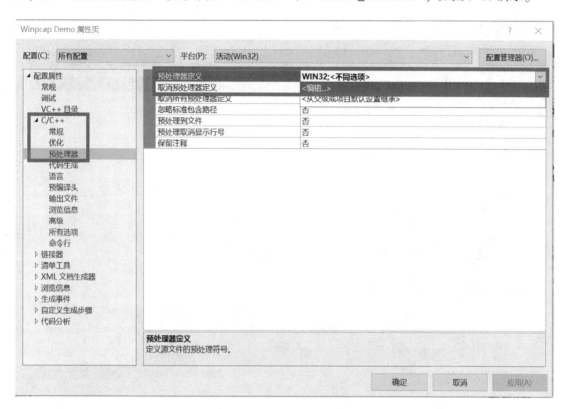

图 5-15　配置预处理器

图 5-16　添加预处理器

2）添加依赖项，在"配置属性"框中选择"链接器"→"附加依赖项"，如图 5-17 所示，在"附加依赖项"框中添加"wpcap. lib""Packet. lib"，如图 5-18 所示。

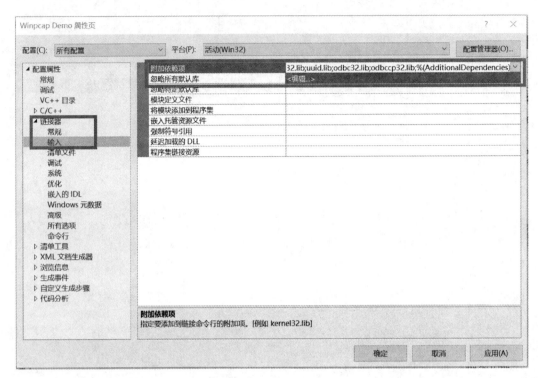

图 5-17　配置依赖项

图 5-18　添加依赖项目

3）添加"包含目录"与"库目录"，在"配置属性"框中选择"VC++目录"，并在"包含目录"中添加下载解压的 winpcap 开发者套件中的"include"目录，在"库目录"中

94

添加 "lib" 目录（路径为用户自行定义的目录，此处分别为 "E:\Winpcap\WpdPack_4_1_2\WpdPack\Include" 和 "E:\Winpcap\WpdPack_4_1_2\WpdPack\Lib"），分别如图 5-19 ~ 图 5-21 所示。

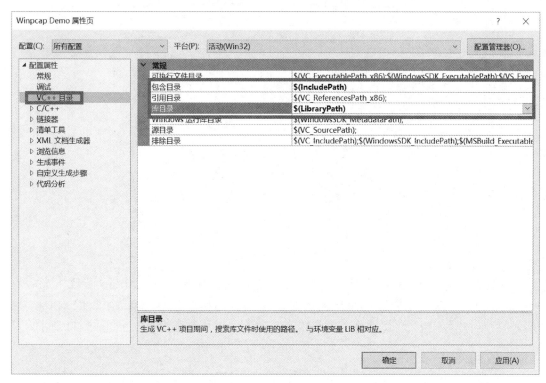

图 5-19　配置包含与库目录

图 5-20　添加包含目录

图 5-21　添加库目录

4）配置安全检查，目的是避免一些不必要的警告，比如 print 和 scanf 函数在 VS 2015 中默认不安全，使用时会提示用户使用带安全检查的函数。在"配置属性"框中选择"C/C++"→"代码生成"，并将"安全检查"改为"禁用安全检查"，如图 5-22 所示。

图 5-22　配置代码安全检查

5.2.3　代码编制

打开项目中的 C 语言源文件，为其添加如下代码：

```c
#include "pcap.h"

//packet handler 函数原型
void packet_handler(u_char * param, const struct pcap_pkthdr * header, const u_
char * pkt_data);

int main()
{
    pcap_if_t * alldevs;
    pcap_if_t * d;
    int inum;
    int i = 0;
    pcap_t * adhandle;
    char errbuf[PCAP_ERRBUF_SIZE];
    //获取本机设备列表
    if (pcap_findalldevs_ex(PCAP_SRC_IF_STRING, NULL, &alldevs, errbuf) == -1)
    {
        fprintf(stderr, "Error in pcap_findalldevs: % s\n", errbuf);
        exit(1);
    }
    //打印列表
    for (d = alldevs; d; d = d->next)
    {
        printf("% d. % s", ++i, d->name);
        if (d->description)
            printf(" (% s)\n", d->description);
        else
            printf(" (No description available)\n");
    }
    if (i == 0)
    {
        printf("\nNo interfaces found! Make sure WinPcap is installed.\n");
        return -1;
    }
    printf("Enter the interface number (1 - % d):", i);
    scanf("% d", &inum);

    if (inum < 1 || inum > i)
    {
        printf("\nInterface number out of range.\n");
        //释放设备列表
        pcap_freealldevs(alldevs);
        return -1;
    }
```

```
//跳转到选中的适配器
for (d = alldevs, i = 0; i < inum - 1; d = d->next, i++);
//打开设备
if ((adhandle = pcap_open(d->name,//设备名
    65536,//65535 保证能捕获到不同数据链路层上的每个数据包的全部内容
    PCAP_OPENFLAG_PROMISCUOUS,
    1000,//读取超时时间
    NULL,//远程机器验证
    errbuf//错误缓冲池
    )) == NULL)
{
    fprintf(stderr, "\nUnable to open the adapter.%s is not supported by Win-
Pcap\n", d->name);
    //释放设备列表
    pcap_freealldevs(alldevs);
    return -1;
}
printf("\nlistening on %s...\n", d->description);
//释放设备列表
pcap_freealldevs(alldevs);
//开始捕获
pcap_loop(adhandle, 10, packet_handler, NULL);
return 0;
}


//每次捕获到数据包时,libpcap 都会自动调用这个回调函数
void packet_handler(u_char * param, const struct pcap_pkthdr * header, const u_
char * pkt_data)
{
    struct tm * ltime;
    char timestr[16];
    time_t local_tv_sec;
    //将时间戳转换成可识别的格式
    local_tv_sec = header->ts.tv_sec;
    ltime = localtime(&local_tv_sec);
    strftime(timestr, sizeof timestr, "%H:%M:%S", ltime);
    printf("%s,%.6d len:%d\n", timestr, header->ts.tv_usec, header->len);
}
```

上述代码按照"获取本机网卡列表"→"使用用户选定的网卡进行抓包"的步骤进行处理，代码的具体含义详见注释。程序运行后，会显示本机网络接口列表（由于 winpcap 本身的问题，可能会出现无线网卡无法被识别并显示的情况），并使用用户选择的网卡进行抓包，显示数据包捕获时间及数据包长度，程序运行效果如图 5-23 所示。

以上就是利用 winpcap 实现的一个非常简单的抓包程序的例子，在 winpcap 官网上还给出了 winpcap 中文版的技术手册，里面给出了大量的例子，读者可以自行尝试，下载地址为"http://www.ferrisxu.com/WinPcap/html/index.html"。

图 5-23　抓包程序运行效果

5.3　本章小结

本章主要介绍了使用 TCP 和 UDP 套接字进行文本信息发送和使用 winpcap 所提供的 API 进行网络抓包两项内容。

习　　题

1. 在 Windows 下，使用 Visual Studio 加 winpcap 进行网络数据包抓包开发，需要同时安装 winpcap 的_____和_____才能进行编码。

2. 使用 TCP，通信双方在建立连接过程中需要经过_____握手，断开连接则需要经过_____握手。

3. 判断正误：TCP 是一种无连接服务，UDP 是一种有连接服务。

4. 判断正误：在 WiFi 网络环境下和在有线网络环境下进行 TCP、UDP 套接字编程并无任何区别。

5. 请通过实验回答：在 5.1.2 小节的 TCP 套接字编程中，若服务器端在 54321 号端口上侦听客户端连接，则客户端连接服务器端后，发送数据使用的端口也为 54321，是否正确？为什么？

6. 请通过实验回答：在 5.1.3 小节的 UDP 套接字编程中，若去掉服务器端的 while 循环（死循环），则服务器端能否持续接收客户端发送的数据？为什么？

第6章　蓝牙技术原理及应用

本章介绍蓝牙（Bluetooth）技术。蓝牙与红外通信协议一并作为常见的无线、短距离、低速个域网协议，受到研究者和工业界的重视。目前，生活中蓝牙鼠标、蓝牙键盘、蓝牙耳机等已经得到广泛应用。本章从技术角度介绍蓝牙协议，并揭示为何以上应用场所选择了蓝牙协议而不是其他无线协议。

6.1　IEEE 802.15 家族

蓝牙协议属于 IEEE 802.15 家族的一部分。本小节先对这个协议家族做一个简单说明，有利于初学者理解蓝牙协议在整个协议家族中所处的位置及其所起的作用。

1998 年，IEEE 802.15 工作组成立，专门从事无线个人局域网（WPAN）标准化工作，其任务是开发一套适用于短程无线通信的标准，被用在诸如电话、计算机、附属设备以及小范围（个人局域网的工作范围一般在 10m 以内）内的数字助理设备之间的通信，IEEE 802.15 中各子协议如表 6-1 所示。

表 6-1　IEEE 802.15 中各子协议

802.15 子工作组	工作内容	802.15 子工作组	工作内容
802.15.1	蓝牙 1.x 版	802.15.8	邻居对等意识
802.15.2	WLAN 与 WPAN 共存	802.15.9	安全密钥管理
802.15.3	高速数据率	802.15.10	第 2 层路由
802.15.3a	超宽带（UWB）	SG RFID	RFID 的应用
802.15.4	低数据速率及 ZigBee	SG sru	频谱资源使用
802.15.5	网状网（Mesh）	SG thz	太赫兹
802.15.6	医疗用无线体域网	Igdep	增强可靠性
802.15.7	可见光通信	—	—

（1）IEEE 802.15.1 标准

IEEE 802.15.1 标准本质上是蓝牙低层协议的一个正式标准化版本，多数标准制定工作仍由蓝牙特别兴趣组负责。802.15.1 标准基于蓝牙 1.1，被大多数蓝牙设备采用。802.15.1a 对应蓝牙 1.2，包括一些 QoS 增强功能，但其市场反应不理想。

（2）IEEE 802.15.2 标准

IEEE 802.15.2 标准用于制定共存模型，以量化 WPAN 和 WLAN 的冲突。802.15.2 实际上是一个策略建议，推荐了一系列解决 WPAN 与 WLAN 互扰的技术策略和方案，主要分为协同共存和非协同共存两种。

（3）IEEE 802.15.3 标准

IEEE 802.15.3 标准是针对高速 WPAN 制定的无线 MAC 层和物理层规范，允许连接多达上百个无线应用设备，传输速率高，适合多媒体数据传输，有效距离较小。

IEEE 802.15.3a 主要研究 110Mbit/s 以上速率的图像和多媒体数据的传输，IEEE 802.15.3b 主要研究 MAC 层维护、改善其兼容性与可实施性；IEEE 802.15.3c 主要研究毫米波物理层的替代方案，将工作于一个全新频段（57~64GHz），实现与其他 802.15 标准更好的兼容性。

其中较为出名的是超宽带无线网（Ultra Width Bund，UWB），其从 2001 年 11 月开始附属于 IEEE 802.15 的任务小组 3a，以发展高速率的物理层，用来提供在不到 10m 的短距离内实现 110~480Mbit/s 的数据传输速率，最高可达 1Gbit/s。其基本原理就是传输过程使用非常高的带宽（GHz），以实现大量数据的同时传输，如图 6-1 所示。

（4）IEEE 802.15.4 标准

IEEE 802.15.4 标准对应低速无线个域网络的标准 ZigBee，把低能量消耗、低速率传输、低成本作为重点目标，为个人或者家庭范围内不同设备的低速互连提供统一标准。其定义了两个物理层频率：868MHz/915MHz（20/40Kbit/s）和 2.4GHz（250Kbit/s）。除此之外，

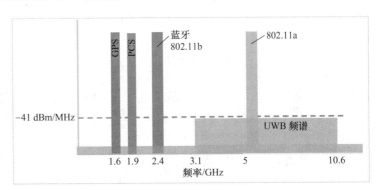

图 6-1　UWB 的带宽与蓝牙 WiFi 协议对比

ZigBee 还实现了低功耗，其可以依靠电池维持几个月，甚至几年的工作，是无线传感器网络的推荐协议。

（5）IEEE 802.15.5 标准

IEEE 802.15.5 标准是基于蓝牙技术实现无线 Mesh 网络的专门协议。

6.2　蓝牙技术起源和发展

6.2.1　蓝牙起源与蓝牙技术联盟

1994 年，瑞典爱立信公司成立了一个专项科研小组，对移动电话及其附件间低功耗、低成本无线连接的可能性进行研究，他们的最初目的在于建立无线电话与 PC 卡、耳机及桌面设备等产品的连接。上述互联技术规范被命名为蓝牙（Bluetooth），其灵感来自中世纪北欧丹麦维京国王 Harald Blaatand "Bluetooth" Ⅱ（940—981），他统一了当时的丹麦和挪威。人们将取代"线缆"的短距离无线传输技术命名为"Bluetooth"，表明了对该技术的巨大期望——"像 Harald 一样将周围设备连接方式统一起来"。

但是随着研究的深入，科研人员越来越感到这项技术所独具的个性和巨大的商业潜力，同时也意识到凭借一家企业的实力根本无法继续研究，于是爱立信将蓝牙公诸于世，并极力说服其他企业加入到它的研究中来。

1998 年 5 月，爱立信联合诺基亚（Nokia）、英特尔（Intel）、IBM、东芝（Toshiba）公

司一起成立了蓝牙特别兴趣小组（Special Interest Group，SIG）。1999 年 12 月，SIG 促进者成员扩展加入了微软（Microsoft）、朗讯（Lucent）、3COM 和摩托罗拉（Motorola）公司。通常把上述 9 家公司称为 SIG 的倡议者，后来加入的其他成员则称为 SIG 的响应者。该小组致力于负责蓝牙技术标准的制定、产品测试，并协调各国蓝牙使用频段，推动蓝牙无线技术的发展，为短距离连接移动设备制定低成本的无线规范，并将其推向市场。2006 年 10 月 13 日，蓝牙技术联盟（Bluetooth SIG）宣布联想公司取代 IBM 在该组织中的创始成员位置，并立即生效。通过成为创始成员，联想将与其他业界领导厂商爱立信公司、英特尔公司、微软公司、摩托罗拉公司、诺基亚公司和东芝公司等成为蓝牙技术联盟董事会成员，并积极推动蓝牙标准的发展、应用。目前，蓝牙技术联盟已授权超过 25000 家成员公司。

在各种通信或网络方面的国际组织中，SIG 的成员无疑是最多的，其覆盖的行业范围也是最广的，其中有名的成员总结如下：

1）通信行业：爱立信、诺基亚、西门子、AT & T、摩托罗拉、日立、英国电讯、阿尔卡特等。

2）IC 生产行业：Intel、Philips、松下、三星、AMD、TI 等。

3）计算机硬件行业：IBM、NEC、惠普、康柏、宏基、戴尔等。

4）计算机软件行业：微软等。

5）汽车行业：宝马、沃尔沃、福特、Delco 等。

6）家用电器及外围 I/O 设备等行业：东芝、卡西欧、爱普生、LG、夏普、索尼、TDK、松下、三菱重工、三洋等。

7）网络产品行业：3COM、朗讯等。

6.2.2　蓝牙版本演进

随着时间的流逝，SIG 先后推出了多个蓝牙版本。本节简要总结版本的演进，重要版本实现的改进，给出蓝牙技术演进的一个脉络，为下一节介绍其中几个版本的细节打下基础。

（1）早期蓝牙版本 0.7 ~ 1.2

由于刚刚提出，功能非常有限，而且市场需求论证不足，缺乏实用性，其属于前瞻性探索，为蓝牙未来发展奠定基础。

（2）实用蓝牙版本 2.0 ~ 3.0

这一时期，蓝牙技术才逐渐成熟，进入了实用阶段。2.0 是 1.2 的改良提升版，传输速率为 1.8 ~ 2.1Mbit/s。在 2.0 版本中，增强速率技术（Enhanced Data Rate，EDR）仅仅是规范的补充，但是到了 2.1 版本就已经是标准的一部分了。其还支持双工工作方式，即一面作语音通信，同时亦可以传输档案、高质量图片。

（3）高速信息化蓝牙版本 4.0 ~ 4.2

蓝牙 4.0 是 Bluetooth SIG 于 2010 年 7 月 7 日推出的新的规范。从蓝牙 3.0 ~ 4.0，重要的目标之一就是降低能耗，目标是可以使用一粒纽扣电池连续工作数年之久。另外，还能够拥有低成本、跨厂商互操作性、兼容计步器、心律监视器等智能设备、3ms 低延迟、100m 以上超长距离、AES - 128 加密等诸多优点。此外，蓝牙 4.0 的有效传输距离也有所提升。蓝牙 3.0 的有效传输距离仅为 10m，而蓝牙 4.0 的有效传输距离可达到 100m。

蓝牙 4.0 之后，蓝牙技术又被细分为 Smart、标准蓝牙、Smart Ready 三个版本。不同版本的适用场景有所不同。比如，Smart 是专为传输少量、单一信息的设备所设计的（计步器、心率器），所以特别强调低功耗。另外，不同版本之间也并非完全兼容，其中 Smart Ready 可以兼容任何版本，而标准蓝牙和 Smart 之间无法进行通信。

蓝牙4.0 和 4.1 版本真正让我们领略到了信息科技的魅力，现在绝大多数智能手机或者平板电脑都支持 4.0 或 4.1 标准。以广泛使用的 Android 手机为例，Android 智能手机是从 2012 年 5 月 GalaxyS3 发布开始支持蓝牙 4.0 的，但 Android 原生系统不支持蓝牙 4.0，导致开发者无法开发可以运行在不同品牌、不同机型的 Android 应用程序，2013 年 7 月 Android 4.3 系统发布，正式支持蓝牙 4.0。根据目前安卓设备全球约 75% 的占有率情况，蓝牙 4.0 所提供的外设与安卓设备之间低功耗连接能力，可以推测可穿戴设备及物联网将会得到快速发展。

未来是物联网的时代，蓝牙 4.2 为我们带来了全新的连接方式。2014 年 12 月 4 日，蓝牙技术联盟公布了蓝牙 4.2 标准，不但速度提升 2.5 倍，隐私性更高，还可以通过 IPv6 连接网络。蓝牙 4.2 为用户提供了更多安全性保证，比如设备在定位、追踪用户之前，需要得到用户许可，能够更好地保护用户隐私。

（4）蓝牙版本 5.0 以上

2016 年 12 月发布了蓝牙 5.0 版本。首先，蓝牙 5.0 着重降低功耗，使得续航能力大大提升。以蓝牙耳机为例，蓝牙 5.0 耳机的续航时间，以天为单位。其次，蓝牙 5.0 在传输速率和覆盖范围上也有极大提升。24Mbit/s 的传输速率是此前蓝牙 4.2 的 2 倍；覆盖范围上，理论上发射端和接收端的极限距离可达 300m，与家庭 WiFi 网络覆盖持平。另外，蓝牙 5.0 对于导航也有帮助，不过其并非运用在传统室外导航中，而是专注于室内导航应用。例如，蓝牙 5.0 可以作为室内导航信标或类似定位设备使用，与 WiFi 结合使用，可以实现精度小于 1m 的室内定位，这在大型商场等场所中十分有用。

蓝牙各版本发布时间及其重要改进如表 6-2 所示。

表6-2 蓝牙各版本发布时间及其重要改进

版　　本	发布日期	重要改进
0.7	1998.10.19	Baseband，LMP
0.8	1999.1.21	HCI，L2CAP，RFCOMM
0.9	1999.4.30	OBEX 与 IrDA
1.0 Draft	1999.7.5	SDP，TCS
1.0A	1999.7.26	
1.0B	2000.10.1	WAP 应用互联
1.1	2001.2.22	IEEE 802.15.1
1.2	2003.11.5	IEEE 802.15.1a
2.0 + EDR	2004.11.9	EDR 传输速率提升为 2~3Mbit/s
2.1 + EDR	2007.7.26	加入安全配对，暂停与继续加密，sniff 省电
3.0 + HS	2009.4.21	交替射频，取消 UMB
4.0 + HS	2010.6.30	兼容传统蓝牙，高速蓝牙，蓝牙低功耗
4.1	2013.12.4	简化设备连接，支持 IPv6
4.2	2014.12.4	高速，提供数据隐私保护
5.0	2016.12.6	更大的信号范围，更快的连接和传输速度，提供蓝牙广播功能

6.3 蓝牙技术

6.3.1 蓝牙技术概述

蓝牙是一种短距离低功耗的射频（Radio Frequency，RF）通信开放标准，其传输距离一般在10m之内，使用高功耗模式传输距离则可为100m左右。蓝牙技术主要用于建立无线个域网。目前，蓝牙技术已被应用到多种类型的企业和消费电子设备中，包括手机、PDA、笔记本式计算机、汽车、医疗设备、打印机、键盘、鼠标和耳机等。利用蓝牙技术，能够有效地简化移动通信终端设备之间，以及设备与Internet之间的通信，使数据传输变得更加迅速高效，为无线通信拓宽道路。

蓝牙技术并不想成为另一种无线局域网技术，它面向的是移动设备间的小范围连接，因而本质上说它是一种用于代替线缆连接的无线网络技术。通过统一的短距离无线链路，其可以实现穿透墙壁等障碍，在各种数字设备之间实现灵活、安全、低成本、小功耗的话音和数据通信。

蓝牙的实质内容是要建立通用的无线电空中接口及其控制软件的公开标准，使通信和计算机进一步结合，使不同厂家生产的便携式设备在没有电线、电缆的情况下，能够在短距离范围内具备互联和互操作的能力。此外，蓝牙技术还为已存在的数字网络和外设提供通用接口以便在没有基础设施支持的情况下组建一个远离固定网络的个人特别连接设备群。

具体地说，"蓝牙"技术的作用就是简化小型网络设备（如笔记本式计算机、掌上电脑、手机）之间以及这些设备与Internet之间的通信，免除在无绳电话或移动电话、调制解调器、头套式送/受话器、PDA、计算机、打印机、幻灯机、局域网等之间加装电线、电缆和连接器的麻烦。

蓝牙力图实现像线缆一样安全，成本降到和线缆一样，可以同时连接用户的多种设备，支持高数据率，支持多种类型数据传输，并且满足低功耗要求，以便嵌入小型移动设备。最后，还能够具备全球通用性，以方便用户徜徉于世界的各个角落。

蓝牙技术使用全球通行的、无须申请即可使用的2.45GHz ISM频段。若以2.45GHz为中心频率，在这个频段上最多可设立79个带宽为1MHz的信道。其收发机采用跳频扩谱（FHSS）技术，在2.45GHz ISM频段上以1600跳/s的速率进行跳频通信。

蓝牙集成电路应用简单，成本低廉，容易实现和推广。其全部程序可写在一个9mm×9mm的微芯片上（一般一端为天线和滤波器，另一端为单芯片的带植入蓝牙的电子元件）可以很方便地应用于电子产品中，有很强的可移植性，可应用于多种通信场合，引入身份识别后更可实现灵活漫游。蓝牙以WLAN的IEEE 802.11标准技术为基础，引入了"Plonk and Play"的概念（有点类似"即插即用"），即某个蓝牙设备一旦搜寻到另一个蓝牙设备，马上就可以建立连接，而无须用户进行任何设置。

6.3.2 蓝牙技术特点

蓝牙是一种全球通用的无线技术，它工作在2.4GHz频段，采用跳频扩频技术，数据速率约为1Mbit/s，低功耗下距离为10m。在无线电环境非常嘈杂的情况下，其也能够正常使用。蓝牙技术具有以下主要优点。

（1）成本低

为了能够替代电缆连接，蓝牙必须具备和电缆差不多的价格，这样才能被广大普通消费者所接受，也才能使其最终实现普及。蓝牙的最终目标是使全部功能可集成于单价为 5 美元的 CMOS 芯片上。从技术角度来看，蓝牙芯片集成了无线、基带和链路管理层功能，而链路管理功能实际上既可以通过硬件实现，也可以通过软件实现。如果由软件实现链路管理层功能，那么芯片被简化，价格也将变得更加低廉。

（2）功耗低、体积小

蓝牙技术的本来目的就是用于小型移动设备及其外设的互联，其具体目标对象包括笔记本式计算机、移动电话、小型的 PDA 以及它们的外设，因此蓝牙芯片必须具有功耗低、体积小的特点，以便集成到小型便携设备中去。大多数蓝牙芯片的输出功率只有 1mW，仅是微波炉功率的百万分之一，是移动电话功率的几十分之一。

（3）近距离通信

蓝牙的典型通信距离为 10m，如果需要，还可以选用放大器使其扩展到 100m。这已经足够在办公室内任意摆放外围设备，而不用再担心电缆长度是否够用。

（4）安全性

同其他无线通信方式一样，蓝牙信号很容易被窃听和截取，因此蓝牙协议提供了认证和加密功能，以保证通信链路的安全。蓝牙系统认证与加密服务由物理层提供，采用流密码加密技术，适合于硬件实现，密钥由高层软件管理。如果用户有更高级别的保密要求，可以使用更高级、更有效的传输层和应用层安全机制。认证可以有效防止欺骗以及未经许可的访问，而加密则可保护链路隐私。除此之外，跳频技术的保密性和蓝牙有限的传输范围也使窃听变得困难。

然而，在提供链路级认证和加密的同时，也降低了一些公共性较强的应用模型用户使用的便利性，比如服务发现和商业卡虚拟交换等。因此，为了满足这些不同的安全需求，蓝牙协议定义了 3 种安全模式：模式 1 不提供安全保障；模式 2 提供业务级安全；模式 3 则提供链路级安全。

（5）开放性、兼容性与可移植性

蓝牙无线通信技术的规范完全是公开和共享的，因此不同行业有使用这一技术需求的厂家可以便捷地了解并应用蓝牙技术。不同公司的蓝牙产品之间可以实现互操作和数据共享，这对蓝牙技术的推广和普及起到了重要作用。因其高可移植性，可被应用于多种场合，如 WAP、GSM、DECT 等，这一特点大大拓宽了蓝牙技术的应用领域。

（6）与 802.11 无线局域网协议的区别

在选择无线通信协议的时候，经常将 802.11 和蓝牙协议作为备选协议并相互比较，这两个协议有其相似之处，例如作用距离都不远。两者的不同点主要体现在以下方面：

1）802.11 系列协议的功耗远远高于蓝牙，从而导致 WiFi 一般采用有源供电，即需要接交流电源，而蓝牙一般采用电池供电，例如蓝牙耳机一般使用电池工作。

2）传输速率、距离也是蓝牙和 WiFi 的主要区别。由于功耗原因，高功耗的 WiFi 协议一般传输速率更高（100Mbit/s），覆盖范围更大（100～300m），但其并非专门针对短距离无线应用而设计。而个域网协议功耗小，导致传输速率不高（3Mbit/s），覆盖范围小（低功耗模式下约 10m）。

3）802.11 属于无线局域网，拓扑复杂，需要设备具有比较强的运算能力作为支撑。而蓝牙属于无线个域网，采用主从模式，拓扑简单，计算能力要求低，适合移动设备。

（7）蓝牙的基本参数

蓝牙的基本参数如下：

1）使用 2.4GHz 频段进行通信。

2）class B 低能状态最大传输距离为 10m，class A 高能状态达到 100m。

3）支持自组联网/漫游。

4）低能耗（小于 2.5mW），适用于手持应用，待机时仅有 1mW。

5）模块大小约 9mm×9mm。

6）支持语音和数据传输。

7）共有 79（或 23）个 1MHz 的带宽信道。

8）频点间隔为 1MHz。

9）平均功率为 0dBm，峰值传输功率为 20dBm。

10）调制双工方式为 G-FSK、3/4-DQPSK、TDD。

6.3.3 蓝牙系统组成

（1）蓝牙网络拓扑

蓝牙设备工作时需要组成不同形式、规模的网络，以便进行信息交换。常见的蓝牙网络拓扑（如图 6-2 所示）有如下几种。

1）微微网（Piconet）：设备间共享相同信道，同时最多只能有 8 个蓝牙设备在同一网络内通信。

2）散网（Scatternet）：一个微微网的设备可以作为另一个微微网的一部分存在，并在微微网中起从设备或主设备的作用，这种网络形式被称为散网。

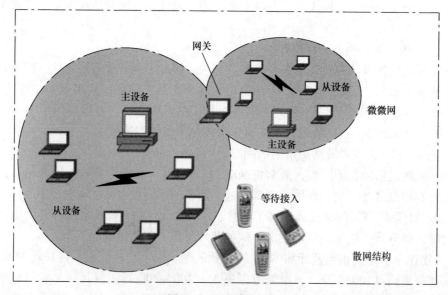

图 6-2 蓝牙网络拓扑

（2）微微网中节点的工作状态

蓝牙微微网中节点工作状态（如图 6-3 所示）如下：

1）1 个主设备节点（Master）：负责确定所有设备使用的信道，控制通信的同步，确定从设备的数据发送时间。

2）从设备节点（Active Slave）：1 ~ 7 个活跃 Slave 节点，从设备仅可与主设备通信，且仅能在主设备允许的时间片内与主设备通信。

3）停止等待节点（Parked Slave）：255 个非活跃节点。前述 8 个节点规模限制是指活跃节点数目。如果某个节点收发完数据，则暂时

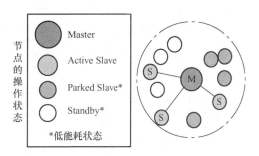

图 6-3　蓝牙微微网中节点工作状态

没有任务就进入停止等待状态。该状态下的节点不算活跃节点，不占用 8 个活跃节点的数目限制。非活跃节点可以随时唤醒并进行数据发送。

4）待机节点（Standby）：不限数量，允许很多等待加入，但还没有加入网络的节点。

无论何种节点要想加入网络都必须先和主节点进行通信协商，并遵循主节点的跳频算法和各项配置。

6.3.4　蓝牙技术细节

蓝牙各层协议和蓝牙应用规范是蓝牙技术的应用基础。完整的蓝牙协议栈包括基带协议、逻辑链路控制和适配协议、串口仿真协议、传输控制协议等。按照从物理层到应用层的顺序，核心协议（Core Protocol）形成 5 层协议栈，简要概括如下：

每层的具体细节，介绍如下：

1. Bluetooth 的无线电层

无线电（Radio）层为物理层，负责载波频率设定、跳频的执行、调制模式和传输功率在内的空中接口细节。

无线电层的主要技术特点是，蓝牙无线电使用免申请的 ISM 频域中的 2.4GHz 频段。总带宽被分为 79 个信道，每个信道的带宽为 1MHz，见表 6-3。

表 6-3　蓝牙的频率范围

区　　域	调节范围/GHz	RF 信道
美国、欧洲的大部分国家和其他国家中的大部分	2.402 ~ 2.48	$f = 2.402GHz + nMHz$，$n = 0$，…，78
日本	2.471 ~ 2.497	$f = 2.473GHz + nMHz$，$n = 0$，…，22
西班牙	2.445 ~ 2.475	$f = 2.449GHz + nMHz$，$n = 0$，…，22
法国	2.4465 ~ 2.4835	$f = 2.454GHz + nMHz$，$n = 0$，…，22

无线电层还依据基带层指令实现跳频，根据一个伪随机序列，实现从一个物理信道改变到另一个物理信道以完成跳频，跳频速率为 1600 次/s。偶然情况下发生信道碰撞，可结合纠错码和自动重传技术完成纠错：

1）自动重传请求（Automatic Repeat - reQuest，ARQ），通过接收方请求发送方重传出

错数据报文来进行纠错，是通信中用于处理信道所带来差错的常用方法之一。

2）前向纠错码（Forward Error Correction，FEC）是一种数据编码技术，传输中检错由接收方进行验证，在 FEC 方式中，接收端不但能发现差错，而且能确定二进制码元发生错误的位置，从而加以纠正。FEC 方式发现错误无须通知发送方重发。

无线电层还为不同的需求提供不同的收发器模式，为放置在不同微微网中的设备提供多种接入形式。

2. Bluetooth 的基带层

基带（Baseband）层为 MAC 层，负责一个微微网中的连接建立、寻址、分组格式、计时、跳频序列控制和功率控制。

基带层处于无线电层的上一层，负责建立微微网内各蓝牙设备间的物理收发链路即物理射频连接。同时，微微网内蓝牙设备的跳频频点和本地时钟的同步也由基带协议完成。此外，基带层还附带有一个串口仿真协议，作为一种电缆替代协议，在蓝牙基带协议的基础上实现了 RS-232 控制和数据信号的仿真，为使用串行线传送机制的上层协议（如 OBEX）提供服务。在两台蓝牙设备之间，可通过串口仿真协议实现 60 个并发连接。

（1）基带层的功能

基带层具有以下主要功能：

1）控制跳频（Frequency Hopping，FH）：跳频速率为 1600 次/s，即跳频信道（FH Channel）时隙间隔为 0.625ms。

2）定义分组格式。

3）介质访问控制有寻址、计时和功率控制。

4）物理连接的建立。

5）基带层跳频传输。

如上所述，无线电层总带宽被分为 79 个物理信道，每个信道的带宽为 1MHz。以 1600 次/s 的速度跳频，信道的传输以 0.625ms 为一个时隙，由基带层控制并配合无线电层实现。

信号传输使用时分双工（Time Division Duplexing，TDD）方式，发送、接收占用不同的时隙，所使用频率也不同，不会产生串扰，如图 6-4 所示。

跳频序列由主设备产生的伪随机码决定。同一区域内，不同的微微网主设备不同，跳频序列也不相同，设备的通信将使用不同的物理信道，极少数情况下出现信道相同，进而导致碰撞。

（2）基带层的物理连接

基带层中的物理连接有两种：

1）面向同步连接（Synchronous Connection Oriented，SCO），主设备和从设备的点对点连接间分配固定的带宽，分组不会重传，容错性差，主要用于音频/视频传输。

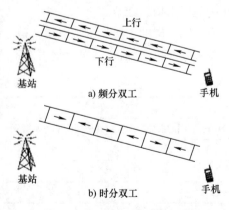

图 6-4 频分双工与时分双工

2）异步无连接（Asynchronous Connectionless Link，ACL）：在未预留给 SCO 链路的时隙

中，主设备能与任意从设备传送无时间规律的分组，并通过差错检测和重传来保证成功传送，传输比同步连接有保障。

3. Bluetooth 的链路层

链路管理协议（Link Management Protocol，LMP）层为链路层，负责链路管理，包括诸如认证、加密及基带分组大小的控制和协商等。

LMP 在上面建立的物理链路的基础上，不但负责蓝牙各设备间链路的建立和控制，还用于安全方面的鉴权和加密。另外，还可以控制无线部分的能量模式和工作周期及微微网内各设备的连接状态。

每个设备上的链路管理器（Link Manager，LM）利用 LMP 协商彼此之间蓝牙空中接口的特性，其中包括：带宽的分配，设备间协商确定基带数据分组的大小，通过支持适配协议数据业务所需要的服务级别以及保留的周期性带宽来支持话音通信业务等。具体如下：

1）能量控制：根据接收信号强度要求发送者调整发送能量。蓝牙采取节能设计，其首先尝试低功率下的低速连接。通过交换彼此间的参数信息来协商低活动性基带运行方式，从而控制功耗。

2）能力协商：交换版本号和所支持的特性。由于通信的双方因系统、设置等的不同，其装载的蓝牙模块所支持的蓝牙协议版本很可能有差异，必须经过此协商过程，确定双方都能支持的参数。一般来说高版本会向下兼容低版本。

3）QoS 协商：QoS 即服务质量，包括轮询时间、延迟、传送能力等指标。

4）同步：跳频需要严格时钟同步，该工作也由链路管理协议负责，具体来说就是修正时钟偏差或者接收特殊的同步包/帧。

5）改变状态和传输模式：状态指节点的角色，是主设备（Master）还是从设备（Slave），角色不是一旦设定就不变的，可以根据情况改变。比如，原来 A 设备是主设备，但是当 A 的数据发送完毕要退出蓝牙网络时，就可以把主设备的角色让给其他活跃的设备，即节点的状态改变，Master 和 Slave 角色的改变。

6）链路控制：基带信道选择，控制链路活动。

7）安全服务：高版本的蓝牙，特别是 4.0 以后，安全性大大加强，综合了认证、加密、密钥分发等多种安全功能，其中认证主要是识别设备身份，而加密则是保证通信的内容不被窃取。通信设备上的蓝牙 LMP 利用"竞争 – 应答"的方式对设备进行鉴权，产生、交换、核实链路和加密连接密钥，以进行身份认证和加密。在必要时，对 LM 监控设备的配对和设备之间空中接口上的数据流加密，其中，配对是通过产生和存储连接密钥来建立设备之间的相互信任关系，为以后的设备鉴权做准备。如果鉴权失败，LM 将切断链路，禁止设备间的任何通信。

最后，接收端的链路管理器对 LMP 消息进行过滤和解释，从而它们不会向上层传递。因为 LMP 消息的优先权大于用户数据，所以如果一个链路管理器需要发送一条消息，不会被 L2CAP 话务延迟。另外，因为逻辑信道是一个可靠的链路，所以 LMP 消息不需要经普遍公认后才能发送。

链路管理协议最重要的是链路的建立和控制，其具体流程如下。

（1）信道控制

链路的信道有两个主要状态：

1）维持（Standby）：默认状态。这是一个低功率状态，只有一个本地时钟在工作。

2）连接（Connection）：设备作为主站或从站接入微微网。

存在 7 个临时状态：

1）查询扫描（Inquiry Scan）状态：设备设定为可被查找，周期监听查询。

2）查询（Inquiry）状态：设备发出一个查询（通过查询接入码实现），查找范围内的设备标识，准备进入寻呼状态。当一个设备主动接入一个微微网时使用。

3）查询响应（Inquiry Response）状态：一个已发布查询的设备收到查询响应，即上面主动接入的设备，被对方响应，准备接入。

4）寻呼扫描（Page Scan）状态：从站监听自身携带的设备接入码（Device Access Code，DAC）是否被寻呼。此时该设备处于被动状态，等待别人的查询请求。

5）寻呼（Page）状态：主站发射从站的 DAC 来发送寻呼消息，从而激活从站，并希望与从站连接。此时是主站主动向从站发送请求，从站被动响应。

6）从站响应（Slave Response）状态：紧跟上面的主站主动寻呼，从站响应主站发来的寻呼，如果连接成功建立，则进入连接状态；否则，返回寻呼扫描状态。

7）主站响应（Master Response）状态：作为主站运行的设备收到从站发出的寻呼响应，设备可以进入连接状态，或同时返回寻呼状态以便回复其他从站。

（2）查询过程

当一个设备想建立一个微微网时，开始查询过程。

1）79 个无线电载波中，32 个被视为唤醒载波（Wake‑up Carrier），主站依次在这 32 个载波上广播查询访问码（Inquiry Access Code，IAC）。

2）处于维持（Standby）状态下的设备周期性地进入查询扫描状态，侦听 IAC 消息。

3）当设备收到查询时，返回包含其设备地址和时钟信息的查询响应分组。

4）设备进入寻呼扫描状态。

（3）寻呼过程

1）主站设备根据返回的设备地址计算特殊的跳频序列和从站设备的 DAC ID。

2）从站设备与主站设备时钟同步，并启动主站定义的跳频序列，进入连接状态。

3）主站可继续寻呼其他从站，直到它已激活所有需要连接的从站，主站进入连接状态。

（4）查询过程和寻呼过程

查询过程：搜索可连接的从站，作为连接备选。

寻呼过程：建立主站与从站的连接关系，包括激活所有需要通信的从站，计算出跳频序列，身份验证，时钟同步。

4. Bluetooth 的 L2CAP 层

逻辑链路控制和自适应协议（Logical Link Control and Adaptation Protocol，L2CAP）层为传输层，提供无连接和面向连接两种服务。

L2CAP 与链路控制层和传输层类似。逻辑链路控制和适配协议完成基带与高层协议间的适配，并通过协议复用、分割及重组操作为高层提供数据业务和分类提取，来自数据应用的通信信号首先通过 L2CAP，L2CAP 层屏蔽了高层协议和应用与低层传输协议之间的关联。因此，高层协议不需要知道在无线电波和基带层上的跳频序列，也不需要知道在蓝牙空中接口传输中使用的特殊分组格式。L2CAP 支持协议复用，允许多个协议和应用共享空中接口，它支持分组的分割和重组，将高层使用的大分组分割成适于基带传输的小分组，并在接收端将这些小分组重组。最后，两个对等设备上的 L2CAP 层通过协商达成一个双方都能接受的业务等级，并能维护和保持此业务级别。基于要求的业务等级，L2CAP 既能控制新通信信号进入，同时也可与低层协调以保持所需的业务等级。

L2CAP 是基带的上层协议，可认为是与 LMP 并行工作的。它们的区别在于，当数据不经过 LMP 时，L2CAP 将采用多路技术、数据分组分割和重组技术、群提取技术以及服务质量保障技术等为上层提供数据传输服务。虽然基带提供了 SCO 和 ACL 两种连接，但 L2CAP 只允许 ACL，并允许高层协议以 64Kbit/s 的速率收发数据分组。语音和电话应用的语音质量信道通常在 SCO 上运行，然而语音数据可以打包并使用通信协议在 L2CAP 上传输。

5. Bluetooth 的服务发现协议层

服务发现协议（Service Discovery Protocol，SDP）层为应用层，负责询问设备信息、服务与服务特征，使在两个或多个蓝牙设备间建立连接成为可能。

SDP 是蓝牙技术框架中非常重要的一部分，是应用程序发现网络中可用的服务及这些服务特性的一种控制机制。使用 SDP 可以查询到设备信息，服务和服务类型。在对邻近设备的可获得的服务定位以后，蓝牙设备之间才能建立连接。SDP 支持 3 种查询方式：按服务类别搜寻、按服务属性搜寻和业务浏览。

除了以上蓝牙的核心协议之外，蓝牙协议簇还包含一些提供额外辅助作用的辅助协议，下面介绍常见的几个。

（1）替代电缆协议（Radio Frequency COMMunication，RFCOMM）

RFCOMM 表示一个虚拟串口，在 L2CAP 上提供 RS-232 串口仿真，它的应用类似于标准的有线串口所能实现的应用。因此，RFCOMM 协议的内容就是支持那些遗留的、基于串口的应用使用蓝牙传输。RFCOMM 是基于欧洲电信联盟技术标准 ETSIO 7.10 规范的串口仿真协议，此标准还用于 GSM 通信设备，其定义了在一条串行链路上的多路复用串行通信。

（2）电话控制协议（Telephone Control Protocol Specification，TCS）

TCS 包括二进制电话控制（TCS BIN）协议和一套电话控制命令（AT Commands）。其中，TCS BIN 定义了在蓝牙设备间建立话音和数据呼叫所需要的呼叫控制信令；AT Commands 令则是一套可在多模式下用于控制移动电话和调制解调器的命令，它由 SIG 在 ITU-TQ. 931 的基础上开发而成。

（3）选用协议（可选支持）

点对点协议（Point-to-Point Protocol，PPP）：这个标准定义了 IP 数据报如何在串行点到点链路上传输。如果接入互联网，则可以使用这些链路。

对象交换协议（Object Exchange，OBEX）：是由红外数据协会（IrDA）制定的会话层协议，采用简单的自发方式来交换对象。它提供的基本功能与 HTTP 类似，在假定传输层可靠的基础上，采用客户-服务器模式，而独立于传输应用程序接口。在蓝牙 1.0 协议中，RFCOMM 是 OBEX 唯一的传输层，在以后的版本中，可能支持 TCP/IP 作为传输层。

无线应用协议（Wireless Application Protocol，WAP）：是为移动电话类设备设计的无线网络定义的协议。

6.4 蓝牙的应用

在上节介绍蓝牙协议的基础上，本节从应用角度简述蓝牙应用开发需要注意的问题以及蓝牙现在在各领域的应用情况。

6.4.1 蓝牙应用开发基础

从应用角度说，蓝牙的开发分为以下两种。

（1）需要自己选择蓝牙模块

这一类属于嵌入式集成开发，根据需要选择适合的蓝牙模块，并根据厂家提供的硬件说明，焊接引脚到集成电路板上。然后，根据蓝牙厂家提供的 API 进行蓝牙应用编程开发，一般是自定义发送和接收的蓝牙数据报文的格式，利用串口进行通信。图 6-5 所示就是一个蓝牙模块的实物。

厂家给出的连接方式如图 6-6 所示。用户购买模块后按照示意图将其焊接到底板上即可使用。各接口说明如下：

1）5V：电源。

2）GND：地线。

3）TXD：发送端，一般表示为自己的发送端，正常通信时接另一个设备的 RXD。

4）RXD：接收端，一般表示为自己的接收端，正常通信时接另一个设备的 TXD。

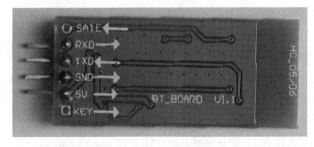

图 6-5　蓝牙模块实物

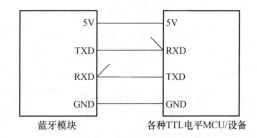

图 6-6　蓝牙模块连线

正常通信时本身的 TXD 永远接其他设备的 RXD。但在测试过程中可自收自发，顾名思义，就是自己接收自己发送的数据，即自身的 TXD 接到自身的 RXD，用来测试本身的发送和接收是否正常，也称回环测试。之后就按普通串口读/写方法读取蓝牙发送的数据，且数据包格式可自行定义。

（2）系统已集成蓝牙模块

这一类目前更为常见，所在系统已经集成了蓝牙模块，如 Android 手机。在此类系统上面进行蓝牙开发，只需要调用系统提供的 API 接口进行编程即可。一般遵循以下关键步骤：

1）开启蓝牙。

2）搜索可用设备。

3）创建蓝牙 socket，获取输入输出流。

4）读取和写入数据。

5）断开连接，关闭蓝牙。

以常见的 Android 系统为例。Android 蓝牙 API 主要存在"android. bluetooth"包中，它提供了如扫描设备、连接设备以及对设备间的数据传输进行管理的类。这些类对蓝牙设备进行功能性管理。蓝牙模块 API 提供以下功能，基本与 6.3.4 节中链路建立的关键步骤相对应。

1）扫描其他蓝牙设备。

2）通过查询本地蓝牙适配器来匹配蓝牙设备。

3）建立无线射频通信协议（RFCOMM）的通道/端口。

4）连接到其他蓝牙设备的指定端口。

5）传输数据到其他设备，或者从其他设备接收数据。

提供这些功能的 API 见表 6-4。

表 6-4 Android 蓝牙编程接口

类/接口	功 能 描 述
BluetoothAdapter	本地的蓝牙适配器设备
BluetoothClass	描述了设备通用特性和功能的蓝牙类
BluetoothClass. Device	定义了所有设备类的常量
BluetoothClass. Device. Major	定义了主要设备类的常量
BluetoothClass. Service	定义了所有服务类的常量
BluetoothDevice	代表一个远程的蓝牙设备
BluetoothServerSocket	监听蓝牙服务端口
BluetoothSocket	一个双向连接的蓝牙端口 socket

首先，使用 BluetoothAdapter 本地蓝牙适配器来操作蓝牙基本服务，包括初始化设备的可见性，查询可匹配的设备集，使用一个已知的 MAC 地址来初始化一个 BluetoothDevice 类。然后，创建一个 BluetoothServerSocket 类以监听其他设备对本机的连接请求。开发者只要按照蓝牙工作流程，熟练使用以上系统提供的 API 就可以进行蓝牙应用编程，无需对详细硬件实现有特别了解。

6.4.2 应用领域

目前，蓝牙作为线缆连接的替代方案，为移动电话、消费类电子产品、个人计算机、汽车、医疗与健康、运动健身以及智能家居等行业的产品创造了全新的应用方式。每年平均有超过 2 亿蓝牙设备进入市场，蓝牙技术已成为全球开发商、产品制造商和消费者无线接入的标准解决方案。下面对蓝牙的一些热点应用、前沿领域进行介绍。

1. 蓝牙外设

目前，使用蓝牙技术的电子设备很多，特别是计算机外设，如耳机、键盘、鼠标、音响等。按照应用来说，蓝牙可以运用在文件传输、数据同步等很多场景中，或者说通过蓝牙实现数据传输，至于传输什么数据即是具体应用与实现的问题。

这里，蓝牙鼠标值得专门说明一下，现在无线鼠标非常普及，但无线鼠标其实可以分为 2.4GHz 无线鼠标和蓝牙鼠标两种。虽然两者都是无线的，但是所使用的技术有很大差别。

从外观上来看，2.4GHz 鼠标需要配合 USB 接收器使用，蓝牙鼠标则不需要，但蓝牙鼠标需要一个对码键来完成与个人计算机的配对。除此之外，价格方面，2.4GHz 鼠标的价格相对低廉一些；能耗方面，有测试显示 2.4GHz 无线鼠标能耗相对低一些；传输距离方面，两者则差不多。

2. 智能家居

智能家居算是蓝牙技术最早的应用领域之一，经过发展目前已经比较成熟。智能家居系统是以物联网技术为基础的应用，将日常家居环境中各种原本看似关系零散的电器合为一体，以期达到家电全程自动控制，更高效地满足用户需求的目标。现实的家居环境要求家庭无线网络要具备距离短、准确度高、抗干扰性强等特点，在符合这些要求的无线网络通信技术中，蓝牙技术无疑是恰当的一种选择。因此蓝牙技术在智能家居系统这一领域具备了天然的优势和广阔的前景。

蓝牙系统嵌入微波炉、洗衣机、电冰箱、空调机等传统家用电器，使之智能化并具有网络信息终端功能，能够主动地发布、获取和处理信息，这无疑赋予了传统电器以新的内涵。例如：智能微波炉能够存储许多微波炉菜谱，同时还能够通过生产厂家的网络或烹调服务中心自动下载新菜谱；智能冰箱能够知道自己存储的食品种类、数量和存储日期，可以提醒存储到期和发出存量不足的警告，甚至自动从网络订购；智能洗衣机可以从网络上获得新的洗衣程序。带蓝牙的智能家电还能主动向网络提供本身的一些有用信息，如向生产厂家提供有关故障并要求维修的反馈信息等。

蓝牙智能家电是独立的网络家电，不再是计算机外设，它们可以自组成网，并通过一个遥控器来进行控制。这个遥控器不但可以控制电视、计算机、空调器，同时还可以用作无绳电话或者移动电话，甚至可以在这些蓝牙智能家电之间共享信息，比如把电视节目或者电话语音录制下来并存储到计算机中。

3. 车载蓝牙

汽车工业同样有无线通信的需求，而由于红外技术、802.11、Home RF 等无线通信技术均有一定的局限性，并不适合在汽车工业中应用。在汽车工业发展历程中，移动通信和数据传输业务都有强烈的提高信息传输速度和便捷性的需求。蓝牙技术则以其在短距离无线通信方面的应用优势在汽车工业中扮演了极其重要的角色。目前，车载蓝牙技术应用最广泛的领域包括车载无线通信、车载信息系统以及车辆状态检测三大领域。

（1）基于蓝牙技术的车载无线通信系统

车载无线通信是目前车载蓝牙技术应用最广泛的领域。由于移动通信的便捷性，在驾驶中使用移动通信工具的需求越来越强烈，手持移动终端接听电话有很大的安全隐患。为保证驾驶过程中的安全，传统的解决办法主要有两种：一种是把声频信号用线缆引出；另一种是把信号调制发射后，利用车上的调频广播接收放大。相较于这两种方法，采用蓝牙技术实现无线接听电话是一种更为便捷的解决方案，驾驶者的手机通过蓝牙连接到车载设备，进而无须手持电话即可完成拨打和接听电话。还有一种比较常见的解决方案是使用蓝牙耳机连接到移动电话来实现行车过程中拨打和接听电话。

这一技术采用了蓝牙协议中的免提应用（Hands-Free Profile，HFP）模型。HFP 描述了在手机和免提设备之间进行语音数据交互的过程，基于这一过程建立了车内移动终端、车内控制台、车外移动网络三者之间的数据交换网。HFP 定义了两个角色，即音频网关和免提设备。比较常见的应用模式是一部手机作为网关，用于音频的输入和输出，而免提设备作为音频网关的远程音频输入和输出载体。在车内有机座的情况下，可通过耳机在机座上插拔或耳机按钮遥控两种方式实现音频输出的切换。

同时，蓝牙技术为了克服周围环境中的干扰，采用跳频扩频技术。而跳频扩频技术为车载环境中降低干扰影响，实现高质量语音通信奠定了基础，因此蓝牙技术较适合于在车载移动通信领域中使用。

（2）基于蓝牙技术的汽车导航系统

利用全球定位系统（Global Positioning System，GPS）进行汽车的导航定位是目前汽车导航领域较为常见的解决方案，但在有些情况下，GPS 信号受到干扰甚至无信号，这样就无法利用 GPS 进行正常的导航定位。为了解决这一问题，基于蓝牙技术的路标定位解决方案应运而生。

上述定位解决方案由 GPS、航位推算、路标三个主要部分构成，而蓝牙技术则充当了路标与车内系统之间数据传输的桥梁。当无 GPS 信号时，利用路标通过蓝牙将当前位置信息传送给汽车，再利用这些信息进行定位导航。在实际中，如果遇到由于街道狭窄，GPS 信号被严重遮挡的情况，该导航定位方案可以作为 GPS 的有利补充。

（3）基于蓝牙技术的四轮定位系统

四轮定位仪是汽车状态检测的一个重要部分，它可以完成对车辆 4 个轮胎的位置参数检测。传统拉线式、无线测量有线传输式四轮定位仪的弊端较为明显，接线烦琐，数据传输便捷性差，而采用蓝牙技术传输四轮定位数据无疑可大大提高了汽车四轮定位的便捷性和快速性。

作为蓝牙技术点对多点的典型案例，汽车的四轮定位系统主要由安装在汽车 4 个车轮上的传感器和控制计算机组成。为了实现车轮位置参数的无线传输，分别为主控计算机和安装在 4 个车轮上的机头配置蓝牙模块。主控计算机和机头连接蓝牙模块的方式主要有两种：一种是通过 RS－232 串口；另一种是通过 USB 接口。

在传感器完成对车轮位置参数（如前束、外倾角、主销内倾角和主销后倾角）的采集后，通过蓝牙模块将数据实时传送到主控计算机。在主控计算机上可以完成检测数据与该车辆的标准四轮参数的比对，从而完成汽车的四轮检测定位任务。

4. 智能设备中的蓝牙应用

无论是安卓智能手机还是苹果智能手机，目前都将蓝牙作为标准配置。加之各类其他外围电子设备也增添了对蓝牙的支持，智能手机上的各类应用可以很方便地使用蓝牙协议，也因此出现了很多具有创意的蓝牙应用。

（1）手机监护系统

LUMO BodyTech 公司出品的一款基于蓝牙协议的智能腰带 LUMO back 是一款蓝牙无线传感器，通过其移动 APP 可为用户提供姿势和动作的实时反馈。通过集成该芯片开发的应用可以监控用户的动作并判断是否突发疾病，并向预先设定的紧急联络人报警。

（2）智能寻车系统

该系统可以通过移动 APP 和 Bluetooth Smart 技术自动保存停车位置，并实现停车场内部导航。

（3）蓝牙手机游戏

Orbotix－Sphero 是一款以蓝牙球为核心的游戏系统，它可以由单个或多个玩家在智能手机或平板电脑上进行操控。

5. 蓝牙照相机、摄像机、投影仪

数字照相机、数字摄像机等设备装上蓝牙模块，既可免去使用线缆的不便，又可不受存储器容量限制的困扰，随时随地将所摄图片或影像通过同样具备蓝牙连接功能的手机或其他设备，传回指定的计算机中。除此之外，蓝牙技术还可以应用于投影机产品，实现无线连接投影仪。

6. 蓝牙音响

Parrot－Zikmu Solo 是一款先进的无线立体声扬声器，可通过蓝牙播放音乐。

7. 蓝牙穿戴设备

由于蓝牙 4.0 低功耗技术的优点，未来它将在各类可穿戴电子产品中获得广泛应用，部分典型、潜在应用包括智能腕表、可穿戴培训系统。举一个具体的例子：Weartech－GOW Trainer 可穿戴培训系统，其包含一件具有心率监测传感器的智能 T 恤、蓝牙智能心率监测仪、一款 APP 及在线跟踪系统。再比如，通过为安全帽、耳机加装蓝牙双工通信装置后，可以将操作员双手解放出来，有效地解决了野外巡视、杆塔作业、室内安装检修等工作人员、监护人员、远程客服人员接听与拨打电话不方便的问题，特别适用于杆塔上的人员和地面监护人员或指挥人员通话以及变电检修人员室内、室外互相通话、手机打入通话等应用场景，具有广泛的应用前景和推广价值。

8. 蓝牙在智能医疗中的应用

传感器技术与蓝牙技术结合后在医疗领域也取得不少进展。比如，Asthmapolis 是一款哮喘治疗设备，采用支持蓝牙功能的呼吸传感器、移动 APP 和高级分析系统来帮助患者与医生一起进行哮喘治疗。再比如，Swissmed Mobile — MedM Platform 应用是一款用于移动和台式机的患者监控平台，其使用蓝牙技术连接来自不同制造商的产品。

当然，蓝牙技术在应用上也存在一些弊端。例如，蓝牙技术不支持漫游功能，这一特点限制了蓝牙技术的应用。虽然蓝牙技术可以实现微微网络与扩大网之间的切换，但是每次进行微微网切换时必须断开与当前微微网的连接。这一点对于某些应用场合也许是可以接受的，但对于实时通话、数据同步传输和信息提取等需要稳定数据连接的应用来说，显然难以接受，因为断开连接就意味着传输中断。因此，移动 IP 技术与蓝牙技术的结合，是蓝牙技术的一个发展方向。

6.5　两个蓝牙实验

本节通过两个实验，直观展示蓝牙的工作过程，以及过程中各个阶段蓝牙数据包的具体内容，帮助理解蓝牙协议。

6.5.1　蓝牙设备配对与数据传输

1. 蓝牙配对的作用

配对，其实就是一个认证过程，未配对即是没有通过认证，也就不能建立连接。因为蓝牙工作流程中认证在建立连接之前，所以不配对，两个设备之间便无法建立认证关系，也就无法进行连接并进行其后的操作。

设备间通过 PIN 码进行认证、配对，配对一旦完成后，设备之间就通过 PIN 码产生初始认证码，以用于后续连接步骤，并且之后的连接、通信不再需要每次都进行认证。因此，配对是蓝牙通信中比较重要的安全机制。当然，这个安全保证机制是比较容易被破解的，因为现在很多个人设备没有人机接口（如耳机），所以配对使用的 PIN 码都是固定的，极易被穷举猜解。

蓝牙设备配对流程就是依次建立以下链接的过程：链接（Link）建立→信道（Channel）建立→RFCOMM 通道建立→配对成功，具体流程如下：

1）主设备（Master，即发起连接的设备）会寻呼从设备（Slave，接收连接的设备）。寻呼以跳频方式进行。

2）从设备会固定时间间隔地去扫描（Scan）外部寻呼，当扫描到外部寻呼时便会响应，这样两个设备之间便会建立连接，即 ACL 链路的连接。

3）当 ACL 链路连接建立后，主设备会发起信道（Channel）的连接请求，即 L2CAP 的连接，建立 L2CAP 的连接之后，主设备采用 SDP 去查询从设备的免提服务，从中得到 RF-COMM 的通道号，然后主设备会发起 RFCOMM 的连接请求建立 RFCOMM 的连接。然后就建立了应用的连接。

4）等待用户操作，传输数据。

2. 蓝牙配对实验

下面以 Android 手机为例，进行蓝牙配对和数据传输，进入手机的设置菜单找到蓝牙一项并开启，如图 6-7 所示。打开后手机顶部状态栏应该出现 ✶ 标志，表示蓝牙已经打开。

1）开放检测：为了安全一般不建议开放检测，即不让没有配对过的设备检测到。但是首次配对，必须打开这个选项（如图 6-7 所示），即对附近所有的蓝牙设备可见，让其他设备能搜索到本设备。检测会有一个倒计时（一般是 2min），倒计时结束会自动关闭开放检测。

图 6-7　开放检测

2）配对设备：从搜索到的设备列表里选择要配对的设备，单击后会出现配对码，如图 6-8a 所示，单击"配对"按钮，对方也出现类似的配对请求框，如图 6-8b 所示，如果同意，则单击"配对"按钮，不同意，则单击"取消"按钮。配对成功后在

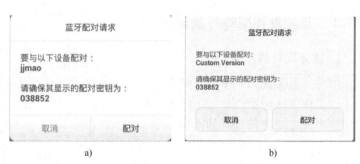

图 6-8　蓝牙设备配对

"已配对设备列表"中就可以看到已经成功配对的设备，如图 6-9 所示。

3）传输数据：设备配对成功后，就可以使用蓝牙互传文件。一般是先找到想发送的文件，如图 6-10 所示。然后长按出现上下文菜单，如图 6-11 所示。再单击"分享"，出现"分享文件"菜单，选择"蓝牙"，如图 6-12 所示。随后，对方会收到蓝牙传输提示，可选择"接受"或是"拒绝"，如图 6-13 所示。正常情况下选择"接受"，即接受对方的文件传输，接收到的文件一般保存在/storage/sdcard0/bluetooth 文件夹下，如图 6-14 所示。

图 6-9　配对成功

图 6-10　要发送的文件

图 6-11　发送文件选项

图 6-12　"分享文件"菜单

图 6-13 蓝牙接收端提示

图 6-14 蓝牙接收路径

6.5.2 蓝牙数据包分析

1. 蓝牙抓包

Android 从 4.3 摒弃了 bluez 开始使用 bluedroid，抓包方法与以前版本有所不同。Bluetooth 中 hcidump 的写开关、hci log 默认的保存路径，以及各种级别的 log 开关均在/etc/bluetooth/bt_stack. conf 文件里进行配置。bt_stack. conf 的文件内容如下：

```
# EnableBtSnoop logging function
# valid value : true, false
BtSnoopLogOutput = true   //默认是 false,如果需要抓取 hcidump,改成 true

# BtSnoop log output file
BtSnoopFileName = /sdcard/btsnoop_hci. log //默认写 hcidump 的路径,
//btsnoop_hci. log 就是 hcidump 的 log。可以按照自己的需要修改

# Trace level configuration
#   BT_TRACE_LEVEL_NONE    0    ( No trace messages to be generated )
#   BT_TRACE_LEVEL_ERROR    1    ( Error condition trace messages )
#   BT_TRACE_LEVEL_WARNING    2    ( Warning condition trace messages )
#   BT_TRACE_LEVEL_API    3    ( API traces )
#   BT_TRACE_LEVEL_EVENT    4    ( Debug messages for events )
#   BT_TRACE_LEVEL_DEBUG    5    ( Full debug messages )
#   BT_TRACE_LEVEL_VERBOSE    6    ( Verbose messages ) - Currently supported for
TRC_BTAPP only.

//下面默认值是 2,哪个模块需要抓取更多的 log,可以把值改成你想要的．比如说,你想看各个模块的
//log,你就全改成 5 Full debug messages
TRC_BTM = 5
TRC_HCI = 5
TRC_L2CAP = 5
TRC_RFCOMM = 5
TRC_OBEX = 5
TRC_AVCT = 5
TRC_AVDT = 5
TRC_AVRC = 5
TRC_AVDT_SCB = 5
TRC_AVDT_CCB = 5
TRC_A2D = 5
TRC_SDP = 5
TRC_GATT = 5
```

```
TRC_SMP = 5
TRC_BTAPP = 5
TRC_BTIF = 5
```

需要注意的是，这个文件一般不允许编辑，默认是只读。如果要编辑，则需要 root 手机。root 后的手机安装一个叫"Root Explorer"的文件管理与编辑软件（如图 6-15 所示），就可以找到 bt_stack. conf，并进行编辑。下面是操作示例，打开 Root Explorer工具，在根目录下找到 etc 文件夹，如图 6-16 所示。

单击进入 etc 文件夹，找到 bluetooth 文件夹，跟蓝牙有关的配置文件都在里面，如图 6-17 所示。

图 6-15　Root Explorer 工具

图 6-16　etc 文件夹

图 6-17　蓝牙文件夹

进入该文件夹，找到本机蓝牙配置文件"bt_stack. conf"，如图 6-18 所示。

选中 bt_stack. conf 文件右边的复选框，下面会出现"编辑"字样，单击编辑进行文本编辑，可见其内容，如图 6-19 所示。

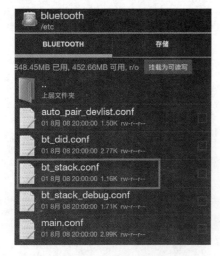

图 6-18　蓝牙配置文件

图 6-19　蓝牙配置文件的内容 1

首先，看到该文件默认日志输出功能是 false（如图 6-20 所示），且记录项默认也是 2，代表"BT_TRACE_LEVEL_WARNING 2（Warning Condition Trace Messages）"即只记录警告信息。

为打开蓝牙日志输出功能，需要把 BtSnoopLogOutput 改为 ture，并且指定日志的保存路径为"BtSnoopFileName = /sdcard/btsnoop_hci. log"。最后，将各个事件的记录等级改为最高的 5 级，即全部记录，以便获取更多的蓝牙传输信息，如图 6-21 所示。

图 6-20　蓝牙配置文件的内容 2

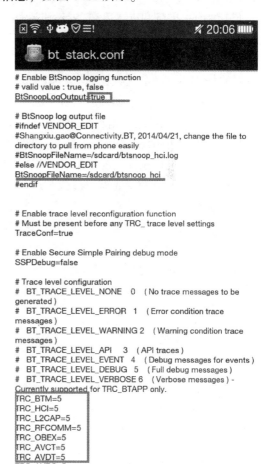

图 6-21　配置文件需要修改的内容

修改配置文件完毕，单击"保存"按钮，Root Explorer 会把原始文件保存为一个扩展名为 . bak 的文件，提供修改出错后的恢复，修改后的文件取代原始文件的名称，如图 6-22 所示。

这样，Android 系统的蓝牙日志记录功能就被打开了。随后进行一系列的蓝牙操作，如配对、传输文件，都会生成一个以日期为名称的 log 文件，就是对应的蓝牙操作记录。如果不关闭日志记录功能，则会每天生成一个以日期命名的 log 文件，所以没有需要的时候还是建议关闭蓝牙日志记录功能，以免产生过多垃圾文件。

2. 蓝牙数据包分析

将产生的 log 文件导出到计算机上，会看到一个扩展名为 . txt 的文件，用记事本打开会有很多乱码，因为它实际上是一个 hcidump 文件，即 HCI 的抓包文件。所谓 HCI 即前面提到的位于蓝牙系统的逻辑链路控制与适配协议（L2CAP）层和链路管理协议（LMP）层之间的一层协议，即主机控制接口（Host Controller Interface，HCI）。HCI 为上层协议提供了进入 LM 的统一接口和进入基带的统一方式。在 HCI 的主机和 HCI 主机控制器之间会存在若干传输层，这些传输层是透明的，只需完成传输数据的任务，不必清楚数据的具体格式。

HCI 有数据、命令和事件 3 种包，其中数据包是双向的，命令包只能从主机发往主机控制器，而事件包始终是控制器发向主机的。所有在主机和主机控制器之间的通信都以包的形式进行，包括每个命令的返回参数都通过特定的事件包来传输。

该日志文件可使用专业数据分析软件进行分析。例如，wireshark，用 Version 2.2.1 版 wireshark 打开 log 文件，出现如图 6-23 所示的信息。

图 6-22　原配置会被备份

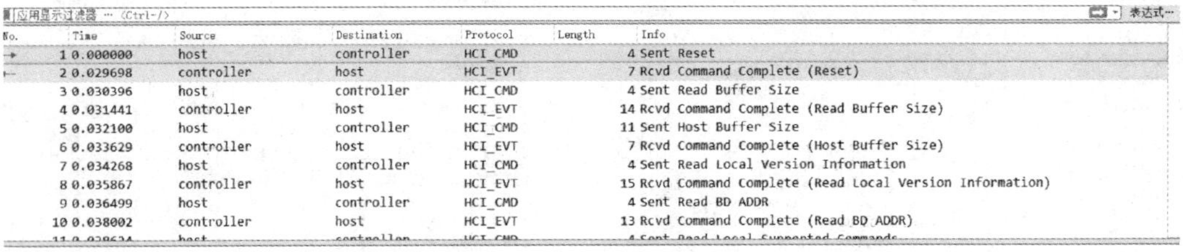

图 6-23　log 文件内容

图 6-23 中每一行代表一个蓝牙数据包，而各列则是该数据包的详细信息，以第一行为例，其含义如下：

第 1 列 No. 是捕获数据包的序号。

第 2 列 Time 是捕获数据包的相对时间，以第一个被捕获的数据包的时间为开始时间，即 0.00。

第 3 列 Source 是发出该数据包一方的描述，"host"代表在本次蓝牙通信中该包的发出方处于主机地位，是发出命令包的一方，一般来说就是主动进行蓝牙配对的一方。

第 4 列 Destination 是接收该数据包的一方的描述，"controller"代表接收方在蓝牙通信中处于控制器地位，接收命令包并且发出事件包，一般说来是被动接受蓝牙配对的一方。

第 5 列 Protocol 代表数据包使用的协议，以 HCI 开头的代表 HCI 协议包，"_"后跟协议的具体描述，如前所述 HCI 包分为 3 类命令（Command，简写 CMD），事件（Event，简写 EVT）。最后若不是命令而是数据则会有对数据内容更深入的描述，因此一般不会显示 HCI_

DATA，而是显示其他协议信息，但 wireshark 的协议字段仅仅显示最上层的协议。

第 6 列 Length 是指示这个数据包的大小，单位是字节（Byte），这里是 4，代表这个数据包大小是 4 字节。

第 7 列 Info 显示的是数据包的重要信息摘要，这里的"Sent Reset"表明该数据包是一个重置命令。

以上是仅一个数据包的概要信息，如果希望获得更详细的信息，则需要在选中这条记录后，查看 wireshark 下半部显示的详细信息，如图 6-24 所示。

No.	Time	Source	Destination	Protocol	Length	Info
→ 1	0.000000	host	controller	HCI_CMD	4	Sent Reset
← 2	0.029698	controller	host	HCI_EVT	7	Rcvd Command Complete (Reset)
3	0.030396	host	controller	HCI_CMD	4	Sent Read Buffer Size
4	0.031441	controller	host	HCI_EVT	14	Rcvd Command Complete (Read Buf
5	0.032100	host	controller	HCI_CMD	11	Sent Host Buffer Size
6	0.033629	controller	host	HCI_EVT	7	Rcvd Command Complete (Host Buf
7	0.034268	host	controller	HCI_CMD	4	Sent Read Local Version Informa
8	0.035867	controller	host	HCI_EVT	15	Rcvd Command Complete (Read Loc
9	0.036499	host	controller	HCI_CMD	4	Sent Read BD ADDR

```
> Frame 1: 4 bytes on wire (32 bits), 4 bytes captured (32 bits)
v Bluetooth
    [Source: host]
    [Destination: controller]
v Bluetooth HCI H4
    [Direction: Sent (0x00)]
    HCI Packet Type: HCI Command (0x01)
v Bluetooth HCI Command - Reset
  v Command Opcode: Reset (0x0c03)
        0000 11.. .... .... = Opcode Group Field: Host Controller & Baseband Commands (0x03)
        .... ..00 0000 0011 = Opcode Command Field: Reset (0x003)
    Parameter Total Length: 0
    [Response in frame: 2]
    [Command-Response Delta: 29.698 ms]
```

图 6-24　某个数据包 log 记录的详细内容

该信息是从下层到上层显示。最下层 Frame 是物理帧，包含物理层的信息。接下来就是 Bluetooth 蓝牙协议。wireshark 明确告诉用户这是一个 HCI Command 即 HCI 命令，内容是重置 Reset，命令操作码为 0x0c03，跟摘要信息一致。由于这个命令数据包本身很简单，因此详细信息包含的内容也不是很多，但是遇见一些比较大的数据包，详细信息能提供很多摘要中没有的内容。

了解 wireshark 分析蓝牙数据包的基本方法后，下面分析整个蓝牙通信从配对开始→数据传输→配对结束的完整过程，这也是蓝牙协议中的一般步骤。本次实验使用蓝牙传输了一个名为"fblog2016 - 10 - 21. txt"的文件，文件非常小，只有 427B，如图 6-25 所示。

图 6-25　传输的文件

首先，进行蓝牙配对，配对过程需要协商一些参数，如图 6-26 所示。

3、4 号包发送方 host 和接收方 controller 协商发送缓存的大小（Sent Read Buffer Size），先由发送方提出缓存大小，由接收方确认；接着是 5、6 号包协商主机缓存（Host Buffer Size）；7、8 号包交换版本信息（Local Version Information）；9、10 号包交换广播地址；11、12 号包协商支持哪些命令（Local Supported Commands）；13、14 交换扩展特征（Local Ex-

→	3 0.030396	host	controller	HCI_CMD	4 Sent Read Buffer Size
←	4 0.031441	controller	host	HCI_EVT	14 Rcvd Command Complete (Read Buffer Size)
	5 0.032100	host	controller	HCI_CMD	11 Sent Host Buffer Size
	6 0.033629	controller	host	HCI_EVT	7 Rcvd Command Complete (Host Buffer Size)
	7 0.034268	host	controller	HCI_CMD	4 Sent Read Local Version Information
	8 0.035867	controller	host	HCI_EVT	15 Rcvd Command Complete (Read Local Version Information)
	9 0.036499	host	controller	HCI_CMD	4 Sent Read BD ADDR
	10 0.038002	controller	host	HCI_EVT	13 Rcvd Command Complete (Read BD ADDR)
	11 0.038624	host	controller	HCI_CMD	4 Sent Read Local Supported Commands
	12 0.040208	controller	host	HCI_EVT	71 Rcvd Command Complete (Read Local Supported Commands)
	13 0.040840	host	controller	HCI_CMD	5 Sent Read Local Extended Features
	14 0.042211	controller	host	HCI_EVT	17 Rcvd Command Complete (Read Local Extended Features)

图 6-26　协商报文

tended Feature）。后面还有一些协商参数不一一列举，经过一系列相互协商后，双方才正式开始配对，最重要的步骤就是确认 PIN 码。

图 6-27 中，193 号包之前都是一系列协商，直到 193 号包协商结束（Command Complete）。194 号包指明进行简单配对（Simple Pairing）。从用户角度上看，传统的 PIN Code Pairing 需要双方蓝牙设备输入配对密码，而简单配对则只需要双方确认屏幕上的 6 位随机数相同即可（如果双方都有屏幕），目前 Android 手机基本都采用这种方式。

190 10.001298	controller	host	HCI_EVT	12 Rcvd IO Capability Response
191 10.257100	controller	host	HCI_EVT	13 Rcvd User Confirmation Request
192 23.187367	host	controller	HCI_CMD	10 Sent User Confirmation Request Reply
193 23.190267	controller	host	HCI_EVT	13 Rcvd Command Complete (User Confirmation Request Reply)
194 25.447607	controller	host	HCI_EVT	10 Rcvd Simple Pairing Complete
195 25.508131	controller	host	HCI_EVT	26 Rcvd Link Key Notification
196 25.511289	controller	host	HCI_EVT	6 Rcvd Authentication Complete
197 25.513409	Guangdon_36:0b:21…	HuaweiTe_28:22…	L2CAP	17 Sent Connection Request (SDP, SCID: 0x0040)
198 25.514734	controller	host	HCI_EVT	8 Rcvd Connection Packet Type Changed

```
> Frame 191: 13 bytes on wire (104 bits), 13 bytes captured (104 bits)
> Bluetooth
> Bluetooth HCI H4
∨ Bluetooth HCI Event - User Confirmation Request
    Event Code: User Confirmation Request (0x33)
    Parameter Total Length: 10
    BD_ADDR: HuaweiTe_28:22:12 (c4:07:2f:28:22:12)
    Numeric Value: 235835
```

图 6-27　请求配对报文

整个过程中，最重要的是 195 号包（如图 6-28 所示），其携带控制器给主机的配对密码（Link Key），wireshark 下部数据包详细信息已经给出了十六进制配对密码（Link Key），密钥类型也很明确。配对成功后，即可进行数据传输。

193 23.190267	controller	host	HCI_EVT	13 Rcvd Command Complete (User Confirmation Request Reply)
194 25.447607	controller	host	HCI_EVT	10 Rcvd Simple Pairing Complete
195 25.508131	controller	host	HCI_EVT	26 Rcvd Link Key Notification
196 25.511289	controller	host	HCI_EVT	6 Rcvd Authentication Complete
197 25.513409	Guangdon_36:0b:21…	HuaweiTe_28:22…	L2CAP	17 Sent Connection Request (SDP, SCID: 0x0040)

```
> Frame 195: 26 bytes on wire (208 bits), 26 bytes captured (208 bits)
> Bluetooth
> Bluetooth HCI H4
∨ Bluetooth HCI Event - Link Key Notification
    Event Code: Link Key Notification (0x18)
    Parameter Total Length: 23
    BD_ADDR: HuaweiTe_28:22:12 (c4:07:2f:28:22:12)
    Link Key: ab3e0406001e6449608ebcb22e8e28c2
    Key Type: Authenticated Combination Key (0x05)
```

图 6-28　配对 PIN 码报文

再看看图 6-29 中第 383 个包，非常明显是在发送 "fblog2016 - 10 - 21. txt" 文件，从一部 oppo R2017 手机向一部华为手机发送这个文件，摘要 info 里面指出文件名是 fblog2016 - 10 - 21. txt，类型是 text/plain 是一个普通的文本文件。再看下半部分真正传输数据的协议叫

OBEX 协议，即对象交换协议。通过简单地使用"PUT"和"GET"命令实现在不同的设备、不同的平台之间方便、高效地交换信息。观察 OBEX 的内容，可以得到以下信息：

1）文件的路径是手机的根目录"Current path：/"。

2）操作码 opcode 是"Put"，代表发送数据给对方。

3）整个 OBEX 的包长度 Packet length 是 500 字节，因为除了传输的文件，还有 OBEX 的头部，需要占用一定字节数。

4）Header 是 OBEX 的头部，包含了传输信息摘要：

- 链接号 Connection Id：本例中是 1，如果有多个文件发送，这个号码会不同。
- Name：传输文件名称。
- Type：传输文件类型。
- Length：传输文件长度，427 字节。
- Body：传输文件内容。

No.	Time	Source	Destination	Protocol	Length	Info
	382 70.099288	HuaweiTe_28:22:12 (jjmao)	Guangdon_36:0b:…	OBEX		26 Rcvd Success
←	383 70.139343	Guangdon_36:0b:21 (OPPO R2017)	HuaweiTe_28:22:…	OBEX		515 Sent Put continue "fblog2016-10-21.txt" (text/plain)
	384 70.193449	controller	host	HCI_EVT		8 Rcvd Number of Completed Packets
	385 75.132894	host	controller	HCI_CMD		14 Sent Sniff Mode
	386 75.136793	controller	host	HCI_EVT		7 Rcvd Command Status (Sniff Mode)
	387 75.156313	controller	host	HCI_EVT		9 Rcvd Mode Change

```
> Bluetooth L2CAP Protocol
∨ Bluetooth RFCOMM Protocol
  > Address: E/A flag: 1, C/R flag: 1, Direction: 0, Channel: 12
  > Control: Frame type: Unnumbered Information with Header check (UIH) (0xef), P/F flag: 1
    Payload length: 500
    Credits: 1
    Frame Check Sequence: 0x12
∨ OBEX Protocol
    [Profile: Unknown (0)]
    [Current Path: /]
    .000 0010 = Opcode: Put (0x02)
    0... .... = Final Flag: False
    Packet Length: 500
    [Response in Frame: 390]
  ∨ Headers
    > Connection Id: 1
    > Name: "fblog2016-10-21.txt"
    > Type: "text/plain"
    > Length: 427
    > Body
  > Line-based text data: text/plain
```

图 6-29　传输报文

对于没有加密的文件 wireshark 甚至能解析出文件的内容，如图 6-30 所示。左边是十六进制数据，右边是 wireshark 识别出来的内容。

```
0050  00 00 01 ab 48 01 ae 7b  22 6e 22 3a 22 42 61 73   ....H..{ "n":"Bas
0060  65 55 69 24 43 68 72 6f  6d 65 53 68 65 6c 6c 55   eUi$Chro meShellU
0070  49 4f 62 73 65 72 76 65  72 22 2c 22 63 22 3a 22   IObserve r","c":"
0080  75 72 6c 20 3d 20 68 74  74 70 3a 5c 2f 5c 2f 6f   url = ht tp:\/\/o
0090  70 65 6e 62 6f 78 2e 6d  6f 62 69 6c 65 6d 2e 33   penbox.m obilem.3
00a0  36 30 2e 63 6e 5c 2f 68  74 6d 6c 5c 2f 75 6e 69   60.cn\/h tml\/uni
00b0  6e 73 74 61 6c 6c 5c 2f  69 6e 64 65 78 2e 68 74   nstall\/ index.ht
00c0  6d 6c 3f 6f 73 3d 31 38  26 76 63 3d 33 30 30 30   ml?os=18 &vc=3000
00d0  35 30 31 39 31 26 76 3d  35 2e 31 2e 39 31 26 6d   50191&v= 5.1.91&m
00e0  64 3d 52 32 30 31 37 26  73 6e 3d 34 2e 37 30 37   d=R2017& sn=4.707
00f0  34 39 33 39 38 30 31 30  38 30 39 26 63 70 75 3d   49398010 809&cpu=
0100  71 75 61 6c 63 6f 6d 6d  2b 6d 73 6d 2b 38 32 32   qualcomm +msm+822
0110  36 2b 25 32 38 66 6c 61  74 74 65 6e 65 64 2b 64   6+%28fla ttened+d
0120  65 76 69 63 65 2b 74 72  65 65 25 32 39 26 63 61   evice+tr ee%29&ca
```

图 6-30　传输文件内容

由于本例实验传输的文件非常小，一个数据包就能完成传输，如果文件较大，可能会出现几个连续的 OBEX 数据包，如图 6-31 所示。

```
383 70.139343   Guangdon_36:0b:21 (OPPO R2017)   HuaweiTe_28:22:12 (jjmao)       OBEX      515 Sent Put continue "fblog2016-10-21.txt" (text/plain)
384 70.193449   controller                        host                            HCI_EVT     8 Rcvd Number of Completed Packets
385 75.132894   host                              controller                      HCI_CMD    14 Sent Sniff Mode
386 75.136793   controller                        host                            HCI_EVT     7 Rcvd Command Status (Sniff Mode)
387 75.156313   controller                        host                            HCI_EVT     9 Rcvd Mode Change
388 76.142655   controller                        host                            HCI_EVT    14 Rcvd Sniff Subrating
389 84.145656   controller                        host                            HCI_EVT     9 Rcvd Mode Change
390 84.150909   HuaweiTe_28:22:12 (jjmao)         Guangdon_36:0b:21 (OPPO R2017)  OBEX       22 Rcvd Continue
391 84.160942   Guangdon_36:0b:21 (OPPO R2017)    HuaweiTe_28:22:12 (jjmao)       OBEX       25 Sent Put final
```

图 6-31　多个 OBEX 报文

后续数据包从 Info 中不难看出是在切换 Mode 模式，这里的模式指的是蓝牙的节能模式，跟传输无关。简单知道有 Sniff Mode（呼吸模式）、Hold Mode（保持模式）和 Park Mode（停等模式）3 种节能模式即可。

390、391 号数据包完成传输，华为手机让 OPPO 继续传 "Rcvd Continue"，但是 OPPO 告诉华为 "Sent Put Final"，传输终止了。

最后，传输完成关闭蓝牙，本例的操作是关闭了手机的蓝牙功能。从图 6-32 可以看到关闭过程并不是一蹴而就，而是经过了一系列步骤。首先，通信双方断开逻辑链路的连接。然后，HCI 协议完成一些相互通知后结束，双方 Reset 后完毕，如图 6-33 所示。

```
409 86.475864   Guangdon_36:0b:21 (OPPO R2017)   HuaweiTe_28:22:12 (jjmao)       L2CAP      17 Sent Disconnection Request (
410 86.478415   HuaweiTe_28:22:12 (jjmao)         Guangdon_36:0b:21 (OPPO R2017)  L2CAP      17 Rcvd Disconnection Request (
411 86.481793   Guangdon_36:0b:21 (OPPO R2017)    HuaweiTe_28:22:12 (jjmao)       L2CAP      17 Sent Disconnection Response
```

图 6-32　通信双方断开逻辑链路

```
436 107.304181   host          controller    HCI_CMD    5 Sent Write Scan Enable
437 107.306110   controller    host          HCI_EVT    7 Rcvd Command Complete (Write Scan Enable)
438 107.307619   host          controller    HCI_CMD    5 Sent Write Scan Enable
439 107.312065   controller    host          HCI_EVT    7 Rcvd Command Complete (Write Scan Enable)
440 107.314813   host          controller    HCI_CMD    7 Sent Write Class of Device
441 107.316854   controller    host          HCI_EVT    7 Rcvd Command Complete (Write Class of Device)
442 107.473899   host          controller    HCI_CMD    4 Sent Reset
443 107.504686   controller    host          HCI_EVT    7 Rcvd Command Complete (Reset)
```

图 6-33　关闭蓝牙链接报文

6.6　本章小结

本章介绍无线个域网的典型协议——蓝牙，包括蓝牙的起源与发展，蓝牙的技术特点，特别是蓝牙与 WiFi 之间的区别。在介绍蓝牙技术细节的基础上，引出蓝牙的应用领域与典型应用。最后，用两个实验以直观的方式展示了蓝牙的工作过程及传输过程中每个阶段数据包的内容，有助于蓝牙协议的理解。

习　题

1. 下列有关微微网的说法中，错误的是（　　　）。

A. 主设备最多允许同时连接 7 台从设备

B. 从设备之间可相互通信

C. 从设备只能在主设备授权的时间片内进行数据传输

D. 从设备地址由主设备负责分配

2. 下列说法中，错误的是（　　　）。

A. Bluetooth Smart Ready 设备可以和标准 Bluetooth 设备通信

B. Bluetooth Smart Ready 设备可以和 Bluetooth Smart 设备通信

C. 标准 Bluetooth 设备可以和 Bluetooth Smart 设备通信

D. Bluetooth Smart 相比 Bluetooth Smart Ready 和标准 Bluetooth 更加强调低功耗

3. 蓝牙采用了＿＿＿＿＿＿通信技术，通信频率每秒改变＿＿＿＿＿＿次。

4. 蓝牙协议栈中＿＿＿＿＿＿服务提供了设备、服务的发现功能。

5. 一个蓝牙设备可以在一个微微网中充当从设备，同时在另一个微微网中充当主设备。

6. 判断正误：蓝牙使用的 2.4GHz 频段为 ISM 频段，且其功率为 1mW 左右，因此蓝牙设备在使用过程中无须经过授权。

7. 判断正误：在蓝牙通信中，采用了时分双工模式，因此可以在同一时刻进行数据发送和接收。

第7章 蓝牙系统安全

本章将讨论蓝牙系统的安全问题。从第6章已看到，蓝牙已经广泛应用于智能家居、车载系统、智能医疗、智能手机等多个领域。蓝牙系统的安全问题，必然延伸到这些应用领域，而且应用越广，其安全隐患带来的危害越大。本章首先分析蓝牙的安全机制，然后讨论可能出现的安全问题及其解决方案。

总体来说，蓝牙要保证以下5方面的安全性。

1）可用性：蓝牙系统应该具有保证节点在大量的网络请求下，依然能够正常提供服务的能力，不至于瘫痪。比如攻击者采用拒绝服务攻击时，蓝牙系统应该确保节点内存及资源不会被耗尽。

2）身份认证：蓝牙系统必须具有完整的认证机制，在进行通信前，通信单元需要确定通信实体是真实可靠的，能辨别出伪装的攻击者，以免信息被窃取。

3）信息完整性：蓝牙设备在通信时应该保证传输内容的完整性。

4）机密性：由于蓝牙采用无线通信方式，很容易被攻击者监听，从而获取相关信息，因此蓝牙系统应该确保传输信息的机密性。

5）不可依赖性：蓝牙设备在通信时不能对之前的通信行为过于依赖，比如使用过的密钥就不应该再次使用，这样可以在很大程度上减少被攻击的概率。

7.1 蓝牙系统安全分级

7.1.1 四级安全模式

2007年，蓝牙SIG组织发布的蓝牙内核规范中，规定了蓝牙具有4种安全模式。

1. 安全模式1——无安全机制

无安全机制，即没有任何安全机制。在这种模式下，设备屏蔽链路级安全功能，适用于对非敏感信息数据库的访问，所有V2.0和更早的设备支持该安全模式。一般不推荐该安全模式，因其没有任何安全保障。目前，其仅仅为V2.1和更高版本的设备能与旧设备兼容和通信而存在。

2. 安全模式2——服务级安全

该模式为强制服务级安全模式。在这种模式下，有一个安全管理器管理所有的连接和设备。这种集中式安全管理包括连接控制策略、与其他的协议和设备的交互。其具有鉴权功能，可以决定一个特定设备是否被允许去接受一个特定服务。

在二级安全模式下的鉴权和加密的机制是在LMP完成的（在L2CAP层之下），这和三级安全模式相同。所有蓝牙设备都能够支持二级安全模式，但该模式主要在低版本蓝牙中适用，蓝牙2.0以上大多是更高级的安全模式。蓝牙协议2.1以后的版本存在二级安全模式也只是为了向前兼容那些不支持简单安全配对（Secure Simple Pairing, SSP）的蓝牙2.0之前的蓝牙设备。

3. 安全模式3——链路级安全

三级安全模式是一种链路层强制安全模式，仅蓝牙协议2.0以上的版本支持三级安全模式。该模式下一个蓝牙设备会在物理链路连接完全建立之前，进行各种安全验证。一旦设备通过验证，一般无须再进行服务级别授权，这是目前大部分设备采用的安全模式。三级安全模式的蓝牙设备支持鉴权和加密，密钥由配对设备共享。

4. 安全模式4——加强的服务级安全

四级安全模式也称为简单安全配对（SSP），其是一种服务级安全机制，是在连接建立以后启动的。在链接密钥产生和公共密钥交换方面，SSP采用不同于二、三级安全模式的椭圆曲线Diffie - Hellman算法，这样有效地解决了中间人攻击和被动窃听等安全缺陷。SSP简化了配对过程，并且针对蓝牙设备的不同输入输出能力提供一系列的支持，主要有如下4种模式：

（1）数字对比（Numberic Comparison）

当参与安全配对的两个设备都支持6位数值显示和YES/NO响应时，可以使用这种模式。在配对时，两个设备各自显示一个数值，当数值一致时，用户输入YES，则配对成功，否则失败。在这个过程中显示的数值不同于早期的PIN，它不参与链路密钥的计算。

（2）密码接入（Passkey Entry）

当参与安全配对的两个设备都支持输入或者其中一个设备支持输入而另一个支持显示时，可以使用这种模式。在这个过程中，其中一个支持输入的设备输入一个6位数值，另一个输入或显示一致的数值，则成功，否则失败。与Numeric Comparison一样，这里的数值不参与链路密钥的计算。

（3）仅工作（Just Works）

当参与安全配对的连接设备既不支持输入也不支持输出时（如蓝牙耳机），可以采用这种模式。这个过程前期跟Numberic Comparison类似，只是它没有用户的确认和二次鉴权，所以Just Work不能防止中间人攻击。

（4）带外（Out of Band, OOB）

只有在参与连接的设备都支持OOB时，才能使用这种模式。这种模式下，不通过蓝牙方式传输必要的链路密钥计算参数，配对设备通过其他通道（如NFC、WiFi）来传递密钥。

7.1.2　设备与服务安全级别

（1）设备的安全级别

蓝牙技术标准为蓝牙设备定义了3个级别的信任等级。

1）可信任设备：设备已经通过鉴权，存储了链路密钥，在设备数据库中标识为"可信任"。可信任设备可以无限制地访问所有业务，因此在"可信任"级别下可以得到大多数服务。

2）不可信任设备：设备已通过鉴权，存储了链路密钥，但在设备数据库中没有标识为"可信任"。不可信任设备访问业务是受限的。

3）未知设备：无此设备的安全性信息，即为不可信任设备。

（2）服务的安全级别

蓝牙技术标准定义了3种服务安全级别：需要授权与鉴权的服务、仅需要鉴权的服务、对所有设备开放的服务。一个服务的安全等级由保存在服务数据库中的以下3种属性决定。

1）需授权：只允许信任设备自动访问的业务（例如在设备数据库中已登记的那些设备），未被信任的设备需要在授权后才能访问该业务。授权总是需要鉴权过程来确认远端设备的身份。

2）需鉴权：在连接到应用程序之前，远端设备必须接受鉴权。

3）需加密：在允许访问服务之前，链路必须进入加密模式。

另外，蓝牙还定义了缺省安全级别，用于提供继承应用的支持。当处在最低安全级别时，任何设备都可以得到服务。当处于最高安全级别时，服务需要授权和鉴权，这时可信任设备可以访问服务，但不可信任设备则需要手工授权，才能访问服务。

本章后续介绍具体的蓝牙安全架构和安全机制。这些安全机制的综合使用，构成了不同的安全模式。一般来说，使用越多的安全措施，安全模式等级越高，越安全，但是开销也就越大，效率越低。

7.2 蓝牙安全体系结构和安全机制

7.2.1 蓝牙安全体系结构

在第 6 章中提到，蓝牙的安全机制，诸如认证、加密及基带分组大小的控制和协商均由蓝牙的链路管理器协议（LMP，链路层）负责。需要注意的是，蓝牙采取的安全机制适用于对等通信情况，即双方以相同方式实现认证与加密机制，实现细节由双方协商决定。以链路管理器为核心，蓝牙的安全体系结构如图 7-1 所示。

蓝牙的安全体系结构由用户接口、应用程序、RFCOMM或者其他复用协议、L2CAP、链路管理器/链路控制器、安全管理器（Security Manager）、通用安全管理实体、主机控制接口协议（HCI）、服务数据库、设备数据库、注册等模块组成。其中实线为"询问"过程，虚线为"注册"过程。该体系结构主要部件的功能如下。

（1）安全管理器

蓝牙安全体系结构中的关

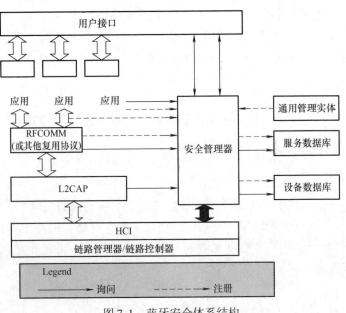

图 7-1 蓝牙安全体系结构

键部件，它主要完成以下 6 种功能：存储和查询服务的相关安全信息；存储和查询设备的相关安全信息；回应来自协议实体或应用程序的访问请求（允许或拒绝）；在连接到应用程序之前进行认证或加密；通过初始化或处理外部安全控制实体（如设备用户）的输入来建立设备级的信任关系；初始化呼叫及查询由用户输入的个人标识码 PIN，当然 PIN 输入也可以由应用程序完成。

（2）服务数据库

为每个服务提供安全入口，在起始阶段存储在非易失性存储器或服务寄存器中。信任设备必须储存在设备数据库中，如果入口因故被删除，那么设备就被看成未知设备，且被设为默认访问级别。

（3）用户接口

该接口的功能是为实现授权而产生的用户交互对话、输入 PIN 等提供服务。如果安全管理器需要 PIN 以实现对外部安全控制实体（比如各类用户设备）的调用，可以直接从链路管理器中取得。

（4）RFCOMM 或其他复用协议

需要对服务访问作决定的其他复用协议（如 RFCOMM）以与 L2CAP 同样的方式查询安全管理器。需要另外的附加注册过程，允许对连接到复用协议本身的连接设置访问策略。

（5）L2CAP 接口

该接口要求安全管理器在导入和导出请求状态下有访问数据库的权利。

（6）HCI 主机控制接口协议

该协议可实现以下功能：证书请求，密钥控制，远程设备名称请求，在链路层设置加密策略，在链路层设置认证策略。

（7）链路管理器（LM）

链路管理器负责完成基本设置和链路的建立，对附近设备的查询，寻呼扫描，以及对不正确的信息进行处理，发起通信请求，互传和证实对方的正确性，并对传输信息的大小进行商榷，对微微网中设备的链接状态进行操作。

在该体系结构中，询问一个信任设备的信息流，连接的建立过程依次为：

1）HCI 向 L2CAP 发送连接请求。

2）L2CAP 请求安全管理器给予访问权限。

3）安全管理器查询服务数据库。

4）安全管理器查询设备数据库。

5）如果有必要，安全管理器执行鉴权和加密过程。

6）安全管理器给予访问权限。

7）L2CAP 继续建立连接。

由上可以看到蓝牙安全体系中，链路层的 LMP 和 L2CAP 起到了沟通基带层、传输层与应用层，与安全管理器交互，进行加密认证并建立链接的核心作用。下面详细介绍蓝牙链路层的安全机制。

7.2.2　链路层安全机制

在蓝牙的链路层，主要是通过鉴权确保设备实体的真实性，从而保证信息传输的可靠性。链路层使用 3 个参数来加强通信的安全性，即蓝牙设备地址 BD_ADDR、随机码（RAND）认证密钥和链路密钥。

1. 蓝牙设备地址 BD_ADDR

BD_ADDR 是蓝牙设备的唯一标识。BD_ADDR 可以用来辨别不同的设备。类似存储器的存储单元，SIG 为每一个蓝牙设备都配备了一个 48 位的地址，如图 7-2 所示。BD_ADDR 分为 3 部分：第 1 部分是 8 位的不具有任何意义的 UAP；第 2 部分是 16 位的高地址 NAP，第 3 部分是 24 位的低地址 LAP。NAP 和 UAP 一共 24 位，是

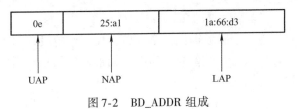

图 7-2　BD_ADDR 组成

蓝牙设备制造时规定的。但是 LAP 可以通过设计人员自己安排，LAP 一共 24 位，它的大小可以从 0 开始直到 2^{24}。一般情况下，厂商会从 0 进行设置，用来确保设备地址不会重复。

2. 随机码 RAND

每个蓝牙设备都有一个伪随机码发生器，它所产生的随机数可作为认证密钥和加密密钥。在蓝牙技术中，要求随机码是随机产生的并且不重复。"不重复"是指在认证密钥生存期内，该随机码重复的可能性极小，比如采用日期/时间戳。

随机码的安全由"随机码发生器"决定。产生随机数的理想方法是使用具有随机物理特性的真实随机数发生器，例如某些电子器件的热噪声等。但是这些真随机数的产生条件苛刻，实际中难以达到，在实际应用中通常利用基于软件实现的伪随机数发生器。目前在众多类型的伪随机数发生器中，线性同余发生器（Linear Congruential Generator）使用较为广泛，其表达式为

$$X_{n+1} = \alpha X_n + c (\bmod m), \quad n \geq 0 \tag{7-1}$$

其中，α 和 c 为常量；m 为模数，均为正整数。初始时，以某种方式给出一个种子数 X_0；然后根据式（7-1）生成下一个随机数 X_1，以此类推。

3. 链路密钥（Link Key）

在蓝牙传输中采用密钥机制保障用户信息安全，即对传输信息加密。信息的安全性主要通过加密密钥的长度进行保证。加密密钥的长度是由厂商预先设定的，用户不能更改。为防止用户使用不允许的密钥长度，蓝牙基带处理器不接受高层软件提供的加密密钥。若想改变连接密钥，则必须按基带规定的步骤进行，其具体步骤取决于连接密钥类型。

链路密钥是微微网中设备间建立连接时共同使用的密钥，可以一次性使用，也可以长期使用。长期链路密钥可在多个蓝牙设备的鉴权过程中使用，一次性链路密钥只能在当前会话建立过程中使用。在一对多交换信息时，为保证数据能安全地到达从节点，也会使用一次性的链路密钥。链路密钥是 128 位的二进制数，通过 E21 或 E22 算法生成，是身份认证和加密的重要参数。SIG 规定了 5 种链路密钥。

（1）初始密钥（K_init）

K_init 是蓝牙初始化时需要用到的链路密钥，大小为 128 位，通过 E22 方式及其他参数产生。假设发起方和验证方在之前没有交换过信息，那么 K_init 将在鉴权过程中用来产生链路密钥，但后续通信中就不再使用 K_init，而是使用生成的链路密钥。E22 算法需要 3 个参

数，分别是 48 位的发起单元的 BD_ADDR、十进制的 PIN 和一个 128 位的初始化随机数 IN_RAND。初始密钥的生成过程如图 7-3 所示。

　　K_init 用于连接密钥生成期间的密钥交换和未登记连接密钥的设备间认证，它在连接密钥交换完成后废弃，简言之，就是参与链路密钥的交换分配过程。如果申请者与证实者没有交换过链路密钥，则 K_init 用于认证过程。算法要求 PIN 码的长度最大不超过 16 字节，以便确保只有特定的设备才能连接上。

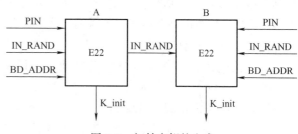

图 7-3　初始密钥的生成

　　该过程必须保证能够抵御一定的攻击。例如，如果攻击者用自己的蓝牙设备试探 PIN 码，由于设备不变，则其设备地址 BD_ADDR 固定，为了增加攻击者探测的困难，对来自固定 BD_ADDR 的多次连接请求，下一次请求需等待的时间间隔将按指数增长。为能够在短时间内进行多次尝试就需要攻击者用大量的假蓝牙地址 BD_ADDR 来进行 PIN 试探，从而大大增加攻击者的攻击成本。

　　（2）组合密钥 K_AB

　　组合密钥由主从设备一起产生，当对安全性要求比较高时采用这种方式。主节点 A 和从节点 B 生成 128 位的 rand_A 和 rand_B，rand_A 和 rand_B 都和 K_init 进行模二加，并将计算出的值进行交换，这样主从节点就可以得知对方产生的 rand_A 和 rand_B。节点 A 和节点 B 通过 E21 算法产生 K_A 和 K_B，然后将 K_A 和 K_B 进行异或模二加即可获得组合密钥 K_AB。组合密钥的产生过程如图 7-4 所示。

　　（3）设备密钥 K_A

　　K_A 在蓝牙设备首次工作时由 E21 算法生成并保存在非易失性存储器中，以后基本不变。初始化时，通信双方通常选用一个内存容量较少的单元中的密钥作为链路密钥。初始化后，若 K_A 发生了变化，则此前已初始化设备所保存的连接密钥将无法再次使用。

　　K_A 在蓝牙设备第一次通信时和 K_AB 作用范围是一样的，只是产生的方式不一样。K_A 是由设备本身产生，并且不会改变。但是 K_AB 会随着输入的参数

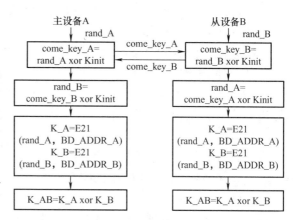

图 7-4　组合密钥的生成

变化而变化。因此设备密钥适合于内存较小的设备间进行信息交换。在设备进入初始化阶段，两个设备会使用内存较小的设备中的 K_A 作为链路密钥。

　　（4）主节点密钥（K_{master}）

　　使用加密方式进行点对多点的通信时，主设备可以使用不同的加密密钥与多个从设备进行通信。如果某个应用要求从设备接收广播信息，但从设备却是单独收发信息的，将造成网络通

信容量减小。另外，由于蓝牙从设备不支持两个或多个密钥的实时交换，因而在蓝牙网络中，主设备通知各从设备采用一个公用密钥 K_{master} 接收加密的广播信息。对于多数应用来说，此密钥只具有临时意义，即在进行一对多通信时，主设备告知从设备共同使用 K_{master} 进行通信，从设备得到后将它作为链路密钥使用，但这个链路密钥是一次性使用的。具体过程如下：

主设备在确认所有从设备都能成功接收数据后，就发送一条指令，让各从设备用 K_{master} 替换它们当前的连接密钥。进行加密之前，主设备将产生并分发一个公共的随机数 EN_RAND 给所有从设备，从设备就使用 K_{master} 和 EN_RAND 产生新的加密密钥。

当所有从设备都得到了必要的数据后，主设备将使用新的加密密钥在网络中进行广播通信。显然，拥有 K_{master} 的从设备不仅能获得发送给自己的信息，还能获取所有加密的广播信息。如有必要，主设备可令所有从设备同时恢复使用以前的连接密钥。

K_{master} 的生成过程为：

首先，由 2 个 128 位的随机数 RAND1 与 RAND2 根据 E22 算法生成初始的 K_{master}：

$$K_{\text{master}} = \text{E22}(\text{RAND1}，\text{RAND2}，16) \tag{7-2}$$

然后，将第 3 个随机数 RAN0 发给从设备，主从设备根据当前链路密钥、随机数由 E22 算法算出 128 位扰乱码 overlay。主设备将 overlay 与新链路密钥按位"异或"后发送给从设备，再计算 K_{master}，并在后面的认证过程中计算出一个认证密码偏移量（Authenticated Ciphering Offset，ACO）。

（5）加密密钥 K_c

K_c 使用链路密钥、96 位加密偏移量（Ciphering Offset，COF）和 128 位随机数通过 E3 算法生成。在信息交换过程中，为了保证用户数据的正确性和安全性，必须对有效载荷进行加密，对传输数据进行加密处理的密钥流是通过流密码算法产生的，而 K_c 是用来产生流密码的重要组成部分。有效载荷经过与流密码模二加后生成密文，随后发送至空中无线电接口，对有效载荷的加解密过程如图 7-5 所示（CLK_ A 为根据时钟生成的 26 位随机数）。

E0 算法的内部结构如图 7-6 所示，各类信息含义如下。

1）K：种子密钥，128 位。

2）P^i：74 位，包括 26 位的帧号和 48 位用户依赖的常量，由第 i 帧决定。

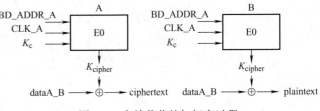

图 7-5　有效载荷的加解密过程

3）G_1、G_2、G_3：为线性变换函数。G_2 可以使 74 位的 P^i 扩展成 128 位。

4）LFSRs：由 4 个 LFSR 组成，大小是 25 位，31 位，33 位，39 位，共 128 位。

5）FSM：状态寄存器，一共 4 位。输出具有 16 个状态的有限状态机。

LFSRs 和 FSM 在产生密钥流之前需要装载初值，132 位初值可以根据 K_c、48 位 BD_ADDR_A 和 26 位 CLK_A 得到。为了区分，这里采用变量 t 代表第一层的内容，用 t' 代表第二层的内容。

E0 层密钥流的产生过程：

1）给出密钥 K 和 P^i，LFSRs 按 $G_1(K) \oplus G_2(P^i)$ 线性的初始化。$R^i_{[0,\cdots,127]} = G_1(K) \oplus G_2(P^i)$。

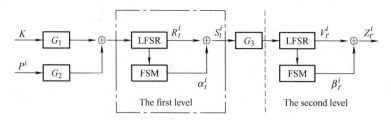

图 7-6　Two - Level E0 加密算法

2）FSM 的 4 个状态位初始化为 0 让 E0 空跑 200 次，只保留最后产生的 128 位输出 $S^i_{[0,\cdots,127]}$。

3）将 $S^i_{[0,\cdots,127]}$ 通过 G_3（按字节映射的函数）初始化第二层的 LFSRs。$V^i_{[0,\cdots,127]} = G_3 S^i_{[0,\cdots,127]}$。

4）第二层的 FSM 保留第一层末的状态。第 i 帧产生的密钥流为 $Z^i_{t'} = V^i_{t'} \oplus \beta^i_{t'}$，$t' = 1$，…，2745（每一帧只产生 2745 位的密钥流，所以只需循环 2745 次）

以上密钥在蓝牙的链路层通信流程中使用，具体如图 7-7 所示。

蓝牙设备间进行链路层通信时，首先需要知道设备间是否为第一次通信，如果是第一次通信，则设备间没有公共的链路密钥，就要在初始化时用产生的 K_init 生成链路密钥用于鉴权。鉴权成功后，将这次通信的链路密钥保存起来以便下次通信时使用。如果不是第一次通信，则可以使用已经存储的公共链路密钥进行数据的加密传输。公共链路密钥可以由一个设备的单元密钥组成也

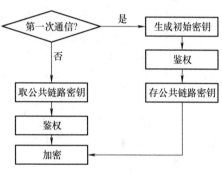

图 7-7　链路层通信流程

可以是两台设备的组合密钥。在认证完成之后蓝牙便可以对传输数据进行加密处理。下面对设备间的鉴权过程进行重点介绍。

设备间在交换信息之前需要先验证对方的合法性，即为鉴权。鉴权的作用有两个：一个是可以进行身份认证；另一个是可以查看设备间传输参数初始化是否成功。蓝牙认证设备实体使用的是请求—验证的方式。整个鉴权流程及交换信息内容如图 7-8 所示。

1）请求方设备 B 向验证方设备 A 发出请求。

2）设备 A 和 B 通过查询方式获得对方的 BD_ADDR。

3）验证方 A 生成一个 128 位的 IN_RAND_A，透明传输给请求方 B。

4）A 和 B 通过 E22 方法将 IN_RAND_A、PIN、BD_ADDR_A 作为输入的参数，运算出初始密钥 K_init。

5）A 和 B 分别用各自产生的 128 位的随机数 rand_A 和 rand_B 与共享的 K_init 进行异或得到中间密钥 come_key_A 和 come_key_B，再将两者进行交换。

6）设备 A 和 B 通过对方传来的 come_key 与 Kinit 得到对方产生的随机数 rand。

7）A 和 B 通过相同 E21 算法计算出临时密钥 K_A 和 K_B。

8）A 和 B 用 K_A 和 K_B 经过异或运算后得到组合密钥 K_AB。

9）验证方发送一个 128 位的 au_rand给请求方。

10）请求方将验证方发过来的 au_rand、请求方 BD_ADDR 及 K_AB 经过 E1 算法计算出 32 位的签名响应（Signed RESponse，SRES）和 ACO。

11）请求方将 SRES 传给验证方，同时发送一个随机数 au_rand 用来对验证方进行校验。

12）验证方按照同样的方式产生 SRES 和 ACO。

13）双方将对方传过来的 SRES 与自身计算出来的 SRES 进行对比，如果一致，说明认证成功。

某些应用只需要单方向进行验证，但是对于一些对等通信，却需要双向验证。如果认证成功，则生成的 ACO 将会存储；如果鉴权失败，则需要经过一段时间以后才可以进行下一次鉴权。鉴权等待的时间会随着鉴权失败次数的增加而呈指数形式增长，如果增长到一个阈值，则设备不能再进行认证。

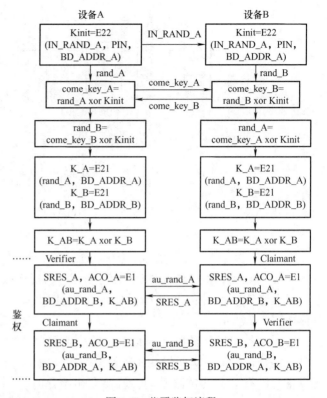

图 7-8　蓝牙鉴权流程

总之，蓝牙安全机制提供了基本的安全保护，但是由于硬件计算条件的限制，保护等级并不是很高。蓝牙不提供诸如审计、完整性和不可抵赖性等其他安全服务。如果用户有更高级别的安全要求，建议在传输层和应用层添加自己的安全机制。

7.3　蓝牙系统的安全威胁与防护建议

虽然蓝牙提供了以上多种安全机制，但是由于蓝牙设备的硬件性能有限，其运算速度较低，存储空间较小，决定了其安全措施必须要简洁和高效，因而无法使用太过复杂的加密算法。因此，蓝牙技术也面临着各种安全方面的攻击和威胁，限制了蓝牙技术在如金融、军事等一些高安全需求领域的进一步应用。本节分析蓝牙系统常见的安全威胁，并提出一些防护建议。

7.3.1　蓝牙面临的威胁

（1）基于基带频率的攻击

蓝牙系统在大多数情况下是一种自组网系统，为了保证正常通信，使用了跳频技术。这一技术规范要求通信双方在实现跳频操作时，对时钟进行同步校准，而攻击者只需要利用物理方法对基带时钟进行干扰，就可以使通信发生故障，而且这种物理层面的干扰极难防范。

（2）链路密钥攻击

这个主要是 PIN 的问题，PIN 是唯一可信的用于生成密钥的信息。为了初始化一个安全链接，两个蓝牙设备必须输入相同的 PIN 码。链路密钥和加密密钥都与它相关。如果加大 PIN 长度，则每次通信时都要输入一长串难记的字符，使用户使用起来很不方便。用户有可能将其存储在设备上，或者为了使用方便而输入过于简单的 PIN。默认情况下，蓝牙设备在建立原始链路密钥阶段，采用的 PIN 码为 6 个自然数（低版本可能是 4 位数，已被淘汰），采用强力破解的方式可以较容易地得到正确的 PIN 码。攻击者一旦获得正确的 PIN 码，意味着其可以获得所有的链路密钥，所有通信都将暴露在攻击者面前。

（3）设备密钥攻击

在鉴权和加密过程中，由于设备密钥没有改变，故第三方可以利用此密钥来窃取信息。

（4）加密算法攻击

蓝牙系统中的加密算法一般是采用序列密码的方式（128 位密钥长度的 E0 序列加密），这一方式的优点在于其运算速度较快，算法结构简洁，有利于硬件方式实现。但这一加密算法的安全性不高，在某些情况下可通过不是很复杂的方法破解，比如通过反射方法实施攻击。

（5）仿冒身份攻击

这一攻击方式是指攻击者利用在蓝牙网络中可得到的节点移动身份号（Mobile Identification Number，MIN）和电子序列号（Electronic Serial Number，ESN）将自身伪装成安全的授权节点，通过 MIN 和 ESN 与蓝牙节点建立连接，从而获取该节点的数据信息，并可以对节点数据进行破坏。

（6）中间人攻击

虽然蓝牙规范要求使用倍头差错控制（Header Error Check，HEC）编码检测头信息的完整性，但是 HEC 编码只能检测由物理信道干扰所造成的突发错误，而无法抵抗恶意攻击，如果通信设备遭到中继攻击，则其分组头信息很容易被修改而不被接收者察觉。

（7）缺乏完整性认证，数据易被修改

蓝牙协议中并没有完整性认证机制，这使得攻击者可以任意修改数据包的内容。另外，由于蓝牙使用流密码进行加密，其数据包中各比特的位置在加密前后不会发生改变，攻击者可以通过修改高层协议地址区域的数据使数据包被发送到错误的地址。

（8）位置隐私泄露

蓝牙设备使用固定且唯一的蓝牙地址是造成位置隐私泄露的根源，一旦攻击者获得设备的真实蓝牙地址便可以对它的位置实施跟踪，攻击者可以通过查询发现设备以及检测信道接入码（Channel Access Code，CAC）和设备接入码（Device Access Code，DAC）获得未知设备的蓝牙地址。已有实验证实了这个问题。例如，有研究者通过在 CeBIT 2004 展览会上设置无线传感器，在 7 天之内成功记录了 5294 个不同的蓝牙设备的蓝牙地址和移动路径，可进一步绘制蓝牙设备的活动时间、地点对照图，完全刻画使用者的行为，进而威胁用户隐私。

（9）拒绝服务攻击

蓝牙拒绝服务攻击包括使用大量请求导致设备的蓝牙接口不可用和使设备电池枯竭等。

（10）模糊攻击。

蓝牙模糊攻击包括向设备的蓝牙射频发送错误格式或其他非标准数据并观察设备的反

应。如果协议栈中存在严重缺陷，设备将由于这些攻击而运行速度减慢或崩溃。

（11）配对窃听

蓝牙 V2.0 和更早版本的 PIN 传统配对和 V4.0 的 LE 配对很容易受到窃听攻击。如果有足够的时间收集所有配对帧，窃听者可以确定密钥，模拟受信任的设备进行数据解密。

（12）SSP 攻击

许多技术可以强制远程设备使用直接连接 SSP，然后利用其不提供抗中间人（Man In the Middle，MITM）攻击保护的缺陷。此外，攻击者还可能利用固定口令进行 MITM 攻击。

7.3.2 蓝牙使用安全防护建议

黑客入侵蓝牙系统的一般步骤：

1）终止两个已配对的蓝牙设备间连接。

2）窃取用来重新传送 PIN 码的数据包。

3）破解获得 PIN 码。

以上步骤都必须在蓝牙的通信范围之内完成，由于手机等移动设备一般是电池供电，采用的是低功耗版本，最大通信距离是 10m，因此一般攻击窃取者距离目标设备不超过 10m。由于蓝牙采用无线通信，因此蓝牙数据较容易被窃听。

对此，蓝牙小组给出的防护建议是：

1）将蓝牙设备设置为隐藏模式，防止他人通过搜索找到你的设备，这并不影响使用。

2）仅和你确认的设备配对，不和不明来源的设备配对，更不要接收其发送的内容（包括信息和文件，特别是文件，很危险）。

3）改变 PIN 码。在执行设备配对时，不要使用默认预设的 PIN 码，尽量自行设定 8 个字符以上且字母和数字混合的 PIN 码。

除此之外，综合蓝牙安全相关研究补充以下建议：

1）没有蓝牙使用需求时请关闭蓝牙模块。这样能有效防止拒绝服务之类以消耗资源为主的攻击。

2）使用蓝牙设备可用的最强安全模式。蓝牙安全模式决定了保护蓝牙通信和设备免受潜在攻击的能力。安全模式 4 是 V2.1 + EDR 和更高版本设备的默认模式，如果两个设备都支持安全模式 4，则使用安全模式 4。

3）更改蓝牙设备默认设置，实施必要的安全策略。慎重使用蓝牙网络传输敏感信息。不要使用蓝牙设备的默认设置，禁用不必要的蓝牙配置文件和服务，以减少攻击者可能利用的漏洞。

4）尽可能少进行蓝牙设备配对，在攻击者无法观察到密码输入和窃听蓝牙配对通信的物理安全区域内使用蓝牙设备。

以上主要是从用户使用角度采取的措施，开发者则还可以从以下方面增加蓝牙系统的安全性：

1）在蓝牙系统中使用授权认证以及授权发布中心的功能。采用以上两种方法后，一方面可以确保合法用户的安全性；另一方面也可以保证非授权用户无法利用假冒的合法身份进行网络连接，并能够及时地发现网络中的非法入侵者。

2）增强加密的安全性。蓝牙系统的安全机制中，对数据进行加密操作时，甚至包括在确定跳频序列时，都会使用伪随机序列。在对数据进行加密的操作上，可以使用两次加密的方式。在伪随机数序列的使用方面，可以采用不同伪随机序列的异或及其他计算方法，从而使加密效果更好。

3）优化频率管理。蓝牙系统通过无线方式进行数据通信，其必须要使用一定频率的电磁波完成通信，而该频率对蓝牙系统的跳频工作机制影响较大，同时也会影响蓝牙系统的性能发挥。优化频率管理，不仅可以使不同设备之间的负载得到更好的平衡，也可以通过限制最大频率，防止干扰频率攻击。优化频率管理可以在保证正常通信的前提下，使基带范围减小，从而降低被窃听的可能性。

4）优化蓝牙协议。对链路层协议进行改进，使其能够保证数据信息的分组安全和完整性，也可以在蓝牙产品中提高数据干扰码的质量，加大移位寄存器的位数。

5）在应用层使用较为难以破解的加密算法，如 AES 算法。

7.4　两个蓝牙安全实验

本小节用两个实验直观展示蓝牙在使用中的一些安全问题，以及所涉及的配置。

7.4.1　蓝牙电子干扰

在蓝牙原理中介绍了蓝牙设备工作在 2.4GHz 频段，常见的包括蓝牙耳机、音响、鼠标等。而无线局域网 WiFi 也工作在这个频段，因此蓝牙设备较容易受到电子干扰。本例中使用笔记本式计算机、家用路由器、蓝牙音响、蓝牙耳机来验证各种设备间的电子干扰。

实验步骤：

1）使用笔记本式计算机连接蓝牙音响随意播放一首歌曲，该笔记本式计算机同时连接到不远处的 TP‑Link 路由器，该路由器设置为使用 2.4GHz 频段。

2）打开另一台实验用笔记本式计算机，连接到同一台 TP‑Link 路由器，并用 QQ 给上面的笔记本式计算机发送一个尺寸较大的高清电影。通过观察可以发现，没有发送电影时，蓝牙音响工作正常，音质清晰无杂音，但是当两台笔记本式计算机传输电影时，很明显能听到音响出现了杂音。同时，两台笔记本式计算机间的传输速度明显下降。

3）关闭第一台笔记本式计算机与蓝牙音响的连接。发现两台笔记本式计算机间的传输速度上升，回到正常状态。

以上现象说明：蓝牙和 WiFi 间存在干扰，特别是空间距离较近（10m 内），WiFi 使用 2.4GHz 频率默认信道时，现象比较明显。如果 WiFi 路由器离蓝牙音响较远（不同方向，距离超过 10m），或者 WiFi 信道选择不常用的 6 信道等，则音响杂音和网络传输速度降低等现象不甚明显。

7.4.2　蓝牙 DoS 攻击

造成服务宕机的行为被称为拒绝服务（Denial of Service，DoS）攻击。DoS 攻击是指通过攻击网络协议实现中的缺陷或直接通过野蛮手段残忍地耗尽被攻击对象的资源，最终让目标无法提供正常的服务或资源访问，使目标系统的服务停止响应甚至崩溃，而在此攻击中并不包括侵入目标服务器或目标网络设备。这些服务资源包括网络带宽、文件系统空间容量、开放的进程或者允许的连接。无论计算机的处理速度多快、内存容量多大、网络带宽的速度多快都无法完全避免 DoS 攻击。

根据 DoS 原理，可用工具不断向目标发送蓝牙配对请求，使被攻击手机上会不断跳出配对信息框，导致目标手机无法响应正常合法的蓝牙配对，同时目标手机也无法正常使用，达到了拒绝服务攻击的目的。

需要工具：Kali Linux 系统。对本次蓝牙拒绝服务攻击实验来说，使用了 Kali Linux 提供的以下工具（命令）。

hciconfig：查看蓝牙配置信息。

hcitool dev：可以查看蓝牙设备的硬件地址。

hcitool －－help：可以查看更多相关命令。

sudo hciconfig hci0 up：激活本机蓝牙设备。

hcitool scan：扫描其他蓝牙设备。

rfcomm bind：绑定蓝牙设备。

cat ＞/dev/rfcomm0：连接蓝牙设备。

实验过程：

1) 查看本机可供使用的蓝牙设备。如图 7-9 所示，使用命令可以发现本机有一个蓝牙设备，名称为"hci0"；类型（Type）为"BR/EDR"，BR 和 EDR 是蓝牙的两种模式，基础速率（Basic Rate，BR）与增强数据率（EDR）；连接总线 Bus 类型为 USB；该设备物理地址（BD Address）为"68:07:15:CF:7E:F1"，后续对蓝牙设备的操作主要就是针对该地址进行。另外，也可以直接使用"hcitool dev"命令查看蓝牙设备的地址，如图 7-10 所示。

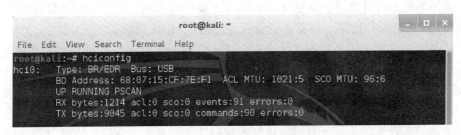

图 7-9　查看本机蓝牙设备信息

2) 输入命令"hciconfig hci0 up"激活本机蓝牙设备。

3) 输入命令"hcitool scan"扫描周围的蓝牙设备，如图 7-11 所示。

图 7-10　蓝牙设备地址

图 7-11　扫描可用的蓝牙设备

140

需要一点时间完成扫描,这期间会看到 Scanning 后面的省略号在不停地闪烁。等待一会儿(一般不会超过 1min),之后结果会显示在 Scanning 下面。本例中可以看到周围有两个蓝牙设备,第 1 行是设备的物理地址,第 2 行是设备的名称,其都是本例中我们准备的目标蓝牙设备。在正常的使用中,应该是这两个蓝牙设备互相进行配对,随后交换文件。但在本次攻击用例中,用 Kali Linux 对 jjmao 发起大量配对请求,并通过设备 Android Bluedroid 向设备 jjmao 发起正常的配对请求,观察将出现什么结果。

4)DoS 配对攻击。连接目标设备,如图 7-12 所示。目标设备会弹出如图 7-13 所示的对话框。

```
root@kali:~# rfcomm bind /dev/rfcomm0 C4:07:2F:28:22:12
root@kali:~# cat >/dev/rfcomm0
```

图 7-12 根据物理地址连接目标

编写脚本,重复执行以下命令:

rfcomm0 bind /dev/rfcomm0 C4:07:2F:28:22:12(连接)

cat >/dev/rfcomm0

rfcomm0 release /dev/rfcomm0 C4:07:2F:28:22:12(释放连接)

上述操作可以使目标手机不断弹出如图 7-13 所示的对话框,干扰目标手机的正常使用,期间其基本无法看到另一部手机发来的正常配对请求。因为攻击者自动发送的大量请求湮没了设备 Android Bluedroid 的合法配对请求,达到拒绝服务攻击的目的。

以上是实验环境,实际环境中目标手机很可能关闭了可检测性,即用 hcitool scan 命令无法扫描出目标地址。这种情况下就需要用 fang 工具来遍历地址集发现隐藏的蓝牙设备,其原理就是从 0 开始逐一尝试请求配对命令看有没有反应(可以设置扫描范围,默认为 000000000000 ~ ffffffffffff)。跟强力破解密码类似,整个扫描过程可能非常耗费时间。

图 7-13 蓝牙配对请求

7.5 本章小结

本章在上一章的基础上详细说明了蓝牙的安全体系结构和安全机制,特别是蓝牙设备在建立连接及通信过程中所使用的密钥分类、密钥作用、密钥生成算法及各类密钥在通信过程中的作用,进而分析了现有蓝牙安全机制存在的问题以及已经出现的一些攻击手段,并给出了防护的建议。最后用两个蓝牙安全实验,直观展示了蓝牙面临的安全威胁。

习　题

1. 下列有关蓝牙通信过程中使用的密钥的说法中，错误的是（　　　）。

A. 初始密钥 K_init 的生成不依赖于设备 PIN 码

B. 组合密钥 K_AB 由临时密钥 K_A 和 K_B 经过异或操作生成

C. 密钥 K_{master} 在消息广播中使用

D. K_c 是主从设备间点对点通信过程中加密数据使用的密钥

2. 蓝牙设备的信任登记包括可信任设备、不可信任设备和_____。

3. 蓝牙服务安全等级包括需授权服务、_____和需加密服务。

4. 判断正误：在蓝牙中，若采用加强的服务安全，某设备既不支持输入 PIN 码，也不支持输出显示 PIN 码，则将无法建立连接。

5. 判断正误：在蓝牙协议中，设备 PIN 码是生成数据加密密钥的基础。

第 8 章　ZigBee 原理与编程

长期以来，低价位、低速率、短距离、低功率的无线通信市场一直存在。蓝牙的出现，曾让工业控制、家用自动控制、玩具制造商等业者雀跃不已，但蓝牙的售价一直居高不下，严重影响了厂商的使用意愿。本章将介绍一种新兴的近距离无线通信技术——ZigBee。该协议是一种近距离、低复杂度、低功耗、低成本的双向无线通信技术。

8.1　ZigBee 协议简介

ZigBee 是由 ZigBee 联盟定义的一种无线传输协议标准，是一种近距离、低复杂度、低功耗、低成本的双向无线通信技术。它主要应用于距离短、功耗低且传输速率不高的需求解决方案中。

ZigBee 的基础是 IEEE 802.15.4，但是 IEEE 802.15.4 仅包含低层协议内容（MAC 层和物理层），ZigBee 联盟对其进行了扩展，实现了对网络层和应用层协议的标准化。

8.1.1　ZigBee 的起源与发展

ZigBee 的名字非常有趣，来源于蜜蜂（Bee）之间传递信息的方式。蜜蜂通过一种特殊的肢体语言告知同伴新发现事物源的位置信息。这种肢体语言形如“Z”字舞蹈，英文中 Zigzag 单词表示“Z”字形，Zigzag 和 Bee 两个单词结合产生了 ZigBee，并被作为新一代无线通信技术的名字。

ZigBee 模块类似于移动网络的基站，通信距离从几十米到几百米，支持无线扩展。与移动通信的 CDMA 网或 GSM 网相比，移动通信网主要是为语音通信而建立，每个基站价值一般都在百万元人民币以上，而 ZigBee 网络主要是为工业现场自动化控制数据传输而建立，每个 ZigBee “基站”不到 1000 元人民币。同时，每个 ZigBee 网络节点不仅本身可以作为监控器存在（例如利用连接的传感器直接进行数据采集和监控），还可作为路由节点自动中转其他网络节点发送的数据资料。

2003 年 12 月，Chipcon 公司推出了第一款符合 IEEE 802.15.4 标准的 2.4GHz 射频收发器 CC2420，而后又有很多公司推出与 CC2420 匹配的处理器，比如 ATMEL 公司的 Atmega128。2004 年 12 月，Chipcon 公司推出第一个 IEEE 802.15.4/ZigBee 片上系统解决方案——CC2430 无线单片机，其内部集成一款增强型 8051 内核以及 CC2420 射频收发器。2005 年 12 月，Chipcon 公司推出内嵌定位引擎的芯片 CC2431。2006 年 2 月，德州仪器（Texas Instrument，TI）公司收购 Chipcon 公司后，又相继推出了一系列的 ZigBee 芯片，比如非常具有代表性的片上系统 CC2530。

2007 年 1 月，TI 公司推出一款基于 ZigBee 的协议栈——ZStack，目前被众多的 ZigBee 开发商采用。ZStack 协议栈符合 ZigBee 2006 规范，支持多种平台，其中包括 IEEE 802.15.4/ZigBee 的 CC2430 片上系统解决方案、基于 CC2420 的新平台、TI 的 MPS430，甚至还支持具有定位感知特性的 CC2431 芯片。

8.1.2　无线传感器网络与 ZigBee 的关系

（1）无线传感器网络

无线传感器网络（Wireless Sensor Networks，WSN）是一种分布式传感器网络，利用大量静止或移动的传感器以自组织、多跳的方式构建网络。WSN 中的传感器通过无线方式通信，网络设置灵活，设备位置可以随时更改，还可以与互联网进行有线或无线方式的连接。该网络会根据节点状态的变化（比如节点失效，新节点加入）而变化，协作地完成感知、采集、传输和处理网络覆盖区域内的观测对象信息。

无线传感器网络的基本思想起源于 20 世纪 70 年代。DARPA 于 1978 年开始资助卡耐基·梅隆大学进行分布式传感器网络的研究，这种分布式传感器网络项目开启了传感器网络研究的先河。20 世纪 80—90 年代，相关研究主要集中在军事领域，其也成为网络中心战的关键技术，并由此拉开了无线传感器网络研究的序幕。从 20 世纪 90 年代中期开始，美国和欧洲等发达国家和地区先后开展了大量关于无线传感器网络的研究工作。

1993 年，美国 Rockwell 研究中心和加州大学洛杉矶分校合作开展了 WINS（Wireless Integrated Network Sensors）项目，其目的是将嵌入在设备、设施和环境中的传感器、控制器和处理器建成分布式网络并能够通过 Internet 进行访问。这种传感器网络已多次被美军在实战环境中进行了检验。

1994 年，加州大学洛杉矶分校的 Willian J. Kaiser 教授向美国国防部高级研究计划局提交了《低功耗无线集成微传感器》研究建议书。1998 年，DARPA 再次投入巨资启动 SensIT 项目，目标是实现“超视距”战场检测。21 世纪开始至今，特别是 9·11 事件发生之后，这个阶段的传感器网络技术特点在于网络传输自组织、节点低功耗设计。由于无线传感器网络在国际上被认为是继互联网之后的第二次网络革命，2003 年美国《技术评论》杂志评出对人类未来生活产生深远影响的十大新兴技术中传感器网络位列第一。

（2）无线传感器网络与 ZigBee 的关系

无线传感器网络一般不需要很高的带宽，但对功耗要求很严格，其在大部分时间内必须保持低功耗。加之传感器节点硬件存储资源有限，对协议栈的大小也有严格限制。同时，安全性、节点自动配置和网络动态组织等需求也成为无线传感器网络设计中不得不考虑的内容。无线传感器网络特殊需求对无线通信技术提出了严苛的要求，在众多如 TI、ST、Ember、Freescale、NXP 等著名芯片厂商的推动下，IEEE 802.15.4 成为无线传感器网络中使用最广泛的无线通信协议。

无线传感器网络与 ZigBee 技术之间的关系主要体现在以下两个方面。

1）目前大多数无线传感器网络的物理层和 MAC 层都采用了 IEEE 802.15.4 协议标准，而 ZigBee 技术是基于 IEEE 802.15.4 构建的。

2）ZigBee 适用于传输数据量较少、数据传输速率要求较低、能耗和成本控制要求较高的应用场景。无线传感器网络要求大量廉价的传感器节点能够消耗很少的能量，通过无线接力的方式将各类低频监测数据从一个传感器传到另外一个传感器，并能够实现传感器之间的组网。无线传感器网络对无线传输技术的要求和 ZigBee 技术的特点完全匹配，因此 ZigBee 也成为了实现无线传感器网络应用的一种重要技术。

8.1.3　ZigBee 的技术特点

作为一种无线通信技术，ZigBee 具有如下特点。

（1）低功耗

一般的 ZigBee 芯片具有多种电源管理模式，可以有效地实现节点工作与休眠模式的切换，减小射频模块能耗。同时，由于 ZigBee 传输速率较低，其发射功率可以控制在几毫瓦内。据估算，ZigBee 设备仅靠两节 5 号电池就可以维持 6 个月到 2 年的工作，这是其他无线通信方式望尘莫及的。

（2）成本低

ZigBee 网络协议相对较简单，对微控制器的计算能力和存储能力要求不高，一般的微控制器均能胜任。现有的 ZigBee 芯片一般都是基于 8051 单片机内核的，模块的初始成本在几美元左右，批量成本更低。同时，ZigBee 协议是免专利费的，这也极大地降低了其使用门槛和成本。

（3）时延短

ZigBee 对系统时延进行了专门优化，使得通信时延和休眠激活时延都非常短。例如，典型的搜索设备时延为 30ms，休眠激活时延是 15ms，活动设备信道接入时延为 15ms。因此，ZigBee 技术适用于各类对时延要求苛刻的无线控制场所，如工业生产线等实时性要求高的场合。

（4）网络容量大

ZigBee 协议中定义了 64 位 IEEE 网络地址，一个简单的星形结构网络中理论上可以容纳 65535 个设备。同时，ZigBee 还可使用指配的 16 位网络短地址，以实现灵活的组网。

（5）可靠

ZigBee 协议的底层协议是 802.15.4 协议，该协议采取了碰撞避免策略。同时，还为需要固定带宽的通信业务预留了专用时隙，降低了数据发送的竞争和冲突；并且 MAC 层采用了完全确认的数据传输模式，每个发送的数据包都必须等待接收方的确认信息，如果传输过程中出现问题，则进行重发，从而保证了数据的可靠传输。

（6）安全

ZigBee 提供了基于循环冗余校验的数据包完整性检查能力，并且支持鉴权和认证。最后，ZigBee 安全模式中还采用了 AES - 128 加密算法，有力地保证了数据传输的安全性。

8.1.4　ZigBee 协议层次结构

ZigBee 网络协议体系结构如图 8-1 所示，协议栈中层与层之间通过服务接入点（Service Access Point，SAP）进行通信。SAP 是为某一特定层提供的服务，充当与上层之间的接口。大多数层有两个接口：数据服务接口和管理服务接口。数据服务接口向上层提供各类常规数据服务；管理服务接口向上层提供访问内部层参数、配置和管理数据服务。

（1）物理层（PHY）

物理层定义了物理无线信道和 MAC 子层之间的接口，提供物理层数据服务和物理层管理服务。物理层数据服务实现从无线物理信道上收发数据；物理层管理服务则维护一个由物理层相关数据组成的数据库。物理层的主要功能包括：

1）ZigBee 激活。

2）当前信道能量检测。

3）接收链路服务质量信息。

4）ZigBee 信道接入方式。

5）信道频率选择。

6）数据发送和接收。

（2）MAC 层

MAC 层负责处理所有物理无线信道访问，并产生网络信号、同步信号；支持个域网（Personal Area Network，PAN）连接和分离，提供两个对等 MAC 实体之间可靠的链路。MAC 层数据服务用于保证 MAC 协议数据单元在物理层数据服务中正确收发；MAC 层管理服务维护一个存储 MAC 子层协议状态相关信息的数据库。MAC 层主要具有如下功能。

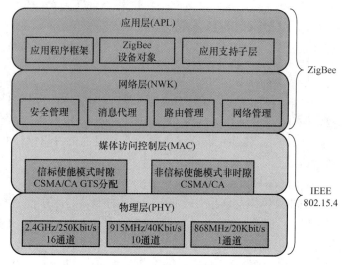

图 8-1　ZigBee 协议体系结构

1）网络协调器产生信标。

2）与信标同步。

3）支持 PAN 链路建立和断开。

4）为设备安全性提供支持。

5）信道接入方式采用载波侦听多路访问/冲突避免（Carrier Sense Multiple Access/Collision Avoidance，CSMA/CA）机制。

6）处理和维护保护时隙机制。

7）在两个对等的 MAC 实体之间提供一个可靠的通信链路。

（3）网络层（NWK）

ZigBee 协议栈的核心部分在网络层。网络层提供保证 MAC 层正确工作的能力，并为应用层提供合适的服务接口，同样包括数据服务接口和管理服务接口。数据服务接口的主要作用是为应用支持子层数据添加适当协议头以便产生网络协议数据单元，同时根据拓扑结构和路由，把网络数据单元发送至目的地址或下一地址。管理服务接口的作用是提供配置新设备、创建新网络、处理设备加入网络或者离开网络，允许 ZigBee 协调器或路由器请求设备离开网络，完成寻址、路由发现等功能。网络层具有如下主要功能。

1）网络发现。

2）网络形成。

3）允许设备连接。

4）路由器初始化。

5）设备同网络连接。

6）断开网络连接。

7）重新复位设备。

8）接收机同步。

9）信息库维护。

146

（4）应用层（APL）

ZigBee 应用层框架包括应用支持子层（APplication Support Sub Layer，APS）、ZigBee 设备对象（The ZigBee Device Objects，ZDO）和制造商所定义的应用对象。

1）应用支持子层提供了网络层与应用层之间的接口，包括数据服务接口和管理服务接口。其中，数据服务接口提供在同一个网络中两个或者更多的应用实体之间的数据通信。管理服务接口提供设备发现服务和绑定服务，并在绑定设备之间传递消息。

2）ZigBee 设备对象功能包括：定义设备在网络中的角色（如协调器、路由器或终端设备），发起相应绑定请求，在网络设备之间建立安全机制，负责发现网络中的设备，并向设备提供应用服务。

3）制造商所定义的应用对象功能包括：提供一些必要函数，为网络层提供合适的服务接口，同时用户应用可以在 APL 层定义自己的应用对象。

8.1.5　ZigBee 工作频率

ZigBee 的工作频段包括 2.4GHz、915MHz 和 868MHz 三个频段，其分别具有 250Kbit/s、40Kbit/s 和 20Kbit/s 的最高传输速率，传输距离为 10～75m，并可以继续扩展。

在不同的国家和地区，ZigBee 的工作频率不同。而对于不同的频率范围，其调制方式、传输速率均不同。众所周知，蓝牙技术在世界多数国家都采用统一的 2.4GHz 的 ISM 频段，调制采用快速跳频扩频技术。而 ZigBee 技术则有所不同，对于不同的国家和地区，其提供的工作频率范围是不同的，如表 8-1 所示。

表 8-1　ZigBee 的工作频率范围

工作频率范围/MHz	频段类型	国家与地区
868～868.6	ISM	欧洲
902～928	ISM	北美
2400～2483.5	ISM	全球

由于各个国家或地区采用的工作频率范围不同，为提高数据传输速率，IEEE 802.15.4 规范标准对于不同的频率范围规定了不同的调制方式，在不同的频段上，其数据传输速率仍然有所不同，具体调制方式和传输速率如表 8-2 所示。

表 8-2　频段和数据传输速率

频段/MHz	扩展参数		数据参数		
	码片速率/(kchip·s^{-1})	调制	比特速率/(kb·s^{-1})	符号速率/(kBauds·s^{-1})	符号
868～868.6	300	BPSK	20	20	二进制
902～928	600	BPSK	40	40	二进制
2400～2483.5	2000	O-QPSK	250	62.5	16 相正交

从表 8-1 和表 8-2 可以看出，ZigBee 使用了 3 个工作频段，每一个频段宽度不同，其分配信道的个数也不相同，并且不同频段的信道带宽也不相同。在 IEEE 802.15.4 规范中定义了 27 个物理信道，信道编号为 0～26，其中 2450MHz 频段定义了 16 个信道，915MHz 频段定义了 10 个信道，868MHz 频段定义了 1 个信道。这些信道的中心频率如下：

$$f_c = 863\text{MHz}, \qquad k = 0$$

$$f_c = 906 \text{MHz} + 2(k-1) \text{MHz}, \quad k = 1, 2, \cdots, 10 \tag{8-1}$$
$$f_c = 2405 \text{MHz} + 5(k-11) \text{MHz}, \quad k = 11, 12, \cdots, 26$$

8.1.6 ZigBee 网络结构

ZigBee 是一种低速率的无线网络技术，网络的基本组成部分称为设备。按照作用不同，ZigBee 协议将设备分为网络协调器（Coordinator）、路由器（Router）和终端节点（End Device）。ZigBee 网络协调器是网络中心，负责建立、维持和管理网络。ZigBee 网络路由器负责路由发现、消息传输、允许加入节点等。ZigBee 终端节点则主要负责数据采集与控制功能，其通过协调器和路由器加入网络。

ZigBee 技术具有强大的组网能力，可以形成星形、树形和网状网，可以根据实际用户需要来选择合适的网络结构。

（1）星形拓扑

星形拓扑是最简单的一种拓扑形式，它包含一个 Coordinator 节点和一系列的 End Device 节点。每一个 End Device 节点只能和 Coordinator 节点进行通信。如果需要在两个 End Device 节点之间进行通信，必须通过 Coordinator 节点进行信息转发，如图 8-2 所示。

这种拓扑形式的缺点是各节点之间只有唯一路径，同时 Coordinator 将成为整个网络的瓶颈。IEEE 802.15.4 本身就实现了星形拓扑，因此不需要使用 ZigBee 的网络层协议，但是这需要开发者在应用层做更多工作，比如处理节点间的信息转发。

（2）树形拓扑结构

树形拓扑包括一个 Coordinator 以及一系列 Router 和 End Device 节点。Coordinator 连接一系列的 Router 和 End Device，它的子 Router 节点也可以连接多个 Router 和 End Device，并可以重复多个层级，最终形成树形拓扑结构，如图 8-3 所示。

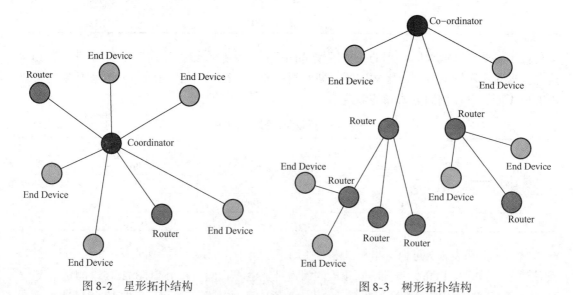

图 8-2　星形拓扑结构　　　　　　图 8-3　树形拓扑结构

需要注意的是，Coordinator 和 Router 节点可以包含自己的子节点，但 End Device 不能有自己的子节点。树形拓扑中的通信规则为每个节点都只能和它的父节点或子节点进行通信。

如果需要不同的分支间发送数据，那么信息将向上传递直到最近的共同祖先节点，然后再向下传递到目标节点。路由由协议栈直接处理，整个路由过程对于应用层是完全透明的。这种拓扑方式的缺点也是信息只有唯一的路由选择。

（3）网状拓扑结构

网状拓扑包含一个 Coordinator 和一系列的 Router、End Device，这与星形、树形拓扑相同。但是，网状拓扑具有更加灵活的信息路由规则，路由节点之间可以直接通信，其使得信息的通信变得更有效率，而且意味着一旦某路径出现问题，信息可以沿着其他路径进行传输。网状拓扑的示意图如图 8-4 所示。

通常，为支持网状网络的实现，网络层会提供相应的路由探索功能，这一特性使得网络层可以找到信息传输的最优路径。需要特别说明的是，以上提到的特性都是由网络层实现的，应用层不需要参与。

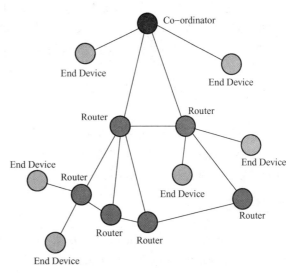

图 8-4　网状拓扑结构

网状拓扑结构具有强大的能力，节点间可以通过"多跳"方式来通信；可以组成极为复杂的网络；网络还具备自组织、自愈能力。相比而言，前面介绍的星形和树形拓扑适合于节点间距离较近的简单应用。

8.1.7　ZigBee 常用协议栈及特点

ZigBee 常见协议栈按照是否开源分为非开源协议栈、半开源协议栈和开源协议栈。

（1）非开源协议栈

ZigBee 常见的非开源协议栈包括 Freescale 和 Microchip 解决方案。Freescale 公司较为成熟完整的 ZigBee 协议是 BeeStack 协议栈。该协议栈不公开任何源代码，只提供封装的调用接口。Microchip 公司提供 ZigBee® PRO 和 ZigBee® RF4CE（Radio Frequency For Consumer Electronics），均实现了完整的 ZigBee 协议，但收费较高。

（2）半开源协议栈

ZStack 协议栈是由 TI 公司在 2007 年 4 月推出的 ZigBee 无线通信协议，是一款免费的半开源式的协议栈。半开源的意思是 TI 公司提供部分顶层和底层源代码，但很多关键代码仍以库文件形式给出。ZStack 协议栈使用标准的 C 语言代码，内嵌操作系统抽象层（Operating System Abstraction Layer，OSAL），易于开发人员学习，是一款适合工业级应用的协议栈。但需要强调的是，ZStack 只是 ZigBee 协议的一种具体的实现，因此不能把 ZStack 等同于 Zig-Bee 2006 协议。

（3）开源协议栈

除了以上两种协议栈外，开发人员可以通过接触 Freakz、MsstatePAN 两种开源协议栈了解 ZigBee 协议的具体实现细节。Freakz 是一个彻底开源的 ZigBee 协议栈，它的运行需要配合 Contijk 操作系统（其类似于 ZStack + OSAL），Contikj 的代码全部用 C 语言编写，适合初学者学习。

MsstatePAN 协议栈是由密西西比大学的 R. Reese 教授为广大无线技术爱好者开发的精简版 ZigBee 协议栈，基本具备了 ZigBee 协议标准所规定的功能。其使用标准 C 语言编写，但其中程序排版不太规范。整个协议栈是基于状态机实现的，如果应用程序构架不是基于操作系统的，则有限状态机应该是一个很好的选择。该协议栈支持多种开发平台，包括 PICDEM Z、CC2430 评估板、MSP430 + CC2420 以及 Win32 虚拟平台。

8.2 CC2530 硬件资源分析

进行 ZigBee 无线网络开发，需要有相关的硬件与软件。在硬件方面，TI 公司已经推出了完全支持 ZigBee 2007 协议标准的单片机 CC2530，同时推出了对应的开发套件。这一节主要介绍 CC2530 硬件相关技术与特点。

8.2.1 概述

CC2530 是真正的新一代 ZigBee 片上系统（System On Chip，SOC）解决方案，支持 IEEE 802.15.4/ZigBee/ZigBee RF4CE，也是业界首款符合 ZigBee RF4CE 协议栈标准的芯片。CC2530 结合了一个完全集成的、高性能的 RF 收发器，一个 8051 微控制器，8KB 的 RAM，32KB/64KB/128KB/256KB 闪存，以及其他外设。其较大的内存容量将允许芯片无线下载，支持系统编程。CC2530 芯片具有如下主要特点。

1）高性能、低功耗的 8051 微控制器内核，支持 C51 语言编程。

2）支持 IEEE 802.15.4 协议的 RF 收发器。

3）32KB/64KB/128KB/256KB 闪存。

4）8KB SRAM，具有各种供电方式下的数据保持能力。

5）硬件直接支持 CSMA/CA。

6）8 路输入 8～14 位 ADC。

7）强大的 5 通道 DMA 功能。

8）支持硬件在线调试。

9）具有捕获功能的 32kHz 睡眠定时器。

10）AES 安全协处理器。

8.2.2 CC2530 硬件模块介绍

CC2530 芯片的内部结构如图 8-5 所示，其内部模块大致分为 3 种类型：CPU 和内存相关模块，外设、时钟和电源管理模块，射频相关模块。

（1）CPU

CC2530 内部包含一个"增强型"工业标准的 8 位 8051 微控制器内核，时钟运行频率为 32MHz，使其具有 8 倍于标准 8051 的性能。增强型 8051 内核使用标准的 8051 指令集，并且每个指令周期是一个时钟周期，而标准的 8051 每个指令周期是 12 个时钟周期，因此增强型 8051 消除了总线状态的浪费，指令执行比标准的 8051 更快。

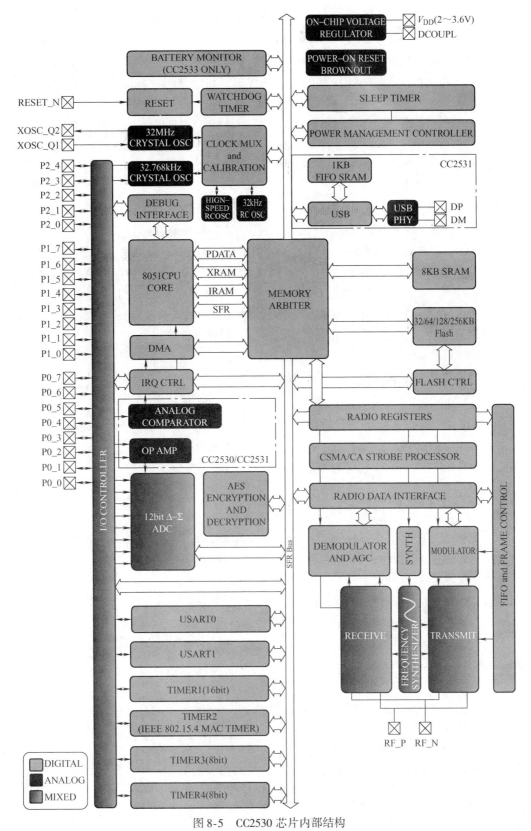

图 8-5　CC2530 芯片内部结构

CC2530 的"增强型 8051 内核"与"标准的 8051 微控制器"相比,除了速度改进之外,使用时要注意以下两点。

内核代码:CC2530 的"增强型 8051"内核的"目标代码"兼容"标准 8051"内核的"目标代码",即 CC2530 的 8051 内核的"目标代码"可以使用"标准 8051"的编译器或汇编器进行编译。

微控制器:由于 CC2530 的"增强型 8051"内核使用了不同于"标准 8051"的指令时钟,因此"增强型 8051"在编译时与"标准 8051"代码编译时略有不同,例如"标准 8051"的微控制器包含的"外设单元寄存器"的指令代码在 CC2530 的"增强型 8051"不能正确运行。

(2)存储器

CC2530 物理存储器包括 SRAM、Flash、信息页面、SFR 寄存器和 XREG 寄存器。

1)SRAM:上电时,SRAM 内容未定义,SRAM 内容在所有供电模式下都保留。

2)Flash:Flash 由一组 2KB 大小页面组成,主要用于保存程序和常量等长期数据保存。

3)信息页面:是一个 2KB 大小的只读区域,存储全球唯一的 IEEE 地址。

4)SFR 寄存器:特殊功能寄存器,用于控制 8051 内核或外设的一些功能。

5)XREG 寄存器:也称为扩展寄存器,比如射频寄存器等。

8.3 ZStack 协议栈分析

ZStack 协议栈符合 ZigBee 协议结构,由物理层、MAC 层、网络层和应用层组成。物理层和 MAC 层由 IEEE 802.15.4 定义,网络层和应用层由 ZigBee 联盟定义。ZStack 以半开源的方式提供给开发者,由 TI 公司管理维护。

8.3.1 ZStack 协议栈概述

2007 年 4 月,TI 推出业界领先的 ZigBee 协议栈 ZStack,其符合 ZigBee 2006 规范,支持多种平台,支持网状拓扑。ZStack 在竞争激烈的 ZigBee 领域占有很重要地位,配合 OSAL 完成整个协议栈的运行。

ZStack 协议栈可以从 TI 的官方网站(www.ti.com)下载,下载完成后,双击可执行程序即可安装。安装时默认会在 C 盘的根目录下建立 Texas Instruments 目录,该目录的下面有一个文件Getting Started Guide CC2430.pdf 和几个子目录(Components、Documents、Projects、Tools),如图 8-6 所示。

Components　　Documents　　Projects　　Tools　　Getting Started Guide - CC2530...

图 8-6　ZStack 安装目录结构

其中,Documents 文件夹包含了对整个协议栈进行说明的文档信息,可作为参考资料查询;Tools 文件夹存放的是上位机调试工具;Components 文件夹存放的是 ZStack 协议栈各层的接口函数文件。

Components 文件夹包括如下子目录。

1）hal 文件夹为硬件平台抽象层。

2）mac 文件夹包含了 802.15.4 物理协议实现所需要代码文件的头文件，这部分并没有给出具体的源代码，而是以库文件的形式存在。

3）mt 文件夹包含了 Z‐tools 调试功能所需要的源文件。

4）osal 文件夹包含了操作系统抽象层文件。

5）service 文件夹包含了 ZStack 提供寻址服务和数据服务所需的文件。

6）stack 文件夹是 components 文件夹最核心的部分，是 ZigBee 协议栈具体的实现部分，在其下又划分为 af（应用框架）、nwk（网络层）、sapi（简单应用接口）、sec（安全）、sys（系统头文件）、zcl（ZigBee 簇库）、zdo（ZigBee 设备对象）7 个文件夹。

7）zmac 文件夹包含了 ZStack MAC 导出层文件。还有一个 Project 目录，该目录下包含了用于 ZStack 功能演示的各个项目的例子，可供开发者们参考。

Projects 目录下存放的是 TI 公司提供的重要文件夹，如图 8-7 所示。这些文件夹分为 3 类，第一类是使用 ZStack 协议栈所必需的 Zmain.c 文件，该文件存放于 Zmain 文件夹中，并根据 ZigBee 解决方案又

图 8-7　Projects 目录

分为 TI2530DB 和 TI2530ZNP 两类。TI2530DB 表示的是基于 CC2530 芯片为核心的 ZigBee 解决方案，ZNP 值 ZigBee and Processor，即 CC2530 + MCU 的解决方案。第二类文件即库文件，TI 的 MAC 和 ZStack 不开源，在 Compoents 文件夹中仅提供了 .h 文件供调用，而库文件 .lib 就在 Libraries 文件夹中，打开该文件夹可以发现 TIMAC 和 ZStack 的库文件。

剩下的文件夹中的内容就是 TI 提供给 ZStack 使用的模板。这些文件夹中都包含了一个或多个工程，比如 Samples 文件夹下，如图 8-8 所示。

单击其中 GenericApp 工程文件，可以看见其中又有两个文件夹，即 CC2530DB 和 Source。CC2530DB 是 IAR 工作空间文件，包含了各种工程设置，都是由官方预先设置的，

图 8-8　Samples 目录

适用于一定的应用场合；Source 文件夹中一般包含 3 个文件，也是进行 ZigBee 开发所需要自行编辑的 3 个文件，即 app.h、app.c、OSAL_app，这 3 个文件中，app.c 是具体应用对应的函数代码。

8.3.2　ZStack 软件体系结构

如前所述，ZStack 是对 ZigBee 协议的一种实现，两者的对应关系如表 8-3 所示。

使用 IAR 8.10 版本打开 ZStack‐CC2530‐2.5.0 中的 SampleApp 工程，就能看到如图 8-9 所示的 ZStack 协议栈源代码目录结构，各目录内容如下。

表 8-3　ZigBee 协议栈与 ZStack 的对应关系

ZigBee 协议栈	ZStack
应用层	App 层、OSAL
ZDO、APS 层	ZDO 层
AF 层	Profile
NWK	NWK
MAC	ZMAC、MAC
物理层	HAL、MAC
安全服务提供商	Security & Services

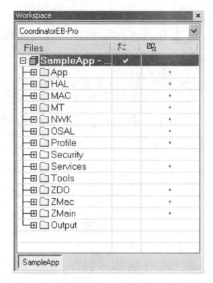

图 8-9　ZStack 协议栈源代码目录

1) App：应用层目录，这个目录下的文件就是创建一个新项目时用户需要添加的任务文件。这个目录中包含了应用层实现的主要内容（源代码），在协议栈中这部分主要是以添加任务函数方式来实现（具体可参见 8.3.4 的 OSAL 原理一节）。

2) HAL：硬件层目录，包括硬件相关的配置、驱动以及操作函数。Common 目录下的文件是公用文件，基本上与硬件无关。其中，hal_assert.c 是断言文件，用于调用；hal_drivers.c 是驱动文件，抽象出与硬件无关的驱动函数，包含与硬件相关的配置和驱动及操作函数；Include 目录下主要包含各个硬件模块的头文件；Target 目录下的文件则与硬件平台紧密相关。

3) MAC：MAC 层目录，High Level 和 Low Level 两个目录对应 MAC 层的高层和底层，Include 目录下则包含了 MAC 层的参数配置文件及基 MAC 的 lib 库函数接口文件，这里的 MAC 层的协议是不开源的，仅以库形式给出。

4) MT：监制调试层目录。该目录下文件主要用于调试目的，即实现通过串口调试各层，与各层进行直接交互。

5) NWK：网络层目录，含有网络层配置参数文件及网络层库函数接口文件，以及 APS 层库函数接口。

6) OSAL：协议栈操作系统抽象层目录。

7) Profile：应用框架（Application Framework，AF）层目录，包含 AF 层处理函数接口文件。

8) Security：安全层目录，包含安全层处理函数接口文件。

9) Services：ZigBee 和 IEEE 802.15.4 设备地址处理函数目录，包括地址模式定义及地址处理函数。

10) Tools：工作配置目录，包括空间划分及 ZStack 相关配置信息。

11) ZDO：指 ZigBee 设备对象，可认为是一种公共的功能集，支持通过用户自定义对象调用 APS 子层服务和 NWK 层服务。

12）ZMac：其中 Zmac. c 是 ZStack MAC 导出层接口文件，zmac_cb. c 是 ZMAC 需要调用的网络层函数。

13）ZMain：主函数目录，包括入口函数及硬件配置文件。Zmain. c 主要包含了整个项目的入口函数 main（），在 OnBoard. c 包含硬件开始平台类外设进行控制的接口函数。

14）Output：输出文件目录，这个是由 EW8051 IDE 自动生成的。

8.3.3　ZStack 协议栈各层分析

1. HAL 层

ZStack 的 HAL 层提供了开发板所有硬件设备（如 LED、LCD、KEY、UART 等）的驱动函数及接口。Hal 文件夹为硬件平台的抽象层，包含 Common、Include 和 Target 三个文件夹，如图 8-10 所示。

Include 目录主要包含各硬件模块的头文件，主要内容是与硬件相关的常量定义以及函数声明，其在移植过程中可能需要用户修改，其结构分支如图 8-10 所示。

Target 目录下包含了某个设备类型下的硬件驱动文件、硬件开发板配置文件，MCU 信息和数据类型（如图 8-11 所示）。例如，本书采用 CC2530 为目标硬件平台（Target 目录下有子目录 CC2530EB），CC2530EB 目录下 Drivers 文件中定义了硬件驱动文件。以最常用的 LED 为例，在 hal_led. c 文件中提供了两个封装好的函数（HalLedSet、HalLedBlink），在应用层可以直接调用它们来控制 LED。Target 目录下的 Config 文件夹主要用于定义 CC2530 硬件资源配置，如 GPIO、DMA 等。

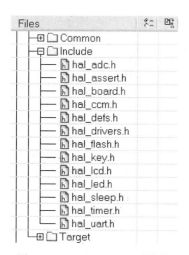

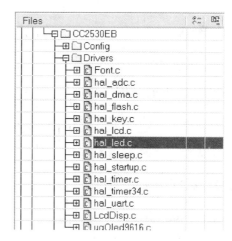

图 8-10　Hal/Include 目录结构　　　　图 8-11　Hal/Target/CC2530EB/Drivers 目录结构

Common 目录下包含 hal_assert. c 和 hal_dirvers. c 两个文件。hal_assert. c 是声明文件，用于调试，一般不需要修改。hal_dirvers. c 是驱动文件。如果需要实现底层硬件功能，则需要用户掌握一些底层相关驱动文件。

（1）hal_assert. c 文件

在 hal_assert. c 文件中包含两个重要的函数：halAssertHandler（）与 halAssertHazardLights（）。函数 halAssertHandler（）代码如下：

```
voidhalAssertHandler(void)
{
  //如果定义了 ASSERT_RESET 宏
  #ifdef ASSERT_RESET
  //系统复位
    HAL_SYSTEM_RESET();
  #else
  //否则,LED 灯闪烁命令函数
    halAssertHazardLights();
  #endif
}
```

函数 halAssertHazardLights( ) 用于控制 LED 闪烁，根据不同的硬件平台定义的 LED 个数来决定闪烁实现。

（2）hal_drivers. c 文件

hal_drivers. c 文件中包含了与硬件相关的初始化和事件处理函数。此文件中有 4 个比较重要的函数：硬件初始化函数 Hal_Init( )、硬件驱动初始化函数 HalDriverInit( )、硬件事件处理函数 Hal_ProcessEvent( ) 和询检函数 Hal_ProcessPoll( )。

函数 Hal_Init( ) 的功能是通过"注册任务 ID 号"实现在 OSAL 层注册，从而允许硬件驱动消息和事件由 OSAL 处理。任务 ID 是操作系统为了便于管理，为每一个任务设置的整数值，和 Windows 操作系统的进程 ID 类似，后续应用开发中还会详细介绍。函数 Hal_Init( ) 的代码如下：

```
void Hal_Init(uint8 task_id )
{
  //注册任务 ID
  Hal_TaskID = task_id;
}
```

函数 HalDriverInit( ) 的代码如下：

```
voidHalDriverInit (void)
{
    P1DIR |= 0x04;          //打开电源
    P1 & = ~0x04;
//如果定义了定时器,则初始化定时器
  #if (defined HAL_TIMER) && (HAL_TIMER == TRUE)
     HalTimerInit();
#endif
//如果定义了 ADC,则初始化 ADC
#if (defined HAL_ADC) && (HAL_ADC == TRUE)
  HalAdcInit();
#endif
      …
//如果定义了 SPI,初始化 SPI
#if (defined HAL_SPI) && (HAL_SPI == TRUE)
  HalSpiInit();
#endif
```

```
}
```

函数 Hal_ProcessEvent( ) 代码如下：

```
uint16 Hal_ProcessEvent( uint8 task_id, uint16 events )
{
uint8 * msgPtr;
(void)task_id;
//系统消息事件
if ( events & SYS_EVENT_MSG )
{
msgPtr = osal_msg_receive(Hal_TaskID);
while (msgPtr)
{
    osal_msg_deallocate( msgPtr );
    msgPtr = osal_msg_receive( Hal_TaskID );
  }
  return events ^ SYS_EVENT_MSG;
}
//LED 闪烁事件
 if ( events & HAL_LED_BLINK_EVENT )
 {
#if (defined (BLINK_LEDS)) && (HAL_LED == TRUE)
   HalLedUpdate();
#endif
   return events ^ HAL_LED_BLINK_EVENT;
 }
//按键处理事件
 if (events & HAL_KEY_EVENT)
 {
   #if (defined HAL_KEY) && (HAL_KEY == TRUE)
      HalKeyPoll();
      if (! Hal_KeyIntEnable)
      {
        osal_start_timerEx( Hal_TaskID, HAL_KEY_EVENT, 100);
      }
   #endif
   return events ^ HAL_KEY_EVENT;
 }
//睡眠模式
#ifdef POWER_SAVING
 if ( events & HAL_SLEEP_TIMER_EVENT )
 {
   halRestoreSleepLevel();
   return events ^ HAL_SLEEP_TIMER_EVENT;
 }
#endif
 return 0;
}
```

函数 Hal_ProcessPoll() 是协议栈固有函数，在函数 main() 中被 osal_ start_ system() 调用，用来对可能产生的硬件事件进行询检。该函数在使用时可以直接调用，不需要大幅修改。函数 Hal_ ProcessPoll() 代码如下：

```
void Hal_ProcessPoll ()
{
    //定时器询检
  #if (defined HAL_TIMER) && (HAL_TIMER == TRUE)
    HalTimerTick();
  #endif
    //UART 询检
  #if (defined HAL_UART) && (HAL_UART == TRUE)
    HalUARTPoll();
  #endif
}
```

2. NWK 层

ZStack 的 NWK 层功能有节点地址类型分配、协议栈模板、网络拓扑结构与网络参数配置等。

（1）节点地址类型分配

ZStack 中的地址类型有两种：64 位 IEEE 地址和 16 位网络地址（也称短地址或网络短地址）。

64 位 IEEE 地址：即 MAC 地址（也称"长地址"或"扩展地址"），是一个全球唯一的地址，一经分配将跟随设备整个生命周期。通常由制造商在设备出厂或安装时设置，该地址由 IEEE 组织来分配和维护。

16 位网络地址：是设备加入网络后，由网络协调器分配给设备的地址（也称"短地址"），它在网络中是唯一的，用来在网络中鉴别设备和发送数据。对于协调器，网络地址固定为 0x0000。

在 ZStack 协议栈声明了读取 IEEE 地址和网络地址的函数，函数声明可以在 NLMEDE. h 文件中看到，但是函数具体实现是非开源的，在使用时直接调用即可。主要的几个接口为：

```
//读取父节点的网络地址
uint16 NLME_GetCoordShortAddr(void);
//读取父节点的物理地址
void NLME_GetCoordExtAddr(byte* );
//读取节点本身的网络地址
uint16 NLME_GetShortAddr(void);
//读取自己的物理地址
byte * NLME_GetExtAddr(void);
```

（2）协议栈模板

ZStack 协议栈模板由 ZigBee 联盟定义，同一个网络中的设备（可来自不同厂商）若要建立连接，必须符合同一个协议栈模板。ZStack 协议栈使用了 ZigBee 联盟定义的 3 种模板：ZigBee 协议栈模板、ZigBeePRO 协议栈模板和特定网络模板。

协议栈模板由一个 ID 标识符区分，此 ID 标识符可以通过查询设备发送的信标帧获得。

在设备加入网络之前，首先需要确认协议栈模板 ID 标识符。在 ZStack 协议栈中，"特定网络"模板的 ID 标识符被定义为"NETWORK_SPECIFIC"（ID = 0）。"ZigBee 协议栈"模板为"HOME_SPECIFIC"（ID = 1），"ZigBee 协议栈"模板常用在智能家居控制中。"ZigBeePRO 协议栈"被定义为"ZIGBEEPRO_SPECIFIC"（ID = 2），自定义模板的 ID 标识符被定义为"GENERIC_STAR"（星形网络 ID = 3）和"GENERIC_TREE"（树形网络，ID = 4）。上述 ID 包含在 nwk_globals. h 中，具体如下：

```
//"特定网络"模板 ID
#define NETWORK_SPECIFIC        0
//ZigBee 协议模板 ID
#define HOME_CONTROLS           1
//ZigBeePRO 模板 ID
#defineZIGBEEPRO_PROFILE        2
//自定义模板 ID
#define GENERIC_STAR            3
//自定义模板 ID
#define GENERIC_TREE            4
//如果定义了 ZIGBEEPRO,那么协议栈为 ZigBeePRO 模板
#if defined (ZIGBEEPRO )
  #define STACK_PROFILE_ID      ZIGBEEPRO_PROFILE
#else
//如果没有定义 ZIGBEEPRO,那么协议栈为 ZigBee 模板
  #define STACK_PROFILE_ID      HOME_CONTROLS
#endif
```

（3）网络拓扑结构与网络参数配置

网络参数配置包括网络类型参数、网络深度和网络中每一级可容纳节点数量（包含在 nwk_ global. h 中）。网络类型包括星形网络（NWK_MODE_STAR）、树形网络（NWK_MODE_TREE）和 Mesh 网络（NWK_MODE_MESH），具体如下：

```
/**********定义网络类型***********/
//星形网
#define NWK_MODE_STAR         0
//树形网
#define NWK_MODE_TREE         1
//网状网
#define NWK_MODE_MESH         2
```

网络深度是路由级别，协调器深度为 0，协调器的一级子节点为深度 1，协调器子节点的子节点为 2（二级节点），以此类推。ZStack 中的最大深度由 MAX_NODE_DEPTH 宏定义。在 ZStack 协议栈中，可以在不同协议模板下定义不同网络拓扑结构的网络深度，nwk_ globals. h 中对应代码如下：

```
//如果协议栈模板为 ZigBeePRO 模板
#if ( STACK_PROFILE_ID ==ZIGBEEPRO_PROFILE )
//网络的最大深度为20
   #define MAX_NODE_DEPTH      20
     //定义网络类型为网状网络
```

```
   #define NWK_MODE              NWK_MODE_MESH
   #define SECURITY_MODE         SECURITY_COMMERCIAL
 #if   ( SECURE ! = 0  )
   #define USE_NWK_SECURITY   1   // true or false
   #define SECURITY_LEVEL     5
 #else
   #define USE_NWK_SECURITY   0   // true or false
   #define SECURITY_LEVEL     0
 #endif
```

每一级可容纳节点数决定每一级路由器可挂载其他路由节点和终端节点的最大数量。在 ZStack 协议栈中，可以分别定义一个路由器或者一个协调器允许连接子节点的最大个数（nwk_globals. c 中 CskipChldrn[MAX_NODE_DEPTH + 1] 数组），以及一个路由器或者一个协调器可以连接的具有路由功能节点的最大个数（nwk_globals. c 中 CskipRtrs[MAX_NODE_DEPTH + 1] 数组）。这两个参数同样与协议模板有关，其设置有时会影响网络地址分配。在 ZigBee 网络中，网络地址分配是由协调器来完成的。在网状网络中，网络地址分配由协调器随机分配。但是在树形网络中，网络地址的分配则需遵循一定规律。

3. Tools 层

Tools 目录为工程设置目录，比如信道、PANID、设备类型。在 Tools 文件中包含 5 个文件，分别是 f8w2530. xcl 文件、f8wConfig. cfg 文件、f8wCoord. cfg 文件、f8wEndev. cfg 文件和 f8wRouter. cfg 文件。其中，f8w2530. xcl 为 CC2530 配置文件，使用 ZStack 协议栈时不用修改此项；f8wCoord. cfg 文件是 ZStack 协调器设备类型配置文件，其功能是将程序编译成具有协调器和路由器双重功能；f8wRouter. cfg 文件为路由器配置文件，可将程序编译成具有路由器功能；f8wEndev. cfg 文件为终端节点配置文件，在此文件中既没有协调器功能也没有路由器功能；f8wConfig. cfg 为 ZStack 协议栈配置文件，它对于开发者较为重要，在此文件中常常需要设置 ZigBee 使用的信道和 ZigBee 网络 PANID，去掉所需信道注释符"//"即可设置其物理信道频率。

```
 //      0        : 868MHz      0x00000001
 //      1 - 10  : 915MHz      0x000007FE
 //     11 - 26 : 2.4GHz      0x07FFF800
 // - DMAX_CHANNELS_868MHZ   0x00000001
 // - DMAX_CHANNELS_915MHZ   0x000007FE
 // - DMAX_CHANNELS_24GHZ    0x07FFF800
 //以下为信道 11 ~26 的设置
 // - DDEFAULT_CHANLIST = 0x04000000   // 26 - 0x1A
  - DDEFAULT_CHANLIST = 0x02000000   // 25 - 0x19
 // - DDEFAULT_CHANLIST = 0x00000800   // 11 - 0x0B
 //网络 PANID 的设置
  - DZDAPP_CONFIG_PAN_ID = 0xFFFF
```

ZigBee 协议中，PANID 用来表示某一个 ZigBee 网络的编号。当网络 PANID 设置为 0xFFFF 时，协调器建立网络时将在 0x0000 ~0xFFFF 之间随机选择一个数作为网络的 PAN-ID。如果网络 PANID 指定为 0x0000 ~0xFFFF 之间的一个特定数，则协调器建立网络时将会以选定的 ID 作为网络 PANID 建立网络。以上代码中 DZDAPP_ CONFIG_ PAN_ ID 变量即用于 PANID 标识。

4. Profile 层

ZStack 中与应用开发人员接触比较频繁的是 Profile 层。该层实现了 ZigBee 软件构架中的 AF 层。AF 层提供应用支持子层 APS 到应用层的接口，AF 层主要提供两种功能：端点的管理以及数据的发送和接收。

（1）端点的管理

在 ZigBee 协议中每个设备称为一个节点，每个节点对应一个物理地址（64 位 IEEE 长地址）和网络地址（16 位网络地址），长地址或短地址用来作为其他节点发送数据的目的地址。另外，每个 ZigBee 设备最多可以支持 240 端点（端点号：1～240），端点 0 用于整个 ZigBee 设备的配置和管理，应用程序可以通过端点 0 与 ZigBee 堆栈的其他层通信，从而实现对这些层的初始化和配置。附属在端点 0 的对象被称为 ZigBee 设备对象（ZDO）。端点 255 用于向端点广播，端点 241～254 是保留端点。

端点有数据的发送和接收、绑定两个方面的重要作用。数据发送和接收时，必须要指定目的节点的某个端点，并且发送方和接收方所使用的端点号必须一致。绑定一般指端点绑定过程，即在源节点的某个端点和目标节点的某个端点之间创建一条逻辑链路。绑定可以发生在两个或多个设备之间，由协调器节点维护一个包括两个或多个端点之间逻辑链路的绑定表。

为了实现端点配置与注册，需要了解 AF 层相关接口：端点描述符、简单描述符、端点注册。端点描述符 endPointDesc_t 定义如下：

```
typedef struct
{
  byte endPoint;  //端点号
  byte * task_id;  // 指向任务 ID 的指针
  SimpleDescriptionFormat_t * simpleDesc;  //指向 ZigBee 端点简单描述符的指针
  afNetworkLatencyReq_t latencyReq;    //必须用 noLatencyReqs 来填充
}endPointDesc_t;
```

该结构体中有一个简单描述符 SimpleDescriptionFormat_t，其他设备通过查询该端点的简单描述符来获得设备信息，其定义如下：

```
typedef struct
{
    byte          EndPoint;      //端点号
    uint16        AppProfId;     //定义端点支持的 Profile ID,其值为 0x0000～0xFFFF
    uint16        AppDeviceId;   //定义端点支持的设备 ID,其值为 0x0000～0xFFFF
    byte          AppDevVer:4;   //端点上设备执行的设备描述版本:用户定义
    byte          Reserved:4;    //保留
    byte          AppNumInClusters;  //端点支持的输入簇个数
    cId_t         *pAppInClusterList;  //指向输入簇列表指针
    byte          AppNumOutClusters;  //端点支持的输出簇个数
    cId_t         *pAppOutClusterList;  //指向输出簇列表指针
} SimpleDescriptionFormat_t;
```

配置端点成功后，还需要在 AF 层注册端点，用到的函数是 afRegister ( )，此函数在 AF. c 文件中定义。应用层将调用此函数注册一个新端点到 AF 层，函数原型如下：

```
afStatus_t afRegister(endPointDesc_t * epDesc);
```

（2）数据的发送

AF 层实现了数据发送和接收的 API 供开发者调用。数据的发送只要通过调用数据发送函数即可实现，数据发送函数为 AF_DataRequest ( ) （AF. c 中定义）：

```
afStatus_t AF_DataRequest
(
    afAddrType_t * dstAddr,     //目的地址信息指针
    endPointDesc_t * srcEP,     //目的端点描述符指针
    uint16 cID,                 //发送端点的输出簇 ID
    uint16 len,                 //发送数据字节数
    uint8 * buf,                //指向发送数据缓存的指针
    uint8 * transID,            //发送序号指针,如果消息缓存发送,该序号自增1
    uint8 options,              //发送选项
    uint8 radius                //最大半径
);
```

以上代码中 options 为发送选项，包括 AF_ACK_REQUEST（只在单播模式使用，APS 层应答请求）、AF_DISV_ROUTE（如果要使设备发现路由，设置此选项）、AF_SKIP_ROUTING（使设备跳过路由直接发送消息）、AF_EN_SECURITY（保留）。如果要发送数据，可以在应用程序中直接调用该函数。值得注意的是，以上发送目的地址信息是一个结构体，定义如下：

```
typedef struct
{
  union
  {
    uint16      shortAddr;
    ZLongAddr_t extAddr;
  }addr;                        //目的地址,长地址或短地址(union 类型)
afAddrMode_t addrMode;          //地址模式:间接寻址、单点寻址、组寻址、广播寻址
  byte endPoint;                //端点信息
  uint16 panId;                 //PANID
}afAddrType_t;
```

以上的 addrMode 的可选模式有 4 种，为了便于记忆，系统已经定义了如下的枚举值可供直接使用，具体如下：

```
typedefenum
{
    afAddrNotPresent = AddrNotPresent, //间接寻址
    afAddr16Bit      = Addr16Bit, //单点寻址,指定短地址
    afAddr64Bit      = Addr64Bit, //单点寻址,指定长地址
    afAddrGroup      = AddrGroup, //组寻址
    afAddrBroadcast  = AddrBroadcast //广播寻址
}afAddrMode_t;
```

关于几种发送模式，详细说明如下：

间接寻址多用于绑定。当应用程序不知道数据包的目标地址时，将寻址模式设定为 AddrNotPresent。ZStack 底层将自动从堆栈的绑定表中查找目标设备的网络地址，这称为源绑定。如果在绑定表中找到多个设备，则向每个设备都发送一个数据包副本。

单点寻址用于点对点通信，它将数据包发送给一个已知网络地址（可用长地址和短地址两种方式表示）的网络设备。

组寻址用于应用程序将数据包发送给网络上的一组设备。此时地址模式设置为 afAddrGroup，并且地址信息结构体 afAddrType_t 中的目标地址 addr 应设置为组 ID。在使用这个功能之前，必须在网络中定义组。

广播寻址用于应用程序将数据包发送给网络中的每一个设备，此时将地址模式设置为 AddrBrodcast，地址信息结构体 afAddrType_t 中的目标地址 addr 可以设置为以下广播地址中的一种：

0xFFFF：如果目的地址为 0xFFFF，则数据包将被传送到网络上的所有设备，包括睡眠设备。对于睡眠设备，数据包将被保留在其父节点，直到它激活后主动到父节点查询，或者直到消息超时丢失此数据包。同时，0xFFFF 还是广播模式目标地址的默认值。

0xFFFD：如果目的地址为 0xFFFD，则数据包将被传送到网络上所有空闲并允许数据接收的设备，即除了睡眠外的所有设备。

0xFFFC：如果目的地址为 0xFFFC，数据包发送给所有路由器，也包括协调器。

0xFFFE：如果目的地址为 0xFFFE，则应用层将不指定目标设备，而是通过协议栈读取绑定表获得相应额度目标设备的短地址。

（3）数据的接收

数据包被发送到一个登记注册过的端点，在应用层通过 OSAL 事件处理函数中的接收信息事件 AF_INCOMING_MSG_CMD 来处理数据的接收。数据接收通过在 AF.h 文件中定义 afIncomingMSGPacket_t 来进行，该结构体定义如下：

```
typedef struct
{
  osal_event_hdr_t hdr;      //OSAL 消息队列
  uint16 groupId;            //消息的组 ID,ID==0 表示没有设置组寻址
  uint16 clusterId;          //消息簇 ID
  afAddrType_t srcAddr;      //源地址信息
  uint16 macDestAddr;        //目的地址的短地址
  uint8 endPoint;            //端点号
  uint8 wasBroadcast;        //是否广播,True 表示该消息为广播消息
  uint8 LinkQuality;         //链路质量
  uint8 correlation;         //接收数据原始相关值
  int8 rssi;                 //接收射频信号能量 dBm
  uint8 SecurityUse;         //保留
  uint32 timestamp;          //MAC 接收时间戳
  afMSGCommandFormat_t cmd;  //接收的应用层数据
} afIncomingMSGPacket_t;
```

5. ZDO 层

ZigBee 设备对象层（ZDO）占用每个节点（Node）的 0 号端点（Endpoint0），其提供了

ZigBee 设备管理功能，包括网络建立、发现网络、加入网络、应用端点的绑定和安全管理服务。

ZigBee 设备规范（ZigBee Device Profile，ZDP）描述了 ZDO 内部一般性的 ZigBee 设备功能是如何实现的。其定义了相关命令和函数。ZDP 为 ZDO 和应用程序提供如下功能：设备和服务发现、设备网络启动、终端设备绑定和取消绑定服务、网络管理服务。

设备发现是 ZigBee 设备发现其他 ZigBee 设备的过程，比如将已知的 IEEE 地址作为数据载荷广播到网络进行网络地址请求，相关设备必须回应并告知其网络地址。服务发现提供了 PAN 中一个设备发现其他设备所提供服务的能力，它利用多种描述符去指定设备的能力。

网络管理服务主要向用户提供调试工具和网络管理能力，它能够从设备重新获得管理信息，包括网络发现结果、路由表内容、邻居节点链路质量、绑定表内容，也可以通过解关联将设备从 PAN 中脱离来控制网络关联。

这里主要讲解终端设备绑定和取消绑定服务。绑定是指两个节点在应用层上建立起来的一条逻辑链路。在同一个节点上可以建立多个绑定服务，分别对应不同种类的数据包。此外，绑定也允许有多个目标设备。

绑定机制允许一个应用服务在不知道目标地址的情况下向对方（的应用服务）发送数据包。发送时使用的目标地址将由应用支持子层（APS）从绑定表中自动获得，从而使消息顺利被目标节点的一个或多个应用服务，乃至分组接收。例如，在一个灯光控制网络中，有多个开关和灯光设备，每个开关可以控制一个或多个灯光设备。在这种情况下，需要在每个开关和灯设备之间建立绑定服务。这使得开关中的应用服务在不知道灯光设备确切的目标地址时，可以顺利地向灯光设备发送数据。

一旦在源节点上建立了绑定，其应用服务即可向目标节点发送数据，而不需指定目标地址了（调用 zb_SendDataRequest( )，目标地址可用一个无效值 0xFFFE 代替）。协议栈将会根据数据包的命令标识符，通过自身的绑定表查找到目标设备对应的地址。

在绑定表的条目中，有时会有多个目标端点。这使得协议栈自动地重复发送数据包到绑定表指定的各个目标地址。同时，如果在编译目标文件时，编译选项 NV_RESTORE 被打开，协议栈将会把绑定条目保存在非易失性存储器里。因此，当意外重启（或者节点电池耗尽需要更换）等突发情况发生时，节点能自动恢复到掉电前的工作状态，而不需要用户重新设置绑定服务。

绑定函数在 ZDO 层定义，绑定分为终端绑定与辅助绑定两种方式。

（1）终端绑定

终端设备绑定通过协调器来实现，绑定双方需要在一定的时间内同时向协调器发送绑定请求，通过协调器来建立绑定服务，终端设备绑定不仅用于"终端节点"之间的绑定，还可以用于路由器与路由器之间的绑定。其具体过程如下：

1）协调器首先需要调用函数 ZDO_RegisterForZDOMsg( ) 在应用层注册绑定请求信息 End_Device_Bind_req。

2）"需要绑定的节点"即"本地节点"调用函数 ZDP_EndDeviceBindReq( ) 发送终端设备绑定请求至协调器；"需要被绑定的节点"即"远程节点"必须在规定时间内（在 ZStack 协议栈中规定为 6s），调用函数 ZDP_EndDeviceBindReq( ) 发送终端设备绑定请求至协调器。

3）协调器接收到该请求信息后，调用函数 ZDO_MatchEndDeviceBind（）处理终端设备绑定请求。

4）终端设备绑定请求信息处理完毕，协调器将调用函数 ZDP_EndDeviceBindRsp（）将反馈信息发送给"本地节点"和"远程节点"。

5）"本地节点"和"远程节点"收到协调器的反馈信息后，两者将建立绑定关系。

（2）辅助绑定

任何一个设备和一个应用程序都可以通过无线信道向网络上的另一个设备发送一个 ZDO 消息，帮助其他节点建立一个绑定记录，这称为辅助绑定。辅助绑定是在消息的目的设备上建立一个绑定条目，其绑定过程如下：

1）协调器在 ZDO 层注册 Bind_rsp 消息事件。

2）待绑定节点在 ZDO 层注册 Bind_Req 消息事件。

3）协调器调用函数 ZDP_BindReq（）发起绑定请求。

4）待绑定节点接收到绑定请求后，处理绑定请求，建立绑定表，并且通过调用函数 ZDP_SendData（）发送响应消息至协调器。

5）协调器接收到绑定反馈消息后调用函数 ZDMatchSendState（）处理绑定反馈信息。

8.3.4　ZStack OSAL 原理

如果把一个应用程序对象看作一个任务，那么应用程序框架（最多包含 240 个应用程序对象）需包含一个支持多任务的资源分配机制。于是 OSAL 便有了存在的必要性，它正是 ZStack 为了实现相应机制而存在的。OSAL 主要功能可以概括如下：

1）任务注册、初始化和启动。

2）任务调度以及任务间的同步、互斥。

3）中断处理。

4）存储器分配和管理。

ZStack 协议栈中，OSAL 层的文件组成如图 8-12 所示。该目录下，OSAL. h、OSAL. c 负责调度系统核心功能，OSAL_Clock. h、OSAL_Clock. c 负责时间相关处理功能，OSAL_Memory. h、OSAL_Memory. c 负责内存管理系统功能，OSAL_Nv. h、OSAL_Nv. c 完成非易失存储器相关管理，OSAL_Timer. h、OS-AL_Timers. c 实现定时器管理功能。

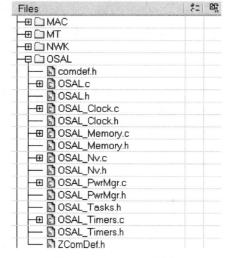

图 8-12　OSAL 目录结构

（1）重要数据结构

为了便于调度任务，系统设计了相关的数据结构：tasksArr[ ] 和 tasksEvents[ ]。其中，数组 task-sArr[ ] 用于存储各个任务处理函数地址，其原型如下：

```
const pTaskEventHandlerFn tasksArr[] = {
  macEventLoop,
  nwk_event_loop,
```

```
  Hal_ProcessEvent,
#if defined ( MT_TASK )
  MT_ProcessEvent,
#endif
  APS_event_loop,
#if defined ( ZIGBEE_FRAGMENTATION )
  APSF_ProcessEvent,
#endif
  ZDApp_event_loop,
#if defined ( ZIGBEE_FREQ_AGILITY ) || defined ( ZIGBEE_PANID_CONFLICT )
  ZDNwkMgr_event_loop,
#endif
  SampleApp_ProcessEvent
};
```

tasksArr[] 定义在 OSAL_ SampleApp.c 中，数组中每一个元素类型均为 pTaskEventHandlerFn，是一个函数指针，即该数组中的每一个元素均为函数地址。pTaskEventHandlerFn 定义（OSAL_ Tasks.h）如下：

```
typedef unsigned short (* pTaskEventHandlerFn) ( unsigned char task_id,unsigned short event );
```

taskArr[] 数组中的 macEventLoop 至 ZDNwkMgr_event_loop 表示系统各层的任务处理函数，SampleApp_ProcessEvent 处理函数则是开发者自定义的应用程序任务，常常在 APP 应用层定义（如 OSAL_SampleApp.c 文件中），后续还会具体介绍。除此之外，taskArr[] 数组中的索引值对应任务 ID，如 pTaskEventHandlerFn 类型定义中的参数 task_id。

为了实现任务之间的消息传递，系统定义了事件数组 tasksEvents[]。taskEvents[] 事件数组中的元素与 taskArr 任务数组按照下标值一一对应，例如 taskArr[2] 任务对应 taskEvents[2] 事件。taskEvents 中的每一个事件都是 uint16 变量，即 16 位整型。系统自身定义了一些系统事件，用户也可以根据需求自定义事件，其对应 pTaskEventHandlerFn 类型定义中的 event 参数。

（2）处理流程分析

OSAL 对各层的调度分为系统初始化和 OSAL 运行两部分，这两者都是从函数 main() 开始的。函数 main() 是整个协议栈的入口函数，其位置在 Zmain 文件夹下的 Zmian.c 文件中，其主要代码如下：

```
int main ( void )
{
    osal_int_disable ( INTS_ALL );  // 关闭中断
    HAL_BOARD_INIT();          // 初始化主板相关设备,如 LED
    zmain_vdd_check();         // 确保运行电压正常
    zmain_ram_init();          // 初始化栈空间
    InitBoard ( OB_COLD );     // 初始化相关 I/O
    HalDriverInit();           // 初始化 HAL 层相关驱动 drivers
    osal_nv_init ( NULL );     // 初始化 NV 系统
    zgInit();                  // 初始化化 NV 条目
    ZMacInit();                // 初始化 MAC 层
```

166

```
    zmain_ext_addr();        // 判决扩展地址
  #ifndef NONWK
    afInit();// AF 层不能看作一个任务,因此这里进行初始化
  #endif
    osal_init_system();           // 完成操作系统相关配置、初始化工作,在 OSAL/OSAL.c 中实现
    osal_int_enable( INTS_ALL );   // 允许中断
    InitBoard( OB_READY );         //最后的主板设备初始化
    zmain_dev_info();              // 显示设备相关信息
......
    osal_start_system();      // 不再返回
    return ( 0 );
}
```

其中函数 osal_init_system( )、osal_start_system( ) 最为重要。函数 osal_init_system( ) 完成 OSAL 层相关的初始化工作，主要代码如下：

```
uint8 osal_init_system( void )
{
  osal_mem_init();           // 初始化内存分配
  osal_qHead = NULL;        // 初始化信息队列指针
 #if defined( OSAL_TOTAL_MEM )
  osal_msg_cnt = 0;
 #endif
  osalTimerInit();        // 初始化定时器
  osal_pwrmgr_init();    // 初始化电源管理
  osalInitTasks();        //初始化系统任务
...
  return ( SUCCESS );
}
```

函数 osal_init_system( ) 中，最重要的是函数 osalInitTasks( )（在 OSAL_SampleApp.c 中实现），该函数完成任务数组和事件数组初始化工作，将系统各层的任务函数添加到两个结构体中，其主要代码如下：

```
void osalInitTasks( void )
{
 uint8 taskID = 0;
 tasksEvents = (uint16 * )osal_mem_alloc( sizeof( uint16 ) * tasksCnt);
 osal_memset( tasksEvents, 0, (sizeof( uint16 ) * tasksCnt));
 macTaskInit( taskID ++ );
 nwk_init( taskID ++ );
 Hal_Init(taskID ++ );
#if defined( MT_TASK )
 MT_TaskInit( taskID ++ );
#endif
 APS_Init(taskID ++ );
#if defined (ZIGBEE_FRAGMENTATION )
 APSF_Init(taskID ++ );
#endif
```

```
  ZDApp_Init ( taskID ++ );
#if defined (ZIGBEE_FREQ_AGILITY ) || defined ( ZIGBEE_PANID_CONFLICT )
  ZDNwkMgr_Init ( taskID ++ );
#endif
  SampleApp_Init ( taskID );
}
```

函数 osal_start_system( ) 是任务系统的主要循环函数，主要负责监控任务事件和根据事件发生情况，调用事件对应的任务处理函数。如果没有事件发生，则函数将处理器设置为睡眠状态。该函数是一个循环函数，永远不会返回，是函数 main( ) 完成的最后一个功能。其主要代码如下：

```
voidosal_start_system( void )
{
  for(;;)   // Forever Loop
  {
    uint8 idx = 0;
    osalTimeUpdate();      //时间更新
    Hal_ProcessPoll();   // 进行任务的轮询
    do {
      if (tasksEvents[idx])   // 准备好的任务拥有最高优先级
      {
        break;
      }
    } while (++ idx < tasksCnt);
    if (idx < tasksCnt)
    {
      uint16 events;
      halIntState_t intState;
      HAL_ENTER_CRITICAL_SECTION(intState);     //进入临界区域,该宏在 hal_mcu.h 中定义
      events = tasksEvents[idx];
      tasksEvents[idx] = 0;                      // 为任务清除时间标识位
      HAL_EXIT_CRITICAL_SECTION(intState);       //离开临界区域,该宏在 hal_mcu.h 中定义
    events = (tasksArr[idx])( idx, events );     //调用任务处函数
      HAL_ENTER_CRITICAL_SECTION(intState);
      tasksEvents[idx] |= events;                // 增加未处理的事件到当前任务
      HAL_EXIT_CRITICAL_SECTION(intState);
    }
    ......
  }
}
```

8.3.5 ZStack 常用 API 分析

为了实现 ZStack 的应用开发，需要了解系统提供的 API 接口函数，尤其是 OSAL 层提供的 API。OSAL 提供的服务和管理主要包括信息管理、任务同步、定时器管理、中断管理、任务管理、内存管理、电源管理以及非易失存储管理。以下详细介绍这些服务和管理的 API 函数。

（1）信息管理 API

信息管理 API 为任务之间信息交换提供了一种消息机制，消息可以根据用户的需求自定义格式。这个 API 中的函数可以实现任务分配或回收信息缓冲区，给其他任务发送命令信息以及接收回复信息。

osal_msg_send（uint8 taskID，byte ＊ msg_ptr）功能是被一个任务调用，给另一个任务或处理单元发送命令或数据信息。其中，taskID 表示任务 ID；msg_ptr 是指向包含信息的缓冲区指针。

osal_msg_receive（uint8 taskID）被一个任务调用来检索一条已经收到的命令信息，返回值为 uint8 ＊ 类型，指向信息缓冲区。

osal_msg_allocate（uint16 len）被调用来申请信息缓冲区。

osal_msg_deallocate（byte ＊ msg_ptr）在处理信息之后，被调用来回收信息缓冲区。

（2）任务同步 API

任务同步 API 提供任务之间同步机制，使得一个任务可以发送"事件"信息来完成信息沟通。每个任务函数轮询自己的事件队列，根据其定义的处理过程完成其处理功能。这个 API 中的函数可以用来为一个任务设置事件，无论设置什么事件都通知任务，从而触发时间处理函数。

osal_set_event（uint8 taskID，uint16 event_flag）：为一个任务设置事件标志，即触发 taskID 任务的 event_flag 事件。

（3）中断管理 API

中断管理 API 可以使一个任务与外部中断相互交流。API 中的函数允许和每个中断去联络一个具体的服务流程。在服务例程内部，可以为其他任务设置事件。中断可以启用或禁用。

osal_int_enable（uint8 interrupt_id）：此函数的功能是启用一个中断，中断一旦启用将调用该中断相联系的服务例程。interrupt_id 是系统的中断服务例程 ID。

osal_int_disable（uint8 interrupt_id）：此函数的功能是禁用一个中断，当禁用一个中断时，与该中断相联系的服务例程将不被调用。

（4）定时器管理 API

定时器管理 API 使 ZStack 内部任务和外部应用层任务都可以使用定时器，其提供了启动和停止一个定时器的功能，定时器可设定为每次递增 1ms。

osal_start_timer（unit16 eventID，unit16 timeout_value）：启动一个定时器时调用此函数。当 timeout_value 时间终止，将给当前任务函数发送一个 eventID 事件。

osal_start_timerEx（uint8 taskID，unit16 eventID，uint16 timeout_value）：类似于 osal_start_timer()，但增加了 taskID 参数。允许向 taskID 任务发送一个定时器事件。

osal_stop_timer（uint16 eventID）：此函数用来停止一个已启动的定时器。如果成功，函数将取消定时器，并阻止设置调用程序中与定时器相关的事件。

osal_stop_timerEx（uint8 taskID，un16 eventID）：此函数的功能是可以在不同的任务函数之间完成中止定时器，与 osal_stop_timer 相似，只是指明了任务 ID。

osal_GetSystemClock（void）：此函数的功能为读取系统时钟。

（5）内存管理 API

内存管理 API 实现了一个简单的内存分配系统，其中的函数完成了动态内存分配。

osal_mem_alloc（uint16 size）：此函数是一个内存分配函数，如果分配内存成功，返回一个指向缓冲区的指针。

osal_mem_free（void ＊ptr）：此函数用于释放存储空间，以便存储空间释放后再次使用，仅在内存已经通过调用 osal_men_alloc()分配后才有效。

（6）任务管理 API

在 OSAL 系统中，任务管理 API 常用于添加和管理任务，每个任务由初始化函数和时间处理函数组成。

sal_init_system（void）：此函数功能为初始化 OSAL 系统。在使用任何其他 OSAL 函数之前必须先调用此函数启动 OSAL 系统。

osal_start_system（void）：此函数是任务系统中的主循环函数。它将仔细检查所有的任务事件，调用任务事件处理函数。相应任务的事件处理例程一次处理一个事件。一个事件被处理后，剩余事件将等待下一次循环。如果没有事件，则这个函数使处理器程序处于睡眠模式。

（7）非易失存储管理 API

非易失（Non－Volatile，NV）存储管理 API 为应用程序提供了一种将信息永久保存到设备存储器的方法。它还能用于把 ZigBee 规范要求的某些项目永久保存到协议栈。NV 函数的功能是读写任意用户自定义的数据类型，比如结构体和数组。用户能通过设置适当的偏移和长度来读写一个整体的项目或元素。API 独立于具体存储介质，能用于闪存或 EEPROM。

每个易失项目都仅有一个 ID，当一些 ID 值由栈或平台保留或运用时，应用程序中有特定一系列 ID 值。当应用程序创建自己的易失性项目时，它必须从范围内的值中选择一个作为标识符，具体取值情况如表 8-4 所示。

表8-4　各层对应的 ID 值

Users	Value
Reserved	0x0000
OSAL	0x0001 ~ 0x0020
NWK 层	0x0021 ~ 0x0040
APS 层	0x0041 ~ 0x0060
Security	0x0061 ~ 0x0080
ZDO	0x0081 ~ 0x00A0
Reserved	0x00A1 ~ 0x0200
Application	0x0201 ~ 0x0FFF
Reserved	0x1000 ~ 0xFFFF

osal_nv_item_init（uint16 id，uint16 len，void ＊buf）：初始化 NV 项目，这个函数检查存在的 NV 项目。如果不存在，则它将通过这个函数去创建或初始化。

osal_nv_read（uint16 id，uint16 offset，uint16 len，void ＊buf）：从 NV 中读出数据。此函数用于从 NV 中带有偏移的索引所指向的项目中读出整个项目或一个元素。

osal_nv_write（uint16 id，uint16 offset，uint16 len，void ＊buf）：写入数据到 NV。此函数用于从 NV 中带有偏移的索引所指向的项目中写入到整个 NV 项目。

osal_offsetof（type，member）：计算一个结构体内元素的偏移量，以字节为单位。用它来计算 NV API 函数使用参数的偏移量。

（8）电源管理 API

当安全关闭接收器或外部硬件时，电源管理 API 为应用程序或任务提供了告知 OSAL 的方法，以使处理器转入睡眠状态。

osal_pwrmgr_device（）：当升高电源或需要改变电源时（例如电池支持的协调器），这个函数应由中心控制实体（如 ZDO）调用。

osal_pwrmgr_task_state（uint8 taskID，uint8 state）：每个任务都会调用此函数，此函数的功能是用来表决是否需要 OSAL 电源保护或推迟电源保护。当一个任务被创建时，默认情况下电源状态设置为保护模式。如果该任务一直需要电源保护，就不必调用此函数。

（9）其他常用功能函数 API

除了以上的相关 API 外，还有 osal_strlen、osal_memcpy、osal_memcmp、osal_memset 函数，这些函数和常见的 C 语言类似，OSAL 只是作了二次封装，也可以直接调用。

8.3.6　ZStack 应用开发层（App 层）

App 层为 ZStack 协议栈应用层，面向用户开发。在这一层用户可以根据自己的需求建立项目和添加用户任务，并通过调用 API 函数实现项目功能。下面根据官方的 SampleApp 例程来介绍 App 层。

App 层目录下面包含着 5 个文件：OSAL_SampleApp.c、SampleApp.c、SampleApp.h、SampleAppHw.c 和 SampleAppHw.h，如图 8-13 所示。其中，OSAL_SampleApp.c 文件主要完成注册用户任务；SampleApp.c 文件对用户任务进行初始化，以及实现任务处理；SampleApp.h 文件主要定义端点所需的各种参数；SampleAppHw.h、SampleAppHw.c 文件作为设备类型判断的辅助文件，其内容也可以写入 SampleApp.h、SampleApp.c 文件中。

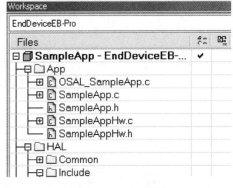

图 8-13　App 目录结构

（1）OSAL_SampleApp.c 文件

OSAL_SampleApp.c 文件主要包含任务数组

tasksArr[] 定义和任务初始化函数 osalInitTasks。tasksArr[] 数组前面已经介绍过，是 OSAL 层任务管理最重要的数据结构之一，osalInitTasks 主要完成各层的初始化工作（例如调用 macTaskInit 完成 MAC 层相关的初始化），其主要代码如下：

```
const pTaskEventHandlerFn tasksArr[] = {
macEventLoop,            //MAC 层处理任务函数
nwk_event_loop,          //NWK 层处理任务函数
Hal_ProcessEvent,        //硬件抽象层处理任务函数
  ...
  SampleApp_ProcessEvent //用户自己定义的任务处理函数,将在 SampleApp.c 中由用户实现
};
```

171

```
void osalInitTasks ( void )
{
    uint8 taskID = 0;
    tasksEvents = (uint16 * )osal_mem_alloc( sizeof( uint16 ) * tasksCnt); //为各任
务分配空间
    osal_memset( tasksEvents, 0, (sizeof( uint16 ) * tasksCnt));    //初始化
    macTaskInit( taskID++ );      //MAC 层任务初始化
    nwk_init( taskID++ );         //网络层任务初始化
    ...
    SampleApp_Init( taskID );         //用户自定义的任务初始化,在 SampleApp.c 文件中实现
}
```

（2）SampleApp.c 文件

SampleApp.c 文件主要完成以上提到的用户自定义任务的初始化，以及自定义任务处理。其中用户任务初始化函数 SampleApp_Init() 主要功能代码如下：

```
voidSampleApp_Init ( uint8 task_id )
{
SampleApp_TaskID = task_id;         //任务 ID 号赋值
  SampleApp_NwkState = DEV_INIT;     //网络状态为初始化状态
  SampleApp_TransID = 0;             //传输序列号赋值
...
  /*填充端点信息*/.
  SampleApp_epDesc.endPoint = SAMPLEAPP_ENDPOINT;
  SampleApp_epDesc.task_id = &SampleApp_TaskID;
  SampleApp_epDesc.simpleDesc =(SimpleDescriptionFormat_t *)&SampleApp_SimpleDesc;
  SampleApp_epDesc.latencyReq = noLatencyReqs;
  afRegister( &SampleApp_epDesc );    // 注册端点
  RegisterForKeys( SampleApp_TaskID ); // 注册所有的按键事件,使该程序可以处理案按键事件
  MT_UartRegisterTaskID(SampleApp_TaskID);   //允许该任务发送串口信息
}
```

ZStack 用户应用程序开发中，任务处理函数 SampleApp_ ProcessEvent() 是最重要的函数之一。该函数在处理时，当应用层接收到消息时，先判断消息类型，根据消息类型来定义处理。ZStack 协议栈中，将消息类型划分成为系统消息事件和用户自定义事件。其中，系统消息事件分为按键事件、接收消息事件、消息接收确认事件、网络状态改变事件、绑定确认事件、匹配响应事件。

SampleApp.c 中 SampleApp_ ProcessEvent 没有列出所有的系统消息事件，只给出了按键事件、接收消息事件、网络状态改变事件。事件处理的主要代码如下（代码中 ***_ProcessEvent 事件处理函数类型的代码大都在 SampleApp.c 中由用户自定义实现）：

```
uint16 SampleApp_ProcessEvent( uint8 task_id, uint16 events )
{
  afIncomingMSGPacket_t * MSGpkt;            //定义接收到的消息
  (void)task_id;  //为了避免编译时出现警告,将 task_id 屏蔽掉
  if ( events & SYS_EVENT_MSG ) //如果事件为系统消息事件
  {
```

```
        MSGpkt = (afIncomingMSGPacket_t * )osal_msg_receive( SampleApp_TaskID );//接收
任务的消息
        while (MSGpkt )
        {
    switch (MSGpkt->hdr.event ) //当接收的消息有事件发生时,判断事件的类型
        {
          case KEY_CHANGE: // 按键事件
           SampleApp_HandleKeys( ((keyChange_t * )MSGpkt)->state,
                ((keyChange_t * )MSGpkt)->keys );  //调用按键事件处理函数
            break;
          case AF_INCOMING_MSG_CMD:      // 接收消息事件
            SampleApp_MessageMSGCB( MSGpkt );    //调用接收消息处理函数
            break;
          case ZDO_STATE_CHANGE:
            SampleApp_NwkState = (devStates_t)(MSGpkt->hdr.status); // 网络状态改
                                                             变事件

            if ( (SampleApp_NwkState == DEV_ZB_COORD)
                || (SampleApp_NwkState == DEV_ROUTER)
                || (SampleApp_NwkState == DEV_END_DEVICE) )
            {
              HalLedSet( HAL_LED_1,HAL_LED_MODE_ON );        //打开 LED1
            osal_start_timerEx( SampleApp_TaskID, // 启用定时器,开启定时事件
                            SAMPLEAPP_SEND_PERIODIC_MSG_EVT,
                            SAMPLEAPP_SEND_PERIODIC_MSG_TIMEOUT );
            }
            else {
                }break;
          default: break;
        }
        osal_msg_deallocate( (uint8 * )MSGpkt );  // 释放内存
        MSGpkt = (afIncomingMSGPacket_t * )osal_msg_receive( SampleApp_TaskID );
// 等待下一个数据帧的到来
        }
        return (events ^ SYS_EVENT_MSG); // 返回没有处理完的事件
    }
    if ( events & SAMPLEAPP_SEND_PERIODIC_MSG_EVT )    //  定时事件
    {
      SampleApp_SendPeriodicMessage();        // 发送数据函数
      osal_start_timerEx( SampleApp_TaskID, SAMPLEAPP_SEND_PERIODIC_MSG_EVT,
          (SAMPLEAPP_SEND_PERIODIC_MSG_TIMEOUT + (osal_rand() & 0x00FF)) ); // 设置
一个定时器,开启定时事件,当计数器溢出时,定时时间发生
        return (events ^ SAMPLEAPP_SEND_PERIODIC_MSG_EVT); // 返回没有处理完的事件
    }
    return 0;
  }
```

173

8.4　ZigBee 组网与传输相关实验

本小节将介绍几个与 ZigBee 组网相关的实验，8.4.1 小节简单介绍 IAR 开发环境；8.4.2 小节介绍 ZStack OS 消息处理机制；8.4.3 小节介绍 ZigBee 节点如何建立连接并组网；8.4.4 小节以传感器数据采集为例介绍 ZigBee 数据传输。

8.4.1　IAR 开发简介

本节需要的软硬件资源如下。

硬件：ZigBee 感知节点一个（CC2530），C51RF‐3 仿真器一个（附加 USB 线、排线连接线各一条），计算机一台（Windows 操作系统）。

软件：IAR 8.10 软件、USB 转串口驱动、串口终端软件、ZigBee 仿真器驱动、SmartRF Flash Programmer。

IAR Embedded Workbench 软件是 IAR System 公司的嵌入式开发工具，具有如下特点：

- 高度优化的 IAR ARM C/C++ Compiler。
- IAR ARM Assembler。
- 一个通用的 IAR XLINK Linker。
- IAR XAR 和 XLIB 建库程序和 IAR DLIB C/C++ 运行库。
- 功能强大的编辑器。
- 项目管理器。
- 命令行实用程序。
- IARC‐SPY 调试器（先进的高级语言调试器）。

本章都使用 IAR 作为开发工具，下面简要介绍其安装环境与使用。

1. IAR 集成开发环境搭建

（1）IAR 的安装

如同 Windows 操作系统的其他软件安装一样，双击光盘中"工具软件 iar8.10"目录下的"EW8051‐EV‐Web‐8101. exe"文件进行安装，将会看到如图 8-14 所示的界面。

单击"Next"按钮至下一步。在后面的安装中，将分别需要填写用户的名字、公司以及认证序列。输入的认证序列以及序列钥匙正确后，将选择是完全安装或典型安装，选择"Full"完全

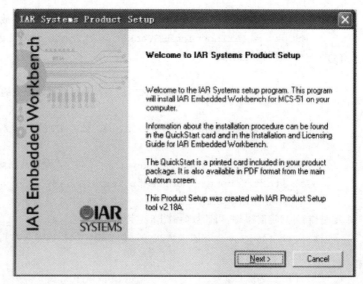

图 8-14　IAR 安装界面

安装。如果需要修改，则单击"Back"返回修改，最后单击"Finish"完成安装。

（2）USB 转串口驱动安装

ZigBee 节点板上 CC2530 可以通过串口和计算机进行通信。ZigBee 节点底板上有一个 CP2102 的芯片，可以实现 USB 转串口的功能，对应的驱动在光盘中"工具软件 \ USB 串口驱动 \ "目录下。

运行目录"\工具软件\USB 串口驱动\ cp2102"中的安装文件，在设备管理中看到虚拟串口表示安装成功，如图 8-15 所示的虚拟串口 COM4。

图 8-15　设备管理器中的安装情况

也可以指定驱动文件路径进行安装，这时串口网关底板用 D 口的 USB 线连接到计算机（如果是第一次接入时，系统会自动跳出安装驱动提示）。这种方法需要安装两次，第一次路径为"\工具软件\USB 串口驱动\cp2102\Drivers\CP210x USB to UART Bridge Controller"；第二次路径为"\工具软件\USB 串口驱动\ cp2102\Drivers\CP210x USB Composite Device"。

（3）串口终端软件安装

光盘"\工具软件\"目录下有一个"串口调试助手 . exe"程序，直接运行即可。通过该软件可以设置串口号、波特率、数据位数等参数，并完成串口通信的收发功能。如果使用的计算机上没有串口，则需要设置成为虚拟串口，软件界面如图 8-16 所示。

图 8-16　串口调试助手

（4）SmartRF Flash Programmer 安装及使用

SmartRF Flash Programmer 是 TI 推出的一款 Flash 下载工具（如图 8-17 所示），在嵌入式开发中常用于固件的下载。安装文件所在目录为"\工具软件\TI 工具\SmartRF Flash Programmer 1. 10. 2（Rev. L）"，双击安装，并全部采用默认设置。

（5）ZigBee 仿真器驱动安装

正常情况下，如果已经安装了 IAR 或者 TI 任何一款软件，那么在接入仿真器的时候均可自动安装其驱动，图 8-18 所示表示仿真器驱动已安装成功。

图 8-17　SmartRF Flash Programmer 安装程序　　　　图 8-18　ZigBee 仿真器安装情况

另外一种方法是运行目录"\工具软件\TI 工具\仿真器驱动\cebal"下"Setup_SmartRF _Drivers-1.2.0.exe"文件。

2. IAR 的界面基本使用说明

如图 8-19 所示，IAR 界面的窗口包括工作区间 Workspace、编辑区、输出消息区、菜单工具区几个部分，其中工作区间 Workspace 用于组织工程文件，可以较容易地掌握源代码文件之间的关系。

IAR 功能较多，这里简单介绍一些重要的菜单选项与功能。

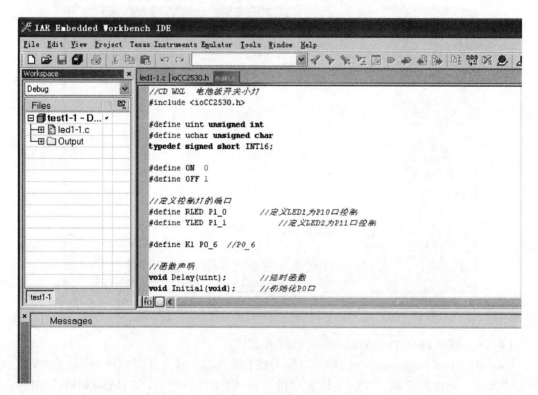

图 8-19　IAR 开发界面

工程创建：选择 Project→New Project 菜单命令，工程也是组织源文件的空间，工程文件扩展名为 .eww，也可以通过打开 ＊＊＊.eww 文件来打开工程。

添加源代码：选择 File→New→File 菜单命令，命名并保存后，如果在 Workspace 中没有显示，表示没有加入到工程中，右击 Workspace 中的工程名，选择 Add→New Files 命令进行添加。

工程设置：选择 Project→Options 菜单命令，进入工程设置窗口，工程设置窗口中主要完成要与目标平台严格相关的"Target""C++ Complier""Linker""Debugger"重要选项，其设置成功与否会影响代码在目标平台的运行，非常重要。

程序编译运行相关选项：Project 菜单下的"Make""Compile""Rebuild All""Clean"等是编译链接选项，"Download and Debug"等选项是程序下载和运行相关的启动选项。更多的使用方法请参考 IAR 使用手册。

3. 编写点亮发光二极管的程序并调试运行

下面通过一个简单的单片机程序来说明其使用方法。实验平台中的 ZigBee 感知节点的底板上连接了一些外围器件，其与发光二极管硬件连接如图 8-20 所示。本实验的主要功能是让主板上的两个发光二极管交替闪烁。

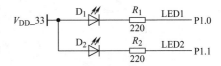

图 8-20　发光二极管电路原理图

CC2530 的硬件中 GPIO 相关的寄存器资源如表 8-5 所示。

表 8-5　CC2530 GPIO 相关寄存器

寄存器名	位号	位名	复位值	操作性	功能描述
P1（P1 口寄存器）	7:0	P1 [7:0]	0x00	读/写	P1 端口普通功能寄存器，可位寻址
P1DIR（P1 方向寄存器）	7:0	DIRP1_ [7:0]	0x00	读/写	P1_ [7:0] 方向：0 输入，1 输出
P1SEL（P1 功能选择寄存器）	7:0	SELP1_ [7:0]	0x00	读/写	P1_ [7:0] 功能：0 普通 I/O，1 外设功能
P1INP（P1 输入模式寄存器）	7:0	MDP1_ [7:0]	0x00	读/写	P1_ [7:0] 输入模式：0 上拉/下拉，1 三态

4. 主要步骤

（1）新建一个工程

选择 Project→Creat New Project 菜单命令，新建一个工程，选择 8051，单击"OK"按钮。

（2）保存工程

保存工程，命名为 test1－1，选择 File→Save Workspace 菜单命令，将工程保存到"工作空间（Workspace）"，工程空间的名字与工程名字可以相同。

（3）工程配置

选择 Project→Options 菜单命令，进入工程设置窗口，如图 8-21 所示进行配置。

选择 Device information 中的 CC2530F256.i51。选择 Linker→Config→Linker configuration file 选项，单击配置文件，先向上返回一级目录，然后打开 Texas Instruments 文件夹，选择 Ink51ew_cc2530F256.xcl。

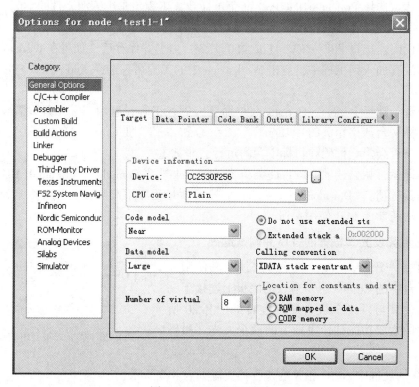

图 8-21　工程配置页面

在 Category 列表框中选择 Debugger 选项，在 Driver 下拉列表中选择 Texas Instruments（仿真器），如图 8-22 所示。

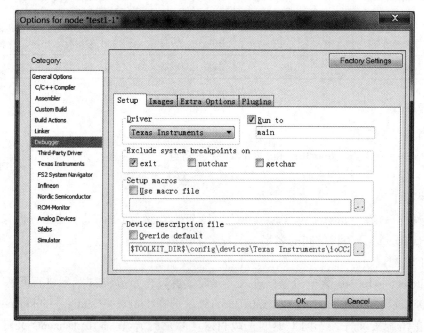

图 8-22　Debugger 选项

在 Device Description file 中选中 Overide default 复选框，选择配置文件，向上一级，在_
generic 文件夹中，选择 io8051. ddf。

（4）添加源文件

选择 File→New→File 菜单命令，建立一个新文件，输入新文件名 LED1－1. c，保存。
将文件添加进工程，选择 Project→Add File 菜单命令，将刚建立的文件加入工程中。

（5）输入代码

在 LED1－1. c 中加入如下源代码：

```
#include <ioCC2530.h>
#define LED1 P1_0
#define LED2 P1_1
void  Led_Init(void);
void  Delay(int time);
 void main (void)
 {
  Led_Init();
  while(1)
    {
    LED1 =1;
    LED2 =1;
    Delay(100);
    LED1 =0;
    LED2 =0;
    Delay(100);
    }
 }
 void Led_Init(void)
  {
  P1SEL |=0x00;
  P1DIR |=0x03;
  P1INP |=0x00;
  }
void Delay(int time )
  {
  int i,j;
  for (i =0;i <time;i ++)
  for (j =0;j <time;j ++);
  }
```

（6）生成运行

选择 Project→Rebuild All 菜单命令，如果没有问题，则编译生成可执行代码。连接好
硬件设备，选择 Project→Download and Debug 菜单命令，可以下载程序调试运行，这是系
统提供的一般集成开发环境都具有的单步跟踪、设置断点等功能菜单。调试界面如图 8-23
所示。

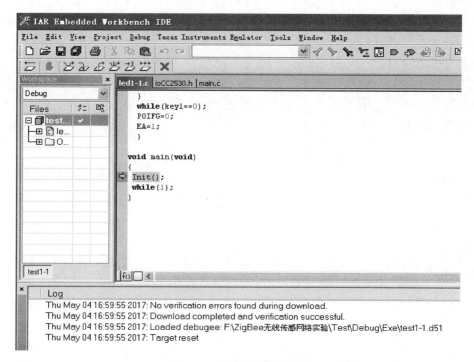

图 8-23　程序调试运行界面

8.4.2　ZStack OS 实验

前面已经介绍了 ZStack 协议栈，其中对于开发者最为重要的是 OS 层以及相关层。通过本小节的实验，初步掌握使用 ZStack 中的操作系统，学会添加任务、添加触发事件等常规操作。

本实验中需要用到的软硬件环境如下。

硬件：ZigBee 感知节点一个（CC2530），C51RF‑3 仿真器一个（附加 USB 线、排线连接线各一条），USB 转接器（miniUSB B 型公口转接 A 型 USB 公口），计算机一台（Windows 操作系统）。

软件：IAR 8.10 软件，串口调试终端。

实验前，需要理解本章中关于 ZStack 协议栈各层的基本功能，重点掌握 OSAL 层的基本运行机制（见 8.3.4 小节）、应用层开发（见 8.3.6 小节）、ZStack 中基本的 API 函数（见 8.3.5 小节）的使用方法。

本实验中用到的硬件平台为无线龙通信有限公司的 ZigBee CC2530 开发套件，其底板电路如图 8-24 所示。

CC2530 芯片的外围电路上连接了一个五向摇杆按键 Joystick（支持 UP、Down、Left、Right、Center 五个方向）。无按键按下时 P06

图 8-24　ZigBee 节点底板电路

的状态为上拉，高电平，Center 方向按下时，P06 与 GND 连通，P06 采集到低电平，电路原理图如图 8-25 所示。

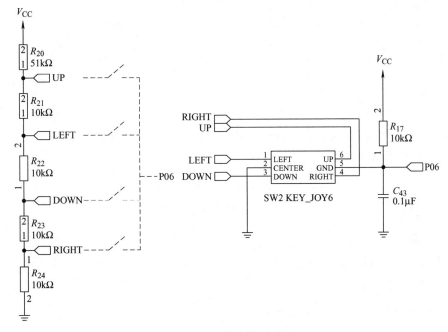

图 8-25　按键连接原理图

示例源代码可参见光盘 "＼OSALExp＼Projects＼zstack＼Samples　CC2530＼OSALexample＼SX2530MB" 目录下程序。这里主要介绍该程序实现的步骤。

（1）增加一个用户自定义任务

编写任务初始化函数 OSALTaskInt，将任务 ID 传输至当前任务（OSALtask．c 文件）。

```
void OSALtaskInt( uint8 taskId )
{
    OSALTaskId = taskId;
}
```

在 OSALInitTasks 函数中登记初始化函数，并分配对应的事件 buf（OSAL_GenericApp．c 文件）。

```
void osalInitTasks( void )
{
    uint8 taskID = 0;
    tasksEvents = (uint16 * )osal_mem_alloc( sizeof( uint16 ) * tasksCnt);
    osal_memset( tasksEvents, 0, (sizeof( uint16 ) * tasksCnt));
    macTaskInit( taskID ++ );
    nwk_init( taskID ++ );
    Hal_Init(taskID ++ );
#if defined( MT_TASK )
    MT_TaskInit( taskID ++ );
#endif
    APS_Init(taskID ++ );
```

181

```
#if defined (ZIGBEE_FRAGMENTATION )
  APSF_Init(taskID ++ );
#endif
  ZDApp_Init( taskID ++ );
#if defined (ZIGBEE_FREQ_AGILITY ) ||defined ( ZIGBEE_PANID_CONFLICT )
  ZDNwkMgr_Init( taskID ++ );
#endif
  GenericApp_Init( taskID ++ );
  OSALtaskInt ( taskID );
}
```

然后，编写任务进程函数，并处理任务异常返回。在 OSALTask. c 文件中，编写一个任务进程函数 OSALTaskProcess( )。

```
uint16 OSALTaskProcess ( uint8 taskId, uint16 events )
{
    return 0;
}
```

对该任务进程函数进行登记，见文件 OSAL_GenericApp. c 中的任务处理函数数组 pTaskEventHandlerFn，具体如下：

```
constpTaskEventHandlerFn tasksArr[] = {
  macEventLoop,
  nwk_event_loop,
  Hal_ProcessEvent,
#if defined( MT_TASK )
  MT_ProcessEvent,
#endif
  APS_event_loop,
#if defined (ZIGBEE_FRAGMENTATION )
  APSF_ProcessEvent,
#endif
  ZDApp_event_loop,
#if defined (ZIGBEE_FREQ_AGILITY ) ||defined ( ZIGBEE_PANID_CONFLICT )
  ZDNwkMgr_event_loop,
#endif
  GenericApp_ProcessEvent,
  OSALTaskProcess
};
```

（2）添加事件、触发事件及事件响应处理

在 OSALTask. h 文件中添加用户自定义事件，这里定义了三个事件，分别如下：

```
#define MSG_SD_AND_RV      0x0001      //测试信息发送与接收
#define TEST_EVENT_EVT     0x0001      //测试事件触发与停止
#define TEST_TIMER_EVT     0x0002      //测试定时器事件触发与停止
```

在 GenericApp. c 文件中实现按键事件触发，即利用 GenericApp_ProcessEvent 任务函数处理按键事件，详见 GenericApp. c 文件中的键盘处理函数 GenericApp_HandleKeys （GenericApp_

HandleKeys 函数在 GenericApp_ProcessEvent 被调用)。该函数中 HAL_KEY_SW1、HAL_KEY_SW_2 等宏在 hal_key.h 中定义,由 HAL 层实现按键事件驱动,用户可以直接使用这些按键事件。添加 HAL_ KEY_ SW_ 1 事件代码如下:

```c
void GenericApp_HandleKeys( byte shift, byte keys )
{
    MSGS * ptr;
    if ( keys & HAL_KEY_SW_1 )
    {
        osal_set_event( OSALTaskId, TEST_EVENT_EVT );  //触发一个事件 TEST_EVENT_EVT
        debug_str( "Set TEST_EVENT_EVT event ! \r\n");
    }
}
```

在函数 OSALTaskProcess( ) 中具体实现用户自定义 TEST_ EVENT_ EVT 事件的响应处理部分,详见 OSALTask.c 文件,这里省略了其他部分:

```c
if( events & TEST_EVENT_EVT )       //测试事件触发功能
  {
    HalLcdPutString16_8(0, 0, " Test Event ", 12, 1);
    debug_str( "respond TEST_EVENT_EVT event! \r\n");
    return events ^ TEST_EVENT_EVT;
  }
```

(3) 添加超时定时事件

在函数 GenericApp_ HandleKeys( ) 中添加 HAL_KEY_SW_2 事件处理,即按下按键2调用开启超时定时器(发送 TEST_ TIMER_ EVT 事件),超时时间为3s,同时向串行通信口发送调试信息,其代码如下:

```c
if ( keys & HAL_KEY_SW_2 )
{
osal_start_timerEx( OSALTaskId, TEST_TIMER_EVT, 3000 );     //开启一个超时事件
debug_str( "Start TEST_TIMER_EVTtimerEx event ! \r\n");
}
```

在任务函数 OSALTaskProcess 中添加代码,实现 TEST_ TIMER_ EVT 事件响应处理。按键2按下,在 OLED 上显示 Test Timer 并且通过串行通信口每3s输出一次调试信息,其代码如下:

```c
if( events & TEST_TIMER_EVT )                         //测试定时器功能
  {
    HalLcdPutString16_8(0, 0, " Test Timer ", 12, 1);
    debug_str( "respond TEST_TIMER_EVT event! \r\n");
    osal_start_timerEx( OSALTaskId, TEST_TIMER_EVT, 3000 );  //重新开启一个超时事件
    return events ^ TEST_TIMER_EVT;
  }
```

停止一个超时定时器:通过按键4触发关闭超时定时器功能,在使用该功能前用户可以通过按键2开启一个3s事件定时器,在3s内用户按下按键4将关闭已经开启的超时定时

器，用户就不会看到超时事件产生。GenericApp_HandleKeys 函数中添加 HAL_KEY_SW_4 事件处理，代码如下：

```
if ( keys & HAL_KEY_SW_4 )
  {
  osal_stop_timerEx( OSALTaskId, TEST_TIMER_EVT );    //关闭一个超时定时器
  debug_str( "Stop TEST_TIMER_EVTtimerEx event ! \r \n");
  }
```

（4）编写 OS 信息发送功能

在函数 ericApp_ HandleKeys( ) 中添加 HAL_ KEY_ SW_ 5 事件的处理，实现调用 osal _ msg_ allocate 分配一个指定大小的内存块，并在内存块中存放事件值与指针，调用 osal_ msg_ send 向指定的 OSALTaskProcess 任务发送信息。

```
if( keys & HAL_KEY_SW_5 )
  {
  ptr = ( MSGS * )osal_msg_allocate( sizeof( MSGS ) );//分配一个内存块
  if(ptr ! = NULL )
    {
    msgCt ++;
    ptr ->events = MSG_SD_AND_RV;
    ptr ->msg = &msgCt;
    osal_msg_send( OSALTaskId, (void * )ptr );
    debug_str( "Send os msg! \r \n");
    }
  }
```

在任务处理函数 OSALTaskProcess( ) 中接收一个 OS 信息。当一个任务收到 OS 信息后会产生一次 SYS_ EVENT_ MSG 事件，用户可以通过调用 osal_ msg_ receive 接收指定任务 ID 的信息。

```
if ( events & SYS_EVENT_MSG )
  {
  ptr = ( MSGS * )osal_msg_receive( OSALTaskId );
  while(ptr )
    {
    debug_str( "Receive a msg! \r \n");
    switch(ptr ->events )
      {
      case MSG_SD_AND_RV:
        val = * ptr ->msg;
        bPtr[9] = val/100 + '0';
        temp = val% 100;
        bPtr[10] = temp/10 + '0';
        bPtr[11] = temp% 10 + '0';
        HalLcdPutString16_8(0, 0, bPtr, 12, 1);    //显示计数
        break;
      }
    osal_msg_deallocate( (uint8 * )ptr ); //删除已经使用并分配的缓存区
```

```
    ptr = ( MSGS * )osal_msg_receive( OSALTaskId ); //一次性收完所有需要接收的数据
}
return (events ^ SYS_EVENT_MSG);//清除当前事件位
```

（5）编译下载程序测试

编译下载程序后，用 USB 线连接网关底板，并打开串口调试助手，设置波特率为 38400，然后复位网关底板，此时串口输出如图 8-26 所示。

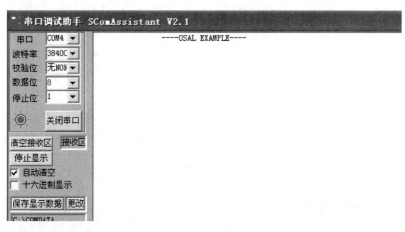

图 8-26　串口接收数据情况 1

向上拨动摇杆按键，此时系统发送并响应一次系统事件，LCD 显示"TEST Event"，并且串口输出如图 8-27 所示。

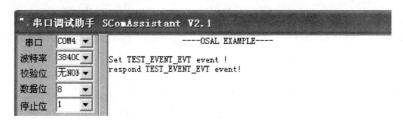

图 8-27　串口接收数据情况 2

向右拨动摇杆按键，LCD 显示"Test Timer"，此时系统打开一个超时定时器，每隔 3s 触发一次定时超时事件，并从串口输出"respond TEST_TIMER_EVT event!"。向左拨动摇杆按键，将关闭超时定时器，串口停止每隔 3s 输出一串数据，并输出"Start TEST_TIMER_ EVT timerEx event!"，如图 8-28 所示。

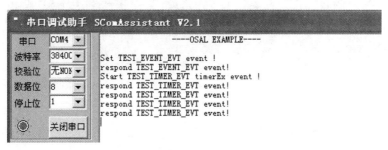

图 8-28　串口接收数据情况 3

然后，每按下一次拨动摇杆按键，LCD 显示 "RvOsMsg 001"，系统发送并接收一次信息处理，并在 LCD 上显示出触发次数，同时串口输出如图 8-29 所示。

图 8-29　串口接收数据情况 4

8.4.3　ZigBee 组网实验

通过本小节实验，巩固 ZigBee 网络结构基础知识，学会在 ZStack 中配置 ZigBee 网络参数（网络 PANID、网络、通道、路由深度等），以组成网状网络。

本实验中需要用到的软硬件环境如下。

硬件：ZigBee 感知节点 3 个，C51RF－3 仿真器 1 个（附加 USB 线、排线连接线各 1 条），计算机一台（Windows 操作系统）。

软件：IAR8.10 软件，ZigBee 开发软件（见光盘）。

本实验中用到的硬件平台为无线龙通信有限公司的 ZigBee CC2530 开发套件，感知节点如图 8-30 所示。该节点包括了底板、传感器模块、射频发射模块电路板。仿真器主要用于感知模块调试设备，外观如图 8-31 所示。

图 8-30　ZigBee 感知节点

图 8-31　C51RF－3 仿真器

另外，仿真器、感知节点的硬件连接如图 8-32 所示，其左边的 USB 线直接连接到计算机上。ZigBee 开发软件见光盘 "\ZigbeeNet\Projects/zstack\Samples CC2530\GenericApp\SX2530MB" 目录。

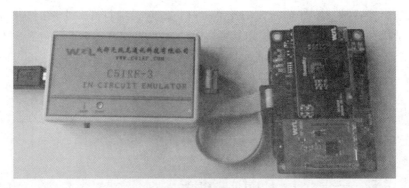

图 8-32　硬件连接图

用 IAR 软件打开光盘中 "\ZigbeeNet\Projects\zstack\Samples CC2530\GenericApp\SX2530MB" 目录下的项目文件 "GenericApp.eww"。

（1）熟悉配置网络参数

首先看看工程中有哪些配置文件。这些文件分别完成不同类型的配置任务，如图 8-33 所示。

ZigBee 的物理信道可以通过通道文件为 f8wConfig. cfg 进行配置，如图 8-34 所示，这里有 11～26 通道可以进行选择，本次配置为 11 通道，用户可以根据需要进行修改。

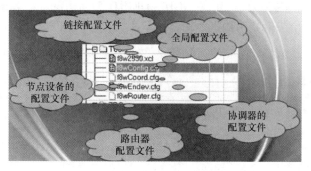

图 8-33　配置文件示意图

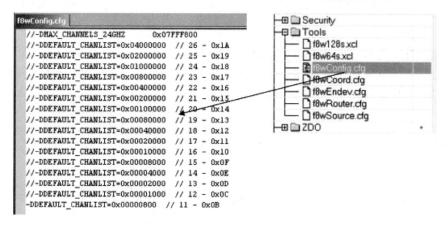

图 8-34　通道配置

PANID 配置需要设置 f8wConfig. cfg 中的宏－DZDAPP_CONFIG_PAN_ID，如图 8-35 所示。

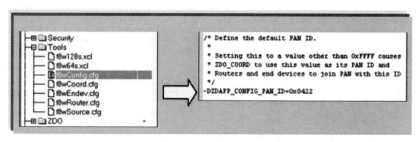

图 8-35　PANID 配置

关于 PANID 的配置，有如下规定：

如果设备是协调者且 PAN_ID = 0xFFFF，协调器将随机选择一个 PAN_ID（根据研究，该值不是完全随机，与物理地址最后 2 字节有相关性）；如果设备是路由器或者终端节点且 PAN_ID = 0xFFFF，该设备将在自己的信道上随机选择一个可用的网络加入。

如果设备是协调者且 PAN_ID！= 0xFFFF，则将使用该 PAN_ID 生成一个网络；如果设备是路由器或者终端节点设备且 PAN_ID！= 0xFFFF，则该设备将只能加入该 PAN_ID 指定的网络。

（2）熟悉网络模式配置

相关参数将根据工程编译模式确定，这里选择 PRO 模式，即网络模式为 ZIGBEEPRO_RPOFILE 模式。可以查询 ZIGBEEPRO_RPOFILE 参数，如图 8-36 所示。

图 8-37 中 MAX_NODE_DEPTH 为路由深度，其值为 20；NWK_MODE 为网络拓扑模式，其值为网状结构。

```
ZGlobals.c
uint8 zgStackProfile = STACK_PROFILE_ID;

这里配置的网络模式为 STACK_PROFILE_ID，查询下 STACK_PROFILE_ID。

#if defined ( ZIGBEEPRO )
  #define STACK_PROFILE_ID      ZIGBEEPRO_PROFILE
#else
  #define STACK_PROFILE_ID      HOME_CONTROLS
#endif
```

图 8-36　网络模式

```
#if ( STACK_PROFILE_ID == ZIGBEEPRO_PROFILE )
  #define MAX_NODE_DEPTH      20
  #define NWK_MODE            NWK_MODE_MESH
  #define SECURITY_MODE       SECURITY_COMMERCIAL
#if    ( SECURE != 0 )
  #define USE_NWK_SECURITY    1    // true or false
  #define SECURITY_LEVEL      5
#else
  #define USE_NWK_SECURITY    0    // true or false
  #define SECURITY_LEVEL      0
#endif
```

图 8-37　网络相关参数

（3）了解和使用几个关键函数

任务初始化函数 GenericApp( ) 如图 8-38 所示。

建立或加入网络成功反馈函数 nwk_Status( )。该函数由开发者定义后系统自动调用，如图 8-39 所示。可以看出，在该函数中会通过 LCD 显示设备类型。

```
GenericApp.c
void GenericApp_Init( byte task_id )
{
  GenericApp_TaskID = task_id;
  GenericApp_NwkState = DEV_INIT;
  GenericApp_TransID = 0;

  // Update the display
#if defined ( LCD_SUPPORTED )
  HalLcdPutString16_8(0, 0, " GenericApp ",12, 1);
#endif

  MicroWait(50000);
  MicroWait(50000);
  MicroWait(50000);
}
```

图 8-38　函数 GenericApp( )

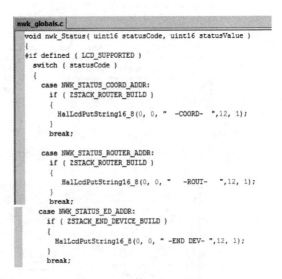

图 8-39　函数 nwk_Status( )

（4）组网并测试，能够通过 LCD 看到组网成功的信息

首先，选择工程文件，将不同工程文件下载至不同设备上，如图 8-40 所示。其中，CoordinatorEB 或 CoordinatorEB – Pro 表示协调器，RouterEB 或 RouterEB – Pro 表示路由器，EndDeviceEB 或 EndDeviceEB – Pro 表示终端设备。

打开 f8wConfig. cfg 文件，在此文件内可以修改 ZigBee 无线网络的 PANID（－DDEFAULT_CHANLIST）及通信信道（－DZDAPP_CON-FIG_PAN_ID），如之前的图 8-34 和图 8-35 所示。

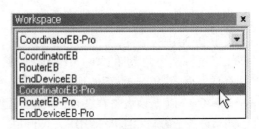

图 8-40　工程选择

188

分别编译后把协调器、路由器与终端设备的程序下载至 3 个节点，并为每个节点标记不同标志，若下载协调器程序的节点标记为协调器，则选择图 8-40 中的 CoordinatorEB。

打开协调器节点的电源开关，LCD 将会陆续显示字符串"GenericApp""＊＊TI&TEST＊＊""－COORD－"，其中"－COORD"表示协调器网络建立成功。

打开路由器节点的电源开关，LCD 将会陆续显示字符串"GenericApp""＊＊TI&TEST＊＊""－ROUT－"，其中"－ROUT"表示路由器节点加入网络成功。

打开终端设备节点的电源开关，LCD 将会陆续显示字符串"GenericApp""＊＊TI&TEST＊＊""－END DEV－"，其中"－END DEV－"表示终端设备节点加入网络成功。

8.4.4　ZigBee 数据采集与传输实验

通过本小节实验，掌握 ZigBee 无线传输的开发流程，熟悉 ZStack 相关 API 的功能。本实验将完成如下任务：

1）ZigBee 终端节点进行温度采集与发送。

2）ZigBee 协调器节点接收温度数据。

3）ZigBee 协调器节点通过串口与计算机通信。

本实验中需要用到的软硬件环境如下。

硬件：ZigBee CC2530 感知节点两个（一个作为协调器节点、一个作为终端节点）、C51RF－3 仿真器一个（附加 USB 线、排线连接线各一条）、USB 转接器（miniUSB B 型公口转接 A 型 USB 公口）、计算机一台（Windows 操作系统）；硬件连接如图 8-32 所示。

软件：IAR 8.10 软件，串口调试终端。

实验前，需要理解 8.4.2 小节"ZStack OS 实验"相关知识。本实验中的 ZigBee 节点连接了一个 TC77 的温度传感器，将传感器采集到的温度数据实时传输给 ZigBee 协调器。TC77 数据接口为串行外设接口（Serial Peripheral Interface，SPI），由于 CC2530 SPI 接口另有他用，这里采用普通 IO 口模拟 SPI 形式来实现，其硬件连接原理如图 8-41 所示（其中 P14 为片选引脚，P15 为时钟信号线，P17 为数据信号线）。

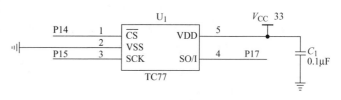

图 8-41　TC77 硬件原理图

为了简化开发，实验中我们提供了 TC77 的驱动程序，如果想要详细掌握 TC77 的工作时序，可以参看源代码 TC77.c 文件（工程目录下 HAL\Target\CC2530EB\）。另外编写了一个传感器初始化源文件 SENCOR.c，也添加进工程。

本实验的源代码可参见光盘"\TempDataTranmit\Projects\zstack\Samples\SampleApp\CC2530DB"目录。按照之前实验中的方法，建立用户自定义的用户任务函数 SampleApp_ProcessEvent()、任务初始化函数 SampleApp_Init()。函数 SampleApp_ProcessEvent() 完成节点事件处理，是主要工作功能代码，函数 SampleApp_Init() 完成用户数据初始化任务（详见 SampleApp.c）。

（1）编写 ZigBee 无线发送数据函数

ZigBee 终端节点通过传感器采集数据后，需要通过无线方式发送到指定节点。这里编写了一个函数 SendData( ) 用于通过 ZigBee 发送数据。为了实现 ZigBee 设备通过网络进行数据发送，开发人员需要掌握 AF_DataRequest 的使用方法，详见 8.3.3 节。函数 SendData( ) 有 3 个重要参数，分别为目的节点网络地址、发送数据缓冲区、发送数据长度。节点加入网络成功后，可以调用此函数往任意节点发送数据。详细代码如下：

```
uint8 SendData( uint16 addr, uint8 * buf, uint8 Leng )
{
    afAddrType_t SendDataAddr;
    SendDataAddr. addrMode = (afAddrMode_t)Addr16Bit;
    SendDataAddr. endPoint = SAMPLEAPP_ENDPOINT;
    SendDataAddr. addr. shortAddr = addr;
        if ( AF_DataRequest( &SendDataAddr, &SampleApp_epDesc,
                        2,   //SAMPLEAPP_PERIODIC_CLUSTERID,
                        Leng,
                       buf,
                        &SampleApp_TransID,
                        AF_DISCV_ROUTE,
                     //  AF_ACK_REQUEST,
                        AF_DEFAULT_RADIUS ) ==afStatus_SUCCESS )
    {
        return 1;
    }
    else
    {
        return 0;                 // Error occurred in request to send.
    }
}
```

（2）触发传感器采集和发送

节点加入网络成功后（触发 ZDO_STATE_CHANGE 事件），启动长度为 1s 的超时定时器（程序函数 SampleApp_ProcessEvent( ) 内），定时向本任务进程发送 SAMPLEAPP_SEND_PERIODIC_MSG_EV 事件，部分代码如下：

```
    ......
case ZDO_STATE_CHANGE:
    SampleApp_NwkState = (devStates_t)(MSGpkt -> hdr. status);
    if ( (SampleApp_NwkState == DEV_ZB_COORD)
        ||(SampleApp_NwkState == DEV_ROUTER)
        ||(SampleApp_NwkState == DEV_END_DEVICE) )
    {
        HalLedSet( HAL_LED_1,HAL_LED_MODE_ON );
        ......
    #ifdefWXL_RFD
      osal_start_timerEx( SampleApp_TaskID,
        SAMPLEAPP_SEND_PERIODIC_MSG_EVT,
        SAMPLEAPP_1000MS_TIMEOUT );          //启动 1s 超时定时器
    #endif
        ......
    }
```

（3）实施采集传感器和发送功能

同样，在函数 SampleApp_ProcessEvent( ) 内，实现对步骤（2）中 SAMPLEAPP_SEND_
PERIODIC_MSG_EV 事件的处理。终端节点每 1s 采集一次 TC77 传感器数据，并发送给协调
器节点。这里每次发送的数据（一帧）自行定义了格式，"&" 为帧头，"＊" 为帧尾，总

长为 32 字节，地址表示传感
器模块地址，数据部分如
WD + XX 类型（2 字节 ASCII
码数据），如图 8- 42 所示。
例如，上传命令 AAS + WD，
表示上传温度传感器数据。

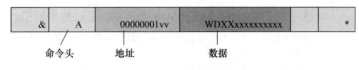

图 8-42　自定义帧格式

采集和发送功能的部分核心代码如下：

```
if ( events & SAMPLEAPP_SEND_PERIODIC_MSG_EVT )              //发送数据
    {
                memset(RfTx.TxBuf,'x',32);
                RfTx.TXDATA.Head = '&';
                RfTx.TXDATA.HeadCom[0] = 'A';
                RfTx.TXDATA.HeadCom[1] = 'A';
                RfTx.TXDATA.HeadCom[2] = 'S';
                ieeeAddr = NLME_GetExtAddr();
                memcpy(RfTx.TXDATA.Laddr,ieeeAddr,8);
                temp1 = NLME_GetShortAddr();
                RfTx.TXDATA.Saddr[0] = temp1;
                RfTx.TXDATA.Saddr[1] = temp1 >>8;
                RfTx.TXDATA.DataBuf[0] = 'W';
                RfTx.TXDATA.DataBuf[1] = 'D';
                temp = ReadTc77();      //读取温度;
                RfTx.TXDATA.DataBuf[2] = temp/10 + 0x30;
                RfTx.TXDATA.DataBuf[3] = temp% 10 + 0x30;
                RfTx.TXDATA.LastByte = '* ';
                SendData(0x0000, RfTx.TxBuf,  32);          //自动上传传感器数据
        }
    osal_start_timerEx( SampleApp_TaskID, SAMPLEAPP_SEND_PERIODIC_MSG_EVT, SAM-
PLEAPP_1000MS_TIMEOUT);     //重新启动一个定时器
    ……
```

（4）协调器对终端节点传感器数据接收和处理

协调器为接收其他节点发送的数据，需要响应 AF_ INCOMMING_ MSG_ CMD 事件，
部分代码如下：

```
    ……
    if ( events & SYS_EVENT_MSG )
    {
        MSGpkt = (afIncomingMSGPacket_t * )osal_msg_receive(SampleApp_TaskID);
        while ( MSGpkt )
        {
            ……
            // Received when a messages is received (OTA) for this endpoint
```

```
        case AF_INCOMING_MSG_CMD:
            SampleApp_MessageMSGCB(MSGpkt);
            break;
......
```

调用上面的函数 osal_msg_receive( ) 后，收到的消息被存放在 MSGpkt 指针指向的结构体中，可通过定义 SampleApp_MessageMSGCB 实现数据解析，并通过串口函数发送给计算机串口终端调试软件。SampleApp_MessageMSGCB 实现的部分代码如下：

```
void SampleApp_MessageMSGCB(afIncomingMSGPacket_t * pkt)
    {
        #ifdef WXL_COORD
            memcpy(RfRx.RxBuf,pkt->cmd.Data,32);   //读出无线接收到的数据
            osal_stop_timerEx(SampleApp_TaskID,SAMPLEAPP_SEND_PERIODIC_MSG_EVT);
                                                //停止超时计数器
        HalLcdWriteString((char*)"test",HAL_LCD_LINE_3);
        if((RfRx.RXDATA.Head == '&') && (RfRx.RXDATA.LastByte == '*'))
        {
            memcpy(UartTxBuf.TxBuf,RfRx.RxBuf,32);
            /*
            for(i=0; i<8; i++)
            {
                UartTxBuf.TXDATA.Laddr[i] = RfRx.RXDATA.Laddr[i];//长地址
            }
            for(i=0; i<2; i++)
            {
                UartTxBuf.TXDATA.Saddr[i] = RfRx.RXDATA.Saddr[1-i];//短地址
            }*/
            UartTxBuf.TXDATA.CRC = CheckUartData(&UartTxBuf.TxBuf[1],29);
            HalUARTWrite(HAL_UART_PORT_0,UartTxBuf.TxBuf,32);       //从串口输出
        }
    #endif
        ......
}
```

（5）下载和测试程序

分别编译并下载编译完成的程序到协调器和终端节点上，用 USB 线连接计算机和协调器底板（注意底板上的 S1 必须拨向右边），并打开串口调试助手。串口端口号设置波特率为 38400，然后复位网关底板，LCD 显示"COORD"，同时协调器模块的红色 LED 点亮，表示网络建立成功，等待节点的加入。

然后打开路由节点或终端节点程序的底板电源，上电后节点 LCD 显示"End - device"，节点的红色 LED 点亮，表示加入网络成功。

观察串口调试助手，此时串口助手显示节点上传的温度传感器的值，如图 8-43 中终端节点传感器传给协调器的数据为 27℃（WD 后面的数值标识温度），可以尝试用手按住 TC77 传感器，并观察其值有无变化。

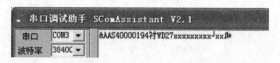

图 8-43　串口接收数据情况

8.5　本章小结

ZigBee 是 ZigBee 联盟定义的一种无线传输协议标准，是一种近距离、低复杂度、低功耗、低成本的双向无线通信技术。它主要应用于距离短、功耗低且传输速率要求不高的应用场景中。ZigBee 联盟在 IEEE 802.15.4 的 MAC 层和物理层基础上，对其进行扩展实现了对网络层协议和应用层协议的标准化。

本章还阐述了 ZigBee 技术的特点、协议层次结构、网络结构等重要概念。以 TI 公司的一个 ZigBee 半开源协议栈 ZStack 协议栈作为研究对象，深入探讨了其各层的功能与实现机制。通过几个典型实验的源代码介绍，让开发者能够了解更多的 ZigBee 内部实现细节，为今后利用 ZigBee 进行传感器组网与数据传输奠定基础。

习　　题

1. ZigBee 协议的底层协议是_____。

2. 对于协调器，网络地址一般固定为_____。

3. 网络 PANID 设置为_____时，协调器建立网络会将在 0x0000 ~ 0xFFFF 之间随机选择一个数作为网络的 PANID。

4. ZigBee 组网数据传输中，对传感器数据进行采集的是（　　　）。

A. Coordinator　　　　　　　　　B. Router

C. End Device　　　　　　　　　　D. Hub

5. ZStack 为了实现一个节点发送数据给另外一个节点，可以调用（　　　）。

A. osal_set_event　　　　　　　　B. osal_send_msg

C. AF_DataRequest　　　　　　　　D. osal_send_event

6. osal_start_timerEx 函数的功能是（　　　）。

A. 启动一个任务

B. 取消一个任务

C. 启动一个定时器，发送一个消息事件到另一个任务。

D. 启动一个定时器，发送某个事件给其他任务

7. 8.4 节中 ZigBee 的组网中，能否改变终端组网成功的 LED 显示字符串，该如何实现？

8. 8.4 节中 ZigBee 数据的采集与传输中，能否改变协调器数据串口波特率？如何实现？

9. 8.4 节中 ZigBee 数据的采集与传输中，如何改变协调器发送给计算机的数据格式？

第9章 ZigBee安全与编程

本章将介绍ZigBee的安全机制和特点。在ZigBee中安全不是一个独立层次，而是各协议层次都可能涉及的功能。由于不同协议层次的安全功能有很多类似的地方，同时安全又是一个比较独立的领域，因此有必要把不同层次的安全分散在各协议层来介绍。ZigBee将安全功能汇集到一起组成安全服务提供者，被称作SSP（Security Service Provider）。

本章的主要内容包括ZigBee安全机制和ZigBee安全加固，主要介绍ZigBee网络层与应用层安全特性。

9.1 ZigBee安全机制

第8章介绍了ZigBee协议拥有一个完整的协议栈，从下到上分别是物理层、链路层、网络层和应用层。ZigBee使用了IEEE 802.15.4规范对物理层和MAC层的定义，在此基础上ZigBee联盟设计了网络层和应用层协议，如图9-1所示。

ZigBee在MAC层上使用的是AES加密算法，通常为AES-128，根据上层提供的密钥级别，可以提供不同水平的安全性保障。IEEE 802.15.4标准MAC层使用的是CCMP模式，认证使用CBC-MAC模式，而加解密使用的是CTR模式。然而，ZigBee技术对数据保护采用一种增加了加密与完整性特性的CCM*（Counter mode with CBC-MAC*）安全模式，它是通过执行AES-128加密算法来对数据保密。

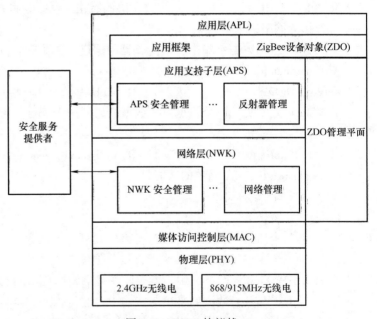

图9-1 ZigBee协议栈

9.1.1 安全思考

ZigBee具有设备简单、成本低、设备数量大、自组织形成网络等特点，因此其对于安全问题有一些独特考量。由于设备简单、成本低，不可能使用很复杂的安全机制，通常一个设备上不同应用之间不会进行逻辑上的安全分离。假设同一个设备上的应用之间，协议层之间需要相互信任。当然也不排除一些较复杂的设备可以通过应用层实现更为复杂的安全机制，但通用安全机制一定要简单。

ZigBee设备内的应用、协议层之间是相互信任的，所以各应用和各协议层可以共享相同的密钥，这样只需考虑设备到设备的安全而不需要考虑每一个应用到其他应用的安全，能够减少很多密钥存储工作量。具体来说，ZigBee 的安全机制设计有如下几个原则。

1）谁产生谁负责。就是说，每一个协议层应该保证自己生成的密钥安全，如网络层命令帧的安全需要使用网络层安全机制。

2）如果要求考虑对恶意设备的"防盗"功能，可使用网络层安全机制，新加入网络的设备要获取有效的网络密钥才能在网络中进行正常通信。

3）不同协议层可以共享安全密钥，如网络层的安全密钥可以用于加密 APS 的广播帧，从而减小密钥存储代价。

4）能执行端到端的安全。只有原设备和目的设备能接触到它们之间的密钥，这样可限制那些有问题设备的信任要求，避免网络层中间路由器的安全问题。

5）为了简化设备互用性，给定网络中的所有设备和设备的所有层使用的安全标准应该是一致的。如果应用程序要比一个给定网络提供更多的安全，它将形成有更高安全级别的独立网络。

当然，在实现中还有一些基本的安全策略：正确处理数据加解密当中出现的错误，错误可能表示安全参数同步存在问题，或者是存在外部攻击；检测和处理计数器同步丢失和计数器溢出；检测和处理密钥同步丢失；终止使用某一密钥或周期性更新密钥。

密钥是大多数安全算法的基础，ZigBee 也不例外。ZigBee 中定义了 3 种密钥：主密钥、链路密钥、网络密钥。主密钥用于生成其他密钥，链路密钥用于两两之间的安全通信，而网络密钥用于多个应用、设备，甚至整个网络的安全通信。

密钥获取通常有 3 种方法：一是密钥分发，即密钥是由其他设备发送而来；二是密钥生成，即根据主密钥和其他一些信息，按照规定算法生成密钥；三是预安装，比如可以在设备出厂时对密钥进行初始设置。当然，预安装也包括了通过带外方式获取密钥，例如由用户手工输入密码。这 3 种方法均可以获取链路密钥，而主密钥和网络密钥只能通过密钥分发或预安装获取。

最后，ZigBee 有两种安全模式：标准模式和高安全模式。两种模式中网络密钥分发方式不一样，网络帧计数器初始化方式也不一样，但数据加密方式没有区别。

9.1.2　ZigBee 安全体系结构

ZigBee 安全体系结构包括协议栈中 3 层，MAC 层、NWK 层和 APS 层的安全机制任务为负责安全传输各自产生的帧。此外，APS 子层为建立和维护安全关系提供服务。ZigBee 设备对象（ZDO）管理设备的安全政策和安全配置。

ZigBee 的 MAC、NWK 和 APL 层会使用相同的网络密钥，也会使用相同的输出帧、输入帧计数器。链路密钥和主密钥可能仅仅是用于应用支持子层（APS 子层）或者 APL 层。

1. MAC 层安全

当一个在 MAC 层发起的帧需要保护时，ZigBee 会使用 MAC 层安全。虽然由 MAC 层负责本层帧的安全性处理，但采用哪个安全级别则由上层决定。ZigBee 的 MAC 层在数据传输中提供如下 3 级安全模式，由用户在上层协议中决定使用哪一种。

（1）无安全模式

无安全模式是 MAC 层默认的安全模式。这种模式下，当某个设备接收到数据帧时，设备不对帧进行任何安全检查，只检查帧目的地址。如果对某种应用的安全性要求不高时，可以采用该模式。

（2）访问控制列表模式

访问控制列表（Access Control List，ACL）模式，为通信提供了访问控制服务。高层可以通过设置 MAC 子层的 ACL 条目指示 MAC 子层根据源地址过滤接收到的帧。但这种方式下的 MAC 子层没有提供加密保护，高层有必要采取其他机制来保证通信安全。

（3）安全模式

MAC 层的安全模式，在输入和输出帧上既使用 ACL 功能，又提供加密服务，提供了较完善的安全保护。

根据上层选择的安全模式，MAC 层可以为发送和接收帧提供相应安全服务，ZigBee 支持以下 4 种服务。

1）访问控制：不对发送和接收的帧进行任何修改和检查，只是让接收帧的设备根据接收帧中的源地址对帧进行过滤。

2）数据加密：使用指定的密钥对帧中的载荷进行加密处理，并将加密后的数据重新放在帧载荷部分，但对帧的其他部分不进行加密处理。加密处理完成后，MAC 层将重新计算帧的 FCS。

3）帧完整性：帧完整性利用信息完整性校验码（MIC）防止对信息进行非法修改，数据、信标和命令帧均可进行处理。

4）序列号更新：MAC 层帧头有一个序列号域，其值为该帧的唯一序列号。设备接收到一帧后，MAC 层管理实体将接收的帧序列号与保存的序列号做比较。如果接收的序列号比保存的序列号新，则保留、上传接收的帧，同时更新保存的序列号；否则，丢弃该帧。这种方法保证了接收到的帧是最新的，能够避免帧重放攻击。

对于 ZigBee，MAC 层帧要求安全进程应该根据来自 MAC PIB macDefaultSecurityMaterial 和 macALCEneryDescriptorSet 等属性的安全资料进行处理。每个属性分别能使用 MLME_GET. request 和 MLME_SET. request 原语进行读写。对于来自 MAC PIB 的 macDefaultSecurityMaterial 属性，高层将对称密钥、输出帧计数器、可选择外部密钥序列计数器与在 NIB 的 nwkSecurityMatrialSet 属性中的网络安全资料描述符的对应要素设置为相同，并由 NIB 的 nwkActiveKeySeqNumber 属性引用。该属性将不使用可选择的外部帧计数器，并且将 macDefaultSecurityMaterial 的值与任何来自可共享邻居设备（一个父设备和子设备）的 APS 层的链路密钥值设置为一致。

对于 MAC PIB 中的 macACLEntry DescriptorSet 属性，高层将对称密钥、输出帧计数器和 AIBapsDeviceKeyPairSet 里的网络密钥，对描述符的相应要素设置成相同。MAC 层连接密钥是首选的密钥，但若无 MAC 层连接密钥，就使用默认密钥。图 9-2 显示了安全的 MAC 层输出帧的结构。

2. NWK 层安全

当一个网络层发起的帧需要保护

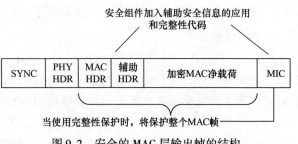

图 9-2　安全的 MAC 层输出帧的结构

时，或者更高层发起的帧需要保护时，并且当在 NIB 的 nwkSecureAllFrames 参数为 TRUE
时，ZigBee 会使用帧保护机制。除非 NLDE－DATA. request 原语的 SecurityEnable 参数为
FALSE，它才会明确禁止安全操作。正如 MAC 层一样，NWK 层的帧保护机制使用 AES 和
CCM＊。NWK 帧所采用的安全级别应由 NIB 中的 nwkSecurity 参数给定。上层通过设置主动
的、预备的网络密钥管理 NWK 层安全，并决定使用哪个安全级别。

NWK 层的一个责任就是通过多跳链路发送信息。作为该任务的一部分，NWK 层将广播
路由请求消息和处理接收的路由响应消息。路由请求消息广播到邻近设备时，邻近设备发出
路由响应消息。如果获得合适
的链路密钥，NWK 层将使用链
路密钥来保护输出的 NWK 帧。
如果没有获得合适的链路密钥，
为了避免消息泄密，NWK 层将
使用它的主动网络密钥来保护
NWK 输出帧，使用它的主动网
络密钥或者预备网络密钥保护

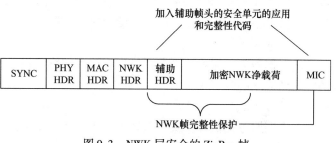

图 9-3　NWK 层安全的 ZigBee 帧

NWK 输入帧。图 9-3 显示了带有 NWK 层安全的 ZigBee 帧，该安全域可能包含在一个 NWK 帧里。

3. APL 层安全

当一个由 APL 层发起的帧需要保护时，APS 层就会发起安全进程。APS 层允许基于链
路密钥或者网络密钥的帧安全。图 9-4 所示为带有 APS 层保护的 ZigBee 帧。APS 层的另一
个安全责任是提供应用程序用于密钥建立、密钥传输和设备管理服务的 ZDO。

（1）密钥建立

APS 子层的密钥建立
服务提供一种机制，通过
该机制，一个 ZigBee 设备
可能导出一个共享的密
钥（即所谓的链路密钥）
为另一个 ZigBee 设备提
供服务。密钥建立包含

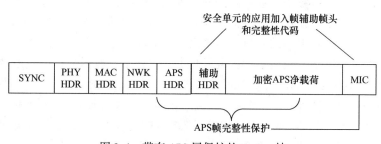

图 9-4　带有 APS 层保护的 ZigBee 帧

两个实体，一个发起设备和一个响应设备。密钥建立过程从预备步骤开始，信任信息（如
主密钥）将作为分配链路密钥的起始，一旦提供了信任信息，密钥分配协议执行以下 3 个
步骤：数据交换，使用交换数据生成链路密钥，确认这个链路密钥是否被正确地计算。

在"对称-密钥"密钥建立（Symmetric－Key Key Establishment, SKKE）协议中，一个
响应设备使用主密钥与一个发起设备建立一个链路密钥。例如，一个主密钥可能在制造时被
提前安装，也可能被一个信任中心安装（如来自发起者、响应者或者一个信任中心的第三
方设备），或者可能基于用户进入的数据（如 PIN、密码或者密钥）产生。为了维护信任基
础，需要保证主密钥的机密性和真实性。

（2）密钥传输

密钥传输服务可以提供安全和不安全的方法来传输密钥。安全传输提供从一个密钥源

（如信任中心）将主密钥、链路密钥、网络密钥传输到其他设备的方法。不安全传输在传输密码时无保护，如通过一个频带外信道传输命令。

（3）更新设备

更新设备服务提供安全方法告知其他设备的状态改变（如设备加入网络或者离开），相关信息必须被更新，这也是信任中心对网络设备列表进行实时维护的机制。

（4）移除设备

移除设备服务提供一个安全方法来移除设备，即通过一个设备（信任中心）告知另一个设备（如路由器）其子设备之一被从网络中移除。例如，不满足信任中心某个安全请求条件的网络设备从网络移除时就可以使用这种服务。

（5）请求密钥

请求密钥服务可为一个设备提供安全请求网络密钥的方法，或者请求一个来自另一个设备的终端到终端的应用主密钥。

（6）交换密钥

交换密钥服务提供设备安全告知另一个设备交换不同活动网络密钥的方法。

4. 信任中心

出于安全目的，ZigBee 定义了信任中心。信任中心是被网络里其他设备信任的设备，负责对整个网络的安全进行集中管理，包括分发密钥和对应用进行配置管理等。严格来说，网络的所有成员将公认一个信任中心，而且每个安全网络里都有一个确切的信任中心。

在高安全模式中（如商业应用），为了保障安全，设备一般预先设置信任中心地址和初始主密钥。当然，也可以在设备加入网络时，直接把密钥通过不加密的方式传送给它，虽然可以通过一些方法尽量降低密钥被截获风险，但这样仍然存在被截获的风险。信任中心地址如果没有预先配置，就会把协调器或者协调器指定的设备作为默认信任中心。在这种模式中，信任中心需要维护各个网络设备所对应的主密钥、链路密钥、网络密钥，并控制网络密钥的更新策略。网络中设备数量越多，信任中心所需的存储量就越大。在网络层帧中，有一个 nwkAllFresh 属性（具体可参见表9-3 网络层 NIB 安全属性），如设置为 TRUE（对网络层帧进行时效性检查），当接收到网络帧时，需要存储帧计数域和源地址，用于保证数据的时效性，但当存储空间有限，不能存储这些参数时，就无法保证安全。

在标准模式中（安全性能一般），设备通过网络密钥与信任中心进行通信。这个密钥可以是预设的，也可以通过不加密方式发送。在这种模式中，信任中心对各个网络设备对应的主密钥、链路密钥和网络密钥进行维护，信任中心所需的存储量可以不随着网络设备数量的增大而增大。

信任中心执行的功能被细化为 3 个子任务：信任管理者、网络管理者与配置管理者。信任管理者鉴别哪些节点作为网络管理者和设备管理者。设备管理者负责管理网络，分配和维护它所管理设备的网络密钥。配置管理者在它管理的两个设备之间负责绑定应用以及负责端到端安全（例如通过分配主密钥或链路密钥）。为了简化信任管理，这 3 个子任务包含在一个单独的设备中，即信任中心。

出于信任管理的目的，设备将通过不安全的密钥传输方式接收一个初始主密钥或者网络密钥，该密钥来自其信任中心。出于网络管理的目的，设备将接收一个初始网络密钥，并仅从它的信任中心更新网络密钥。出于配置的目的，为建立两个设备之间端到端的安全，设备将接收主密钥或者链路密钥，该密钥仅仅来自于信任中心。除了接收初始主密钥外，仅在设备的信任中心通过安全密钥发起传输时，设备才会接收额外的链路密钥、主密钥和网络密钥。

9.1.3　MAC 层安全

1. 帧格式与安全属性

ZigBee MAC 帧主要由帧头、负载和帧尾构成，如图 9-5 所示。

MAC帧头(MHR)						MAC负载	MAC帧尾
字节数2	1	0/2	0/2/8	0/2	0/2/8	变量	2
帧控制	序列号	寻址字段				帧负载	FCS
		目的PAN标识符	目的地址	源PA标识符	源地址		

位：0~2	3	4	5	6	7~9	10~11	12~13	14~15
帧类型	安全性启动位	等待帧	确认请求	PAN网内	等待帧	目的寻址模式	保留位	源寻址模式

图 9-5　MAC 帧格式

MAC PIB 包含了 ZigBee MAC 子层所需的各类管理信息，其中与安全相关的属性如表 9-1 所示。

表 9-1　MAC PIB 安全属性

安全属性	属性		功能描述
默认 ACL 入口	macSecurityMode		安全模式标识符
	macDefaultSecurity		指示没有列举在附加 ACL 入口中的设备是否能传输/接收安全帧
	macDefaultSecuritySuite		默认安全组件表示符
	macDefaultSecurityMaterialLength		macDefaultSecurityMaterial 中包含的字节数目
	macDefaultSecurityMaterial		特定安全加密内容用于保护不在附加 ACL 入口的 MAC 帧
附加 ACL 入口	macACLEntry－DescriptorSet	MacACLEntryDesciptorSetSize	附加 ACL 入口的数目
		ACLExtendedAddress	ACL 设备 64 位 IEEE 扩展地址
		ACLShortAddress	ACL 设备 16 位短地址
		ACLPANId	ACL 设备 16 位 LR－WPAN 标识符
		ACLSecuritySuite	保护 ACLExtendedAddress 中指定设备之间通信的安全组件标识符
		ACLSecurityMaterialLength	ACLSecurityMaterial 中包含的字节数目
		ACLSecurityMaterial	特定安全加密内容，用于保护与 ACMExtendedAddress 中指定设备

之前提到，ZigBee MAC 层提供了非安全模式、ACL 模式及安全模式 3 种安全模式，不同的工作模式对应不同的安全级别和安全服务。工作在安全模式下的设备启用相应的安全组件。安全组件是给 MAC 帧提供安全服务的一系列操作。IEEE 802.15.4 标准中含有 8 种组件，如表9-2 所示。

表9-2 安全组件分类

安全组件名称	安全服务			
	访问控制	数据加密	帧完整性	序列更新
None				
AES－CTR	√	√		√
AES－CBC－MAC－32	√		√	
AES－CBC－MAC－64	√		√	
AES－CBC－MAC－128	√		√	
AES－CCMP－32	√	√	√	√
AES－CCMP－64	√	√	√	√
AES－CCMP－128	√	√	√	√

其中，计数器（CTR）加密算法的思想最早由 Diffie 和 Hellman 于 1979 年提出，2001 年成为 AES 标准的 5 种推荐工作模式之一；密码分组链接消息验证码（CBC－MAC）最早是基于 DES 的；CCMP 是联合 CTR 和 CBC－MAC 的对称加密验证机制。

2. MAC 帧处理流程与安全功能

IEEE 802.15.4 标准安全模式下输出帧的处理流程如图 9-6 所示。安全模式对输入帧的解密处理与输出帧的加密操作类似。

MAC 层也遵循了 IEEE 802.15.4 规范，为了保证数据的安全传输，该层提供了以下安全功能。

（1）访问控制

在 MAC 层中有一个设备列表，该列表中存储了本设备允许通信设备的源地址，设备将该列表中的源地址与接收到的数据帧中的源地址进行比较，从而实现数据帧过滤，即只允许与设备列表中的设备进行通信。

（2）完整性检测

在 MAC 帧中位于最后的是帧尾。帧尾中所存储的内容就是所发送帧的消息认证码。接收方通过该认证码便可以得知接收到的信息是否被修改，从而保证了数据完整性。

（3）重复检测

MAC 帧的帧头包括控制字段、序列号字段、地址字段，其中序列号字段中保存的是帧序列编号。每当 MAC 产生一帧，该序列号就会加 1。当设备接收到帧时，就用接收到的帧的序列号与保存的序列号进行对比，当接收到的序列号比保存的序列号大即表示接收到的帧是一个最新的帧，则接收该帧并修改保存的序列号；否则，将丢弃该帧。这有效地防止了设备遭受重放攻击。

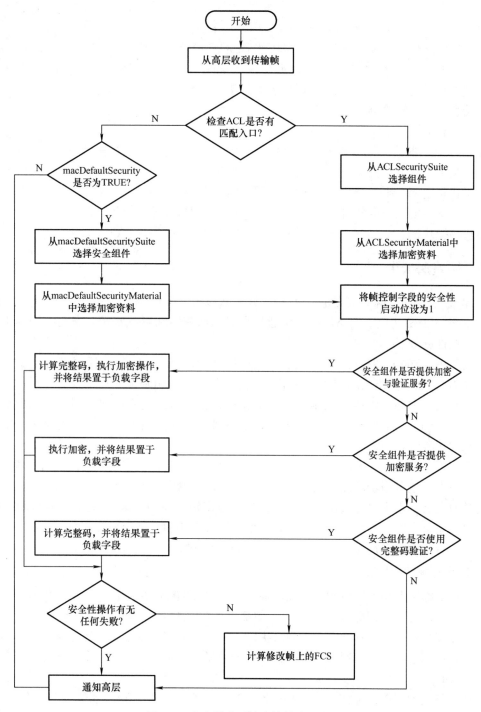

图 9-6　安全模式下输出帧的处理流程

（4）消息认证

　　MAC 层使用了 AES－CCMP 加密模式进行加密，所谓的 CCMP 模式是指将数据的加密与完整性与 AES 算法结合起来。首先，MAC 层使用计数器模式进行加密，将所要发送的数据信息分割成大小为 128 位的数据块，并将整个帧用链接密钥或网络密钥进行加密，在加密过程中每加密一个数据帧帧计数器就会加 1，当计数值到达一定数值时就停止加密，并将计数值保存在帧序列号字段中。然后将数据块按照 MAC 帧格式，生成相应的帧头和有效载荷，并计算帧头和有效载荷的校验码。该消息校验码使用密码分组链接消息认证码（CBC - MAC）进行消息完整性计算，该码可以分为 8 字节、16 字节两种，消息完整性码放入帧尾，以进行消息的完整性检测。

（5）信道检测

在 ZigBee 中的信道检测和重传机制采用了 CSMA/CA 算法。该算法专门用于无线网络中的信道检测，发送方首先检测信道是否空闲，如果空闲，发送方会等待一段时间后继续检测，如果还是空闲，则发送数据，这大大降低了冲突概率。同时，当检测到数据发送发生冲突时，发生冲突的双方会各自随机推迟一段时间后重新执行发送流程。该算法可以有效地防止数据包碰撞攻击。

9.1.4　网络层安全

与 MAC 层相同，网络层安全处理采用 AES 加密标准和 CCMP 模式，安全级别由 NIB 属性 nwkSecurityLevel 决定。网络层的上层通过设置当前密钥和可选密钥、安全级别等来管理网络层安全性服务。

如前所述，ZigBee 采用 3 种基本密钥，分别是网络密钥、链接密钥和主密钥。其中网络密钥可在 MAC 层、网络层和应用层使用，主密钥和链接密钥则在应用层及其子层使用。主密钥可以在信任中心设置或者在制造过程中安装，还可以是基于用户访问的数据信息，例如，个人识别码（PIN）、口令和密码等。为了确保数据的传输过程中不遭到窃听，需要保证主密钥的正确性和保密性。

主密钥是节点之间安全通信的基础密钥，可以作为链接密钥直接使用，在两个节点之间加密传输数据，也可用于链接密钥的生成、分配。网络密钥是整个网络共用的密钥，可以在设备制造时安装，也可以通过密钥分发得到。链接密钥是在两个端设备通信时共享使用的，可以在设备制造中安装，也可以由主密钥产生。链接密钥和网络密钥要不断地更新。当两个设备同时拥有这两种密钥时，采用链接密钥来进行数据加密。

1. 网络层帧数据格式

网络层对帧采取的保护机制与上面一样，为了确保帧能正确地传输，该帧相比原先的网络帧增加了两部分。一部分为附加帧头，该部分的格式包括安全控制域、帧计数器、源地址、密钥序列号 4 个域，其中安全控制域决定了使用的密钥为网络密钥还是链接密钥，帧计数器和密钥序列号可以确保用同一个密钥加密的数据块的唯一性，另一个部分为消息完整性校验码（MIC）。

安全帧格式如图 9-7 所示，当需要对该帧进行安全处理时，帧控制域的安全位置 1，以指明辅助首部的存在。

NIB 中包含进行安全处理所需要的属性，这些属性可以通过读/写服务原语进行操作，这些与安全处理相关的属性如表 9-3 所示。网络层的安全处理主要是根据上层设置的安全级别、密钥等对发送帧和接收帧进行处理，其具体过程与 MAC 层相似。

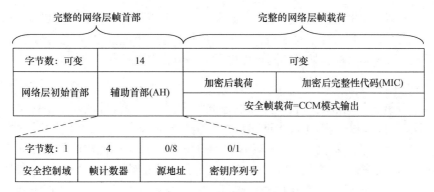

图 9-7　网络层的安全帧格式

表 9-3　网络层 NIB 安全属性

属　　性	有效值范围	说　　明	默认值
nwkSecurityLevel	0x00 ~ 0x07	输出和输入 NWK 顿的安全等级，允许的安全等级标志符	0x06
nwkSecurityMaterialSet	可变	网络安全描述符集，包括当前和可选的安全素材描述符	—
nwkActiveKeySeqNumber	0x00 ~ 0xFF	当前安全素材中的网络序列号	0x00
nwkAllFresh	TRUE/FALSE	输入 NWK 帧的刷新检查控制	TRUE
nwkSecureAllFrames	TRUE/FALSE	用来指示是否对 NWK 输入或输出进行安全处理。如果本属性设置为 TRUE，但帧的安全子域为 0，那么也不对该帧进行安全处理	TRUE

　　NWK 层的主要思想是先广播路由信息，接着处理接收到的信息，例如判断数据帧的来源，然后再根据数据帧中的目的地址采取对应机制将数据帧转发出去。在传送过程中通常是利用链接密钥对数据信息进行加密处理。如果链接密钥不能用，则网络层将利用网络密钥进行保护，由于网络密钥在多个设备中使用，有可能被内部攻击者利用。在这种情况下，帧格式清楚地标明了使用的密钥。NWK 层对安全管理有责任，但安全管理的控制由上层完成。

2. 数据传输安全

　　为了保证所传输数据的安全性，网络层在生成网络层帧时会使用 AES 的 CCM* 操作模式进行保护。CCM* 模型在 CCMP 模型的基础上进行改进，不仅具有 CCMP 模型的全部功能，而且还增加了单独数据加密和数据完整性检测两个功能。这两个功能不仅简化了 NWK 的安全模型，同时使具有同一安全级别的不同协议层可共享使用同一个密钥。

　　在传输数据之前，首先将要待发送的数据按照 AES 加密算法进行分块和加密，并生成序列号，每加密完成一个数据帧，帧计数器就会自动加 1，然后将加密后的数据块放入帧有效载荷中，并生成相应的网络层帧头和附加头，最后要根据密码分组链接消息认证码（CBC－MAC）计算出相应的 MIC 并附加在帧尾。该 MIC 可对帧头、附加头和有效载荷三部分进行认证。

　　当网络层接收到安全帧时，首先会通过提取附加头获得相应的安全材料，并通过帧计数器判断是否是重放帧，如果是，则丢弃该帧；如果不是，则通过获取序列号来获得加密密钥，并通过该密钥按照 CCM* 模式解密有效载荷，并按照相同的密码生成 MIC 与接收的 MIC 进行比较；如果不同，则丢弃该帧，如果相同，再进行下一步处理。

3. 安全路由

网络层十分重要的功能之一就是路由的建立与维护。一个健壮的路由不仅可以提高数据传输速率，同时可以很好地阻止许多网络攻击。网络层所支持的网络拓扑结构共分为 3 种：星形拓扑、树形拓扑、网状拓扑。一般来讲，由于星形拓扑结构比较简单，因此不需要特别的路由协议，所有数据的传输都由其中心节点发送到相应的终端节点即可。网状拓扑网络则是一种冗余型网络，可提供多个数据传输路径，对于网络攻击具有很好的抵抗性，因此该类型网络具有较高的可靠性。树形拓扑结合了星形和网状拓扑的特点，该网络具有较高的网络扩展性，因此该类型网络可适用于很多环境中。

不同类型的网络根据其特点需要不同的路由算法。ZigBee 协议支持的路由算法包括距离矢量（Adhoc On‑Demand Distance Vector Junior Routing，AODVjr）算法、Cluster‑Tree 算法以及这两个路由算法的结合（AODVjr + Cluster‑Tree）。其中，AODVjr 算法比较适用于网状拓扑网络，而 Cluster‑Tree 则比较适用于树形拓扑网络，但是 ZigBee 协议为了使路由协议更加完善和健壮经常使用 AODVjr + Cluster‑Tree 算法。

AODVjr 路由算法是对 AODV 路由算法的简化和改进，目的是更好地适应无线传感器网络低功耗、低成本的特点。该算法包含了 AODV 算法的所有功能，其算法是通过发送路由请求包（Route REQuest，RREQ）和接收路由应答包（Route REPly，RREP）实现的。其具体原理为：首先，节点收到数据包同时查看自己是否是目标节点，如果是，则会按照反向路径发送 RREP；如果不是，则会检查自己的路由表，看自己的路由表中是否具有到达目标节点的路由消耗最小的路径，如果有，则按照路径的下一跳节点发送数据包，如果没有，则该节点就会执行路径发现，即根据所接收到的数据包中的目标节点地址用组播的方式发送 RREQ，所有转发节点都根据 RREQ 中的路径开销更新自己的路由表。当目标节点收到请求包时，会按照所建立的最短路径发送 RREP，当目标节点发送应答包时也会通过算法计算相应路径的路由成本。

路由成本计算的结果将保存在 RREQ 和 RREP 中，接收到 RREP 的节点将会比较路由成本，并根据成本修改自己的路由表，成本最低的路径就保存为数据包的传输路径，并按照该路径传输数据包，接收到 RREP 的源节点会根据相关信息建立路由表。

AODVjr 算法为了防止产生循环问题取消了目标节点序列号，规定只有目的节点才可发送应答包。这不仅解决了循环问题同时还减少了无效应答包的产生，提高了数据传输效率。同时，为了使算法更加简洁删除了前驱节点列表，并且简化了错误包，当数据传输失败时，仅发送只包含目的节点的错误包。新的路由算法还删除了维护路由表所周期性发送的 HEL-LO 包，改由目的节点发送 KEEP‑ALIVE 包，避免了广播风暴的产生。

Cluster‑Tree 算法与 AODVjr 算法的不同之处在于该算法不会发现路径，而是根据所接收到数据包的目的地址来进行路径选择。AODVjr + Cluster‑Tree 算法则结合了前两种算法的优点。当节点接收到数据包时，首次判断该数据包中的目的地址是否是广播地址；如果是，则发送广播数据包；否则，再根据目的地址判断是否是发送给自己的，若是，则将数据传送至上层；若不是，则判断目的节点是否为自己的子节点，如果是，则将数据包发送到自己的子节点；否则，根据自己是否具有路由发现功能进行不同处理，有则执行 AODV jr 算法，没有则只执行 Cluster - Tree 算法，即沿着树形进行路由选择。

9.1.5　应用层安全

除数据传输安全外，应用层主要是负责密钥建立、传输安全性及设备管理机制。

1. 数据传输安全

为了保证传输数据的安全性，应用层在生成应用层帧时会同网络层一样使用 AES 的 CCM* 操作模式进行加密，应用使用 CCM* 模式后生成的安全帧如图 9-8 所示。

在传输帧阶段，将所要发送的数据按照 AES 加密算法要求进行分块和加密，并生成帧序列号，每加密完成一个数据帧时帧计数器就会自动加 1，然后

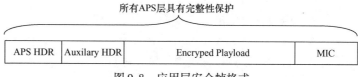

图 9-8　应用层安全帧格式

将加密后的数据块放入帧有效载荷中并生成相应的网络层帧头和附加头，最后要在生成的网络安全帧的尾部根据密码分组链接消息认证码协议生成 MIC。该认证码所要进行认证的内容包括帧头、附加头和有效载荷三部分。

在接收帧阶段，应用层会通过提取附加头获得相应的安全材料，并通过帧计数器中的值判断是否是新鲜帧，如果不是，则丢弃该帧，如果是，则通过获取钥匙序列号来获得加密密钥，并通过该密钥按照 CCM* 模式解密有效载荷，然后按照相同的校验算法生成 MIC 并与接收的 MIC 进行比较，如果不同，则丢弃该帧，相同则进行下一步处理。

2. 密钥管理

在 ZigBee 协议中很多安全机制都是建立在加密基础之上的，且 ZigBee 协议中的加密算法都是采用对称加密算法，而对称加密算法中最为核心的就是加密密钥。如果加密密钥被泄露，就会导致非常严重的后果，使 ZigBee 的安全体系形同虚设，因此对于密钥的管理就成了安全机制中非常核心的部分。应用层对于密钥的管理是基于对称密钥体制的密钥管理方案。该方案按照分配方式的不同可以分为基于密钥分配中心分配方式、预分配方式和基于分组分簇分配方式 3 种。

在 ZigBee 协议中采用的密钥分配方式主要是预分配和基于密钥分配中心的分配方式。其中预分配方式就是指在设备加入网络之前就提前将密钥存储在设备中；而基于密钥分配中心的分配方式就是通过一个信任中心向需要密钥的设备分配相应的密钥。对于 3 种不同的密钥，其可使用的分配方式也各不相同。

前面介绍网络中的信任中心是一个非常重要的设备。在信任中心中存储有主密钥，同时还存储着网络密钥表。ZigBee 的信任中心定义了居住模式和商业模式两种安全模式。居住模式下的安全机制主要建立在网络密钥基础之上，所有的认证和通信加密都是以网络密钥为基础；在商业模式下，主密钥是所有安全模式的基础，但是真正用于认证和加密的是基于主密钥生成的链接密钥。在不同的安全模式下要进行不同的认证和密钥分配操作。在居住模式下，对于加入网络中的设备并不进行严格认证，直接把网络密钥发送给相应设备；在商业模式下，信任中心要对设备进行认证，该认证是在限定的时间内以主密钥为基础使用点对点对称密钥建立（Symmetric Key Key Establishment，SKKE）协议完成认证并建立链接密钥。

3. SKKE 协议

SKKE 协议完成对称密钥分配，发起设备使用主密钥通过 SKKE 协议与响应设备建立链接密钥。主密钥可由工厂预装，也可由信任中心安装或根据用户输入数据生成。

SKKE 协议的具体流程如图 9-9 所示，其中发起者为 U，响应者为 V，发起者和响应者都会首先向对方发送由自己的标识符（U 和 V）即 64 位的设备地址和随机生成的 16 字节的随机数（QEU 和 QEV）组成的 SKKE－1 和 SKKE－2；然后发起者和响应者进行相应的计算（U 计算和 V 计算）生成 MacTag2 和 MacTagl 两个口令，并发送给对方。最后对方会对发送来的口令进行验证。如果两者都验证（U 验证和 V 验证）成功，则根据单向散列函数（哈希函数）H 生成相应的链接密钥。在协议中，单向散列函数可供选择的算法主要有 MD5 和 SHA 等。

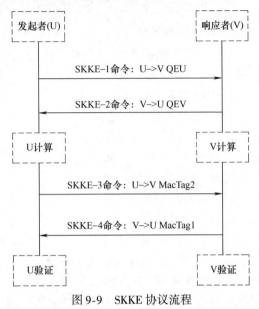

图 9-9　SKKE 协议流程

（1）U 计算和 U 验证

U 计算：发起者通过密钥生成函数即单向散列函数获得用于消息认证码 MAC 的加密密钥（MacKey），消息认证码 MAC 就是使用密钥的单向散列函数或哈希函数。MacKey = H(MAC{U ‖ V ‖ QEU ‖ QEU}$_{masterKey}$‖0x00000001}，然后计算 U 的口令（MacTag），MacTag = MAC{0x03 ‖ U ‖ V ‖ QEU ‖ QEU}$_{MacKey}$。

U 验证：发起者接收到来自响应者的 MacTagl 后使用自己的 MacKey 生成 MacTagl′，MacTagl′ = MAC{0X02 ‖ U ‖ V ‖ QEU ‖ QEV}$_{MacKey}$，比较 MacTagl 和 MacTagl′是否相等，若相等，则验证成功。

（2）V 计算和 V 验证

V 计算和 U 计算的计算方法相同只是修改了口令生成参数，MacTagl ＝ MAC{0x02 ‖ U ‖ V ‖ QEU ‖ QEU}$_{MacKey}$；V 验证和 U 验证的方法也相同，只是修改了验证方法中的参数，MacTag2′ = MAC{0x03 ‖ U ‖ V ‖ QEU ‖ QEU}$_{MacKey}$，如果接收到 MacTag2 与 MacTag2′，相同，则验证成功。

（3）链接密钥生成

当 U、V 都验证成功后，两者就共享链接密钥（Link Key），生成方法为 LinkKey = H(MAC{U ‖ V ‖ QEU ‖ QEV}$_{masterKey}$‖0x00000002)。

4. 具体分配方式

3 种密钥的具体分配方式如下。

（1）主密钥分配

主密钥的获取可以使用预分配和基于密钥分配中心分配。其中，在使用信任中心进行分配主密钥时，新加入的设备首先要向路由器发送认证请求，然后信任中心根据自己的参数设定决定设备是否能够入网，如果能够入网，则将主密钥安全地传输到路由器，再由路由器将所获得的主密钥通过不安全传输发送给新入网设备。

（2）网络密钥分配

网络密钥的获取也可以通过预分配和基于密钥分配中心分配。信任中心要根据不同的安全模式采用不同的分配方式。

在居住模式下，当新设备加入到网络时，首先判断是否允许设备加入网络，若允许，则进行网络密钥分配，由信任中心将网络密钥安全传输到路由器，再通过路由器以不安全传输方式发送到新加入的设备。

在商业模式下，信任中心如果允许设备加入网络，则将主密钥经安全传输送到路由器，由不安全传输发送给设备，这样信任中心就与设备之间共享了主密钥。然后，以主密钥为基础，让入网设备与信用中心之间通过 SKKE 协议产生链接密钥。如果在两者限定的时间内不能生成链接密钥，则要让该设备离开网络；如果能够成功生成链接密钥，则通过链接密钥将网络密钥以安全传输的方式传送给入网设备。

（3）链接密钥分配

链接密钥只能通过基于密钥分配中心的分配方式获取，并且该密钥的获取只有在商业模式下进行。除了设备加入网络时产生密钥之外，在设备安全加入网络之后，同其他设备进行通信时，向信任中心发送请求，由信任中心使用 SKKE 协议生成链接密钥并发送给两个需要通信的设备。

在基于密钥分配中心模式下，使用居住安全模式时，设备刚申请加入网络时不会对设备进行认证而直接发送网络密钥。该网络密钥是所有节点共享的，所有通信都使用该密钥，不再需要其他密钥，所以消耗资源比较少。但是在商业模式下，为了增强网络安全性，在各个节点之间需要建立很多的主密钥、网络密钥、链接密钥，而这些密钥的分配和建立都需要耗费大量资源。

预分配密钥方式下，如果节点抗捕获能力较差，则一旦节点被捕获，攻击者将会利用节点中存储的所有会话密钥破坏整个网络安全。但基于密钥分配中心的分配方式，使节点只能通过信任中心获得密钥，并在获得密钥过程中需要进行认证，这使密钥具有较高安全性。同时，网络密钥会由信任中心不断地进行更新，并且所获得的链接密钥也只是临时密钥，每次通信都需要重新获取，这些都使得网络具有了较高的抗捕获能力，即使有节点被捕获也对剩余网络节点构不成很大威胁。

9.2　ZigBee 安全分析与加固

随着物联网技术的发展，人们身边的日常用品、电子设备、家用电器等也逐步被赋予了网络连接能力。ZigBee 作为物联网中广泛使用的无线互联标准之一，其安全性也显得越来越重要。

9.2.1　安全分析

在理论层面上来说，ZigBee 是基于 IEEE 802.15.4 标准的低功耗局域网协议，主要适用于自动控制领域，可以嵌入各种设备中进行数据通信。目前 ZigBee 协议已广泛存在于诸如智能灯泡、智能门锁、运动传感器、温度传感器等大量新兴的物联网设备中。

然而，就在各家公司仍旧将关注点集中在上述设备的连通性、兼容性等方面之时，却没有注意到一些常用通信协议在安全方面处于滞后状态。2015 黑帽大会上，就有安全研究人员指出，在 ZigBee 的实施方法中存在一个严重缺陷。而该缺陷涉及多种类型设备，黑客有可能以此危害 ZigBee 网络安全，实现接管该网络内所有互联设备。

研究人员表示，通过对每一台设备评估得出的安全分析结果表明，ZigBee 技术虽然为设备的快速联网带来了便捷，但由于缺乏有效的安全配置选项，致使设备配对流程存在漏洞，黑客将有机会从外部嗅探出节点间交换的网络密钥。而 ZigBee 网络安全性完全依赖于网络密钥的保密，因此这个漏洞的影响非常严重。

在安全人员的分析中，他们指出具体问题在于：ZigBee 的安全性很大程度上依赖于密钥的保密性，即安全的加密密钥初始化及传输过程，但 ZigBee 协议标准支持不安全的初始密钥传输，再加上制造商对默认链路密钥的使用，使得黑客有机会侵入网络。如果攻击者能够嗅探一台设备并使用默认链路密钥加入网络，那么该网络的在用密钥就不再安全，整个网络的通信机密性也可以判定为不安全。因此，这种开倒车的默认密钥使用机制必须被视作严重风险。

安全研究人员还表示，ZigBee 协议标准本身的设计问题并不是引发上述漏洞的主要原因。上述漏洞的根源更多地指向了制造商，其为了生产出方便易用、可与其他联网设备无缝协作的设备，同时又要最大化地压低设备成本，未在安全层面上采用必要的安全机制。在对智能灯泡、智能门锁、运动传感器、温度传感器等所做的测试中，这些设备的供应商仅部署了最少数量的要求认证功能，其他提高安全级别的选项都未被部署，也没有开放给终端用户。而这种情况所带来的安全隐患，其严重程度将是非常高的。

正如无线路由器会曝出存在默认管理密码的安全漏洞一样，现在被部署于大量智能设备中的 ZigBee 协议也被设备制造商随意滥用，导致使用该协议的家用或企业级互联设备暴露在恶意攻击者的觊觎之下。由此可见，在确保智能设备获得出色互连性同时，如何兼顾安全层面上的可靠防护，才是当前智能设备厂商最该做的。

9.2.2　ZigBee 数据分析方法

如 9.2.1 小节所述，很多安全漏洞来自于设备制造商对 ZigBee 协议"剪裁式"的不完全实现，而不是来源于 ZigBee 协议本身。作为安全分析人员，在无法获取到产品源代码的情况下，ZigBee 数据包分析就成了非常重要的安全分析方法。通过抓包分析，可以掌握产品实现细节与潜在安全隐患。

市面上有不少 ZigBee 数据分析工具。下面介绍一种分析工具——ZigBee Analyser。ZigBee Analyser 是针对无线 ZigBee 模块开发的数据分析仪设备，主要用于帮助用户捕获 ZigBee 数据包，并用于数据分析，以便快速解决 ZigBee 组网时出现的问题。

ZigBee Analyser 数据包分析器软件通过 ZigBee 通道来监控流量，其操作是通过实时捕获（Over‐The‐Air，OTA）RF 数据包和检查 MAC 层到应用程序层的详细信息来实现的。此外，它支持 2.4GHz RF 网络，并可扫描通道电平，使用起来简单方便。

ZigBee Analyser 外观与硬件接口如图 9-10 所示，有一个外部电源输入口，一般使用中不需要电源适配器连接该口。当使用 USB 连接时，ZigBee 数据包分析仪通过 USB 线缆供电。如果同时连接电源适配器，可能会产生错误。

上位机要连接分析仪，可以直接通过 USB 线缆来进行连接（无须使用电源适配器），连接示意图如图 9-11 所示。

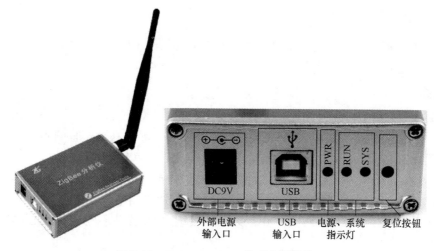

图 9-10　ZigBee Analyser 外观和硬件接口

打开抓包软件，界面和一些主要的功能
按钮如图 9-12 所示。

ZigBee Analyser 设备有较多特性，其主要
特性如下：

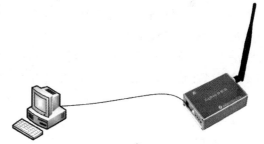

图 9-11　ZigBee Analyser 连接示意图

- 采用 CEL 的 ZigBee 模块。
- 对 ZigBee 协议进行分析。
- 实时捕获（OTA）RF 数据包数据。
- 可检查 MAC 层到应用程序层的详细信息。
- 采用 IEEE 802.15.4/ZigBee 单芯片。
- TM 兼容收发器模块解决方案。
- 通过 USB 端口接入计算机。

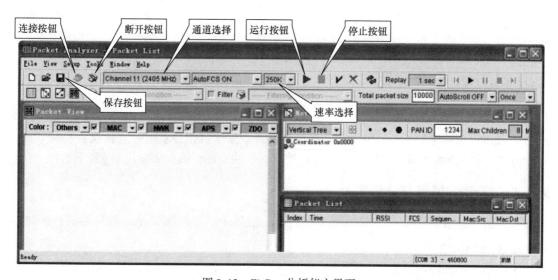

图 9-12　ZigBee 分析仪主界面

9.2.3 安全建议

针对 ZigBee 提供的几种安全类型，如基础设施安全、网络访问控制、应用数据安全，可以通过如下几种方式来增加其安全性。

1. 配置

和前面介绍的内容一致，配置一个安全网络，首先要将所有设备的"f8wConfig. cfg"文件中的 SECURE 选项设置为 1。默认密钥（Default Key）保存在"nwk_globals. c"文件中，可通过设置"ZGlobals. c"文件中的 zgPreConfigKeys 来选择密钥使用范围。

如果 zgPreConfigKeys = TRUE，默认密钥会被预先配置在所有设备上。如果 zgPreConfigKeys = FALSE，默认密钥只会被配置在协调器上，并通过网络分发给所有入网的设备。如果设备在入网时，存在多个协调器，由于设备进入哪个网络无法不确定，因此不能完全保证网络安全。

2. 网络访问控制

在一个安全网络中，信任中心（即协调器）会收到每一个入网设备的请求。协调器可以决定是否允许此设备加入网络。信任中心可以使用多种方法来决定是否允许设备入网。一种方法是信任中心开启一个时间窗口，仅在此时间内允许设备入网，一旦时间结束则关闭窗口，之后禁止设备入网；另一种方法是信任中心可以根据设备的 IEEE 地址来决定是否允许设备入网。这种安全策略可以通过修改"ZDSecMgr. c"文件中的函数 ZDSecMgrDeviceValidate( ) 来实现。

3. 密钥更新

信任中心可以随意更新网络密钥，因此应用开发者可以通过修改网络密钥更新政策来提高安全性，比如可以设定为周期性更新网络密钥，或者通过用户输入指令来更新网络密钥。ZDSecMgr. c 文件中的 ZDSecMgrUpdateNwkKey( ) 和 ZDSecMgrSwitchNwkKey( ) 可以实现这些功能。ZDSecMgrUp dateNwkKey( ) 允许信任中心将一个新的网络密钥广播给网络中的所有设备。ZDSecMgr SwitchNwkKey( ) 也会进行全网广播并触发密钥更新，当然，前提是这个更新的网络密钥作为备用密钥事先存储在所有设备上。

9.3 ZigBee 安全实验

本节将介绍两个 ZigBee 安全实验。通过"ZigBee 抓包与分析实验"掌握 ZigBee 分析仪的使用和 ZigBee 数据帧的基本分析方法，通过"ZigBee 加密数据传输实验"使读者加深 ZigBee 安全传输基本概念的理解，了解 ZStack 协议安全机制的实现，以及掌握其安全配置方法。

9.3.1 ZigBee 抓包与分析实验

本实验将通过 ZigBee 分析仪对第 8 章 ZigBee 数据传输实验的 ZigBee 数据帧进行抓取。

1. 实验环境预备

实验中需要的软硬件如下。

硬件：ZigBee CC2530 感知节点 2 个（1 个作为协调器节点、1 个作为终端节点），Zig-

Bee 协议分析仪 1 个，C51RF‑3 仿真器 1 个（附加 USB 线、排线连接线各 1 条），USB 转接器（miniUSB B 型公口转接 A 型 USB 公口），计算机一台（Windows 操作系统）。

软件：IAR 8.10 软件，ZigBee 抓包分析软件"Setup_SmartRF_Packet_Sniffer_2.14.0.exe"。

需要说明的是，底板 S1 键必须拨到右边，以连接计算机串口。另外，实验中的 Zig-Bee 分析仪具有 USB 接口可与计算机相连，其外观如图 9-13 所示。

图 9-13　ZigBee 分析仪外观图

2. 实验步骤

（1）ZigBee 组网数据传输实验搭建

完成 8.4.4 节中"ZigBee 数据采集与传输实验"中的 2 个 ZigBee 节点组网与数据传输。其中，一个节点为终端温度数据采集节点；另一个节点为协调器节点，选择一个 ID 值为 0x15 信道作为传输通道，具体可以参考 8.4 节。

（2）抓包软件安装与配置

单击光盘目录下"工具软件\TI 工具"中的 Setup_SmartRF_Packet_Sniffer_2.14.0.exe 程序，双击后，选择完全（Complete）安装。安装完后，运行 Packet Sniffer 软件。进入如图 9-14 所示的界面，需要选择协议和芯片组合类型。如果一个数据包嗅探器进程已启动，而启动窗口关闭，嗅探进程会一直保持活跃。如果需要，可关闭显示。选择 IEEE 802.15.4/ZigBee，然后，单击"Start"按钮，进入如图 9-15 所示的界面。

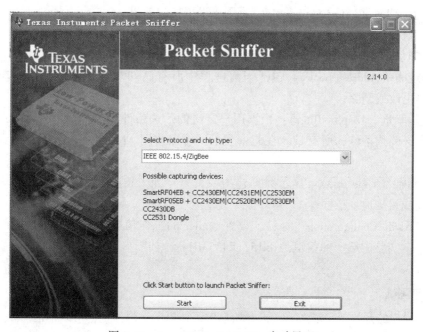

图 9-14　SmartRF Packet Sniffer 启动界面

关于图 9-15 中 Packet Sniffer 的主窗口分为两个区域（顶部和底部），顶部包含数据包列表，显示解码后数据包的每个域。底部包含 7 个标签，说明如下。

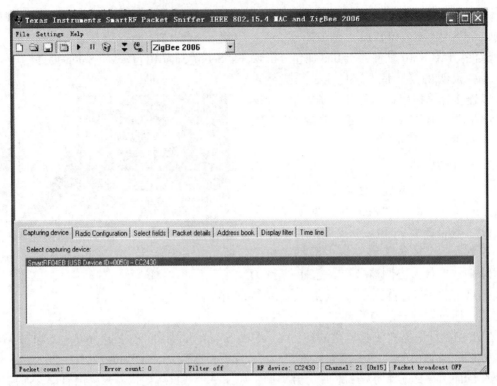

图 9-15 SmartRF Packet Sniffer 主功能界面

1）抓包设备描述（Capturing device）：显示抓包设备信息。

2）频段设置（Radio Configuration）：用于设置抓包信道。

3）域选择（Select fields）：选择要显示在数据包列表中的域。

4）详细信息（Packet details）：显示数据包的额外信息（如原始数据）。

5）地址表（Address book）：包括当前进程中所有已知节点。地址可以自动或手动登记，也可以更改或删除。

6）显示筛选（Display filter）：根据用户定义的筛选条件对数据包进行筛选。列表给出可以用于定义筛选条件的所有域。在此列表下，可以使用 AND 和 OR 运算符来定义复合筛选条件。

7）时间轴（Time line）：显示数据包的一长串序列，长度大约是数据包列表的 20 倍，可按源地址或目的地址排序。

单击"Radio Configuration"标签，设置 Sniffer 的工作信道与正在传输数据的两个节点信道相同，本实验中选择的信道是 0x15（2455 MHz），如图 9-16 所示。用户可根据自己的情况进行设置。

3. 抓包测试

单击工具栏的开始抓包箭头，即可开始抓包，如果中途想停止，可以单击"停止"按钮。

通过上述 7 个底部标签，可以完成选择域、包过滤等更详细的设置，同时还可以将数据保存为文件以便进行离线分析，更详细的设置与实现可以参见光盘中"\工具软件\资料\Packet – Sniffer –用户手册（中文 . pdf 文件）"文件。

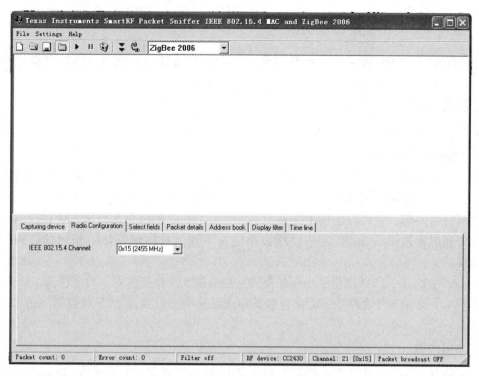

图 9-16 Radio Configuration 配置界面

开发者可以根据抓包，了解与分析 ZStack 协议栈对于 ZigBee 实现的具体细节，也可以结合 9.3.2 小节的安全分析进行更深入的研究。图 9-17 为分析数据的帧格式。

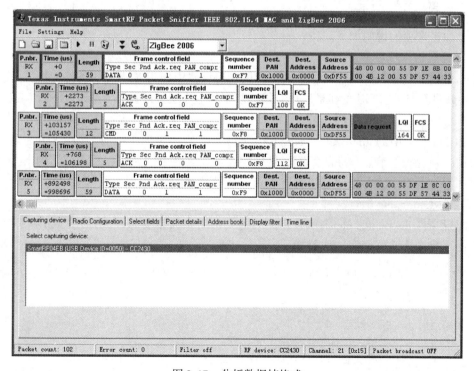

图 9-17 分析数据帧格式

9.3.2　ZigBee 加密数据传输实验

本实验通过 ZStack 协议栈实现数据加密传输，并通过串口调试软件检测数据加密的效果。

1. 实验环境预备

本实验的环境与 9.3.1 大致相同，可参考该节内容。

2. ZigBee　AES 模块简介

AES 是美国国家标准与技术研究所用于加密电子数据的规范。它被预期能成为人们公认的加密包括金融、电信和政府数字信息的方法。更准确地说，AES 是一个迭代的、对称密钥分组密码，它可以使用 128 位、192 位和 256 位密钥，并且用 128 位（16 字节）分组加密和解密数据。与公钥密码使用公私钥对不同，对称密码使用相同的密钥加密和解密数据。

ZStack 对 ZigBee 2007 提供了全面的支持，功能强大、性能稳定、安全性高。CC2530 硬件支持 128 位的 AES 加密算法，为防止被其他设备监听，可通过 AES 对数据加密来提高数据安全性。

3. 实验步骤

本实验中，ZigBee 组网传输的数据的源代码可参见光盘 "\CryptDataTranmit\Projects\zstack\Samples\SampleApp\CC2530DB" 目录下的程序。本实验代码实现的功能为每间隔 1s，上传 32 个字符消息到协调器，消息头用 "&" 字符（ASCII 码值为 0x26）表示，尾部用 "*" 字符（ASCII 码值为 0x2A）表示，中间有 30 个有效数据字符（本实验中传输的字符为 30 个 "y"，ASCII 码值为 0x79）。

几个加密选项的说明如下。

（1）开启加密选项

f8wConfig. cfg 文件中 –DSECURE 这个变量在协议栈中作为 if 语句的条件使用，条件为真的语句中就是开启加密算法的函数，所以第一步要将这个参数设置为 1（即 –DSECURE =1）。

（2）zgPreConfigKeys 选项

将 ZGlobals. c 中的 uint8 zgPreConfigKeys = FLASE 修改为 TRUE。如果这个值为真，那么默认密钥必须在每个节点程序的配置文件中配置；如果这个值为假，那么默认的密钥只需配置到协调器设备当中，并且通过协调器节点发送给其他的节点。

（3）f8wConfig. cfg 配置文件

在配置文件 f8wConfig. cfg 中修改定义的密钥，用户只需要修改 –DDEFAULT_KEY 的值就可以使用自己定义的密钥，代码如下：

```
-DDEFAULT_KEY = "{0x07,0x03,0x05,0x07,0x09,0x0B,0x0D,0x0F,0x00,0x02,0x04,
0x06,0x08,0x0A,0x0C,0x0D}"
CONST bytedefaultKey[SEC_KEY_LEN] =
{
#if defined ( APP_TP ) || defined ( APP_TP2 )
  // Key forZigbee Conformance Testing
  0x00, 0x00, 0x00, 0x00, 0x00, 0x00, 0x00, 0x00,
```

```
  0x89, 0x67, 0x45, 0x23, 0x01, 0xEF, 0xCD, 0xAB
#else
  // Key for In-House Testing
  0x00, 0x01, 0x02, 0x03, 0x04, 0x05, 0x06, 0x07,
  0x08, 0x09, 0x0A, 0x0B, 0x0C, 0x0D, 0x0E, 0x0F
#endif
};
```

到这里整个配置过程已经结束。值得注意的是，如果使用了数据加密后，网络中所有设备都需要开启加密，而且各个设备中的 Key 必须相同；否则，会导致网络不能正常通信，因为没有加密的数据或者无法成功解密的数据，均会被抛弃。

加密算法开启以后，如果需要修改代码，就必须改变 Key，或者是擦除一次 Flash；否则，会出现不可预期的错误，而且错误没有规律可循。通常的做法是擦除一次 Flash，这样可以保证和整个网络的 Key 相同。

4. 测试加密效果

（1）终端节点与协调器开启密钥且密钥相同

按照以上说明，将 f8wConfig.cfg 文件中 -DSECURE 变量值设置为 1（-DSECURE =1），将 ZGlobals.c 中的 uint8 zgPreConfigKeys = FLASE 修改为 TRUE，其他部分不进行任何更改，默认地会把协调器和终端节点密钥设置为一样。这时，终端节点可以正常地加入协调器节点建立的网络。现象为终端节点的红色 LED 灯点亮，LCD 上显示 "SendingData" 字符串，且通过串口调试终端，能够观察到协调器串口发送过来的字符串数据为 "&yyyyyyyyyyyyyyyyyyyyyyyyyyyyy*"。该显示表示协调器能够接正常接收终端节点发送的数据。

如果为了更清楚地了解加密过程，可以利用 ZigBee Sniffer 设备抓包分析。没有开启加密选项时，数据帧部分数据内容如图 9-18 所示，这里的 APS Playload 正好是发送的明文 ASCII 码，共 32 字节。

图 9-18　未加密数据帧情况

按照以上的设置过程，开启加密选项，截取到的数据帧部分数据如图 9-19 所示，APS Playload 部分的数据为 50 字节，但经过 AES 加密成了乱码。

APS Profile Id	APS Src. Endpoint	APS Counter	APS Payload		LQI	FCS
0xA800	0x9D	23	05 00 4B 12 00 00 4E 36 DC 7C 3C B7 BA 4D 36 9E 3A C3 27 9D 46 6F 30 D7 19 49 CF AC 67 42 22 73 02 C7 0B 72 79 9E 1B 2B F8 A1 A0 F2 42 DB 2F FF 55 10		136	OK

图 9-19　加密数据帧情况

（2）终端节点和协调器节点开启密钥但密钥不同

改变终端节点中 nwk_globals.c 文件中的 defaultKey 数组中的 Key for In-House Testing 的数值，代码如下：

```
CONST bytedefaultKey[SEC_KEY_LEN] =
{
#if defined ( APP_TP ) || defined ( APP_TP2 )
```

```
    // Key forZigbee Conformance Testing
    0xbb, 0xbb, 0xbb, 0xbb, 0xbb, 0xbb, 0xbb, 0xbb,
    0xaa, 0xaa, 0xaa, 0xaa, 0xaa, 0xaa, 0xaa, 0xaa
#else
    // Key for In－House Testing
    0xFF, 0x01, 0x02, 0x03, 0x04, 0x05, 0x06, 0x07,
    0x08, 0x09, 0x0A, 0x0B, 0x0C, 0x0D, 0x0E, 0x0F
#endif
};
```

重新编译下载代码到终端节点开发板并运行，发现终端节点无法连接到协调器创建的网络，现象为 LED 红灯没有点亮，LCD 显示屏没有任何显示，因此可通过设置密钥来限制非法节点加入，增强网络安全性。

9.4　本章小结

ZigBee 设备具有简单，成本低，设备数量大，可自组织形成网络等主要特点，因此其安全有自身特点。由于设备简单，成本低，不可能使用很复杂的安全机制。比如，通常一个设备上的不同应用之间不会进行逻辑上的安全分离。

本章针对 ZigBee 协议，简单介绍了 MAC、NWK、APL 层安全机制，阐述了所使用的 SKKE 协议、信任中心等重要概念。同时，给出了通过 ZigBee 分析仪抓取 ZigBee 数据进行分析的方法。ZigBee 安全实验环节讲解了 TI ZStack 环境下数据加密的配置方法，并对其结果进行了分析说明。

习　题

1. CC2530 芯片内部依靠（　　）协处理硬件模块保证较高的安全性。

A. DES　　　　　　　B. RSA　　　　　　　C. AES　　　　　　　D. 3－DES

2. ZigBee 协议中使用（　　）加密方法。

A. 非对称　　　　　　B. 对称　　　　　　　C. 流　　　　　　　　D. 量子

3. 开启加密选项的－DSECURE 宏在（　　）文件中定义。

A. f8wEndev. cfg　　　　　　　　　　　　B. f8wRouter. cfg

C. f8wConfig. cfg　　　　　　　　　　　　D. f8wSource. cfg

4. SKKE 的全称是＿＿＿＿＿＿。

5. CCM＊模式是＿＿＿＿＿＿。

6. 简述 SKKE 协议的基本流程。

第10章 无线城域网和无线广域网

10.1 无线城域网

无线城域网（Wireless Metropolitan Area Network，WMAN）的出现，主要是满足"最后一千米"无线宽带接入的需求，用于替代传统的电缆、数字用户线和光纤等有线宽带接入方式。为此，其重点解决了无线信号室外传输以及 QoS 等问题。

1999 年，IEEE 成立了 802.16 工作组专门负责无线宽带接入技术研究。其下设三个小组，分别负责 2~11GHz 的无线接口标准、11~66GHz 的无线接口标准以及无线接入系统共存方面的标准。802.16 协议的主要版本及其技术特点详见表 10-1。同期，欧洲电信标准化组织（The European Telecommunications Standards Institute，ETSI）还推出了 HiperMAN 标准。为解决两者的兼容性问题，世界微波接入互操作性论坛（World interoperability for Microware Access，WiMAX）于 2001 年 4 月成立（其标志如图 10-1 所示），其负责基于 802.16 和 Hiper-MAN 标准的无线宽带产品的一致性和互操作性认证，并推动无线城域网技术在全球的应用。

表 10-1 802.16 协议各版本主要技术特点

标 准 代 号	主要技术内容
IEEE 802.16	原始标准，使用 10~66GHz 频段在视距内传输，速率可达 134Mbit/s
IEEE 802.16a	使用 11GHz 频段，可进行超视传输，速率为 70Mbit/s，仅支持固定终端网络接入
IEEE 802.16b	IEEE 802.16a 升级版本，解决 5GHz 非授权频段问题
IEEE 802.16c	IEEE 802.16a 升级版本，解决 10~66GHz 频段与其他标准互操作性问题
IEEE 802.16d	802.16a 的替代版本，支持多天线系统（MIMO）、WiMAX 基础，批准通过后成为 IEEE 802.16—2004 标准
IEEE 802.16e	能够提供对移动用户终端的支持，支持高达 120km/h 情况下的接入
IEEE 802.16f	扩展后能够提供无线网状网要求的无线多跳网络支持
IEEE 802.16g	对移动网络提供高效转发和 QoS 支持
IEEE 802.16h	增强的 MAC 层，使其能够与授权频带上的主用户共存
IEEE 802.16m	支持移动状态下，基站间无缝切换，并且能够提供 100Mbit/s 以上的下行带宽，被认为是准 4G 标准

WiMAX 组织的作用与 WiFi 组织的设立目的非常类似，但 802.16 应用推广效果却远不如 802.11。主要原因在于以下两点。

1）相关技术缺乏全球统一的频率（802.11 的 2.4GHz 和 5GHz 频段是全球统一频段）。

2）采用无线城域网技术将影响运营商现有的 ADSL 和 3G、4G 业务利润，因此运营商缺乏进行相关业务推广的动力。

图 10-1 世界微波接入互操作性论坛标志

10.1.1　802.16 协议栈

802.16 实现了 OSI 七层模型中的物理层和数据链路层的大部分关键功能，其协议栈结构如图 10-2 所示。

物理层主要解决工作频段、带宽、数据传输速率、调制方式、纠错技术以及收发双方时间同步等问题。物理层既可支持单载波，又可支持多载波，具体见表 10-2。最初，802.16 仅支持视距内传输，无须使用复杂技术来克服多径等效应对信号传输的影响，

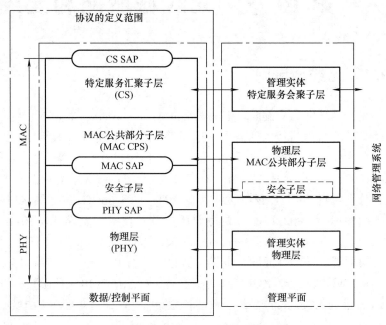

图 10-2　802.16 协议栈结构

因此采用了比较简单的单载波调制（Single Carrier，SC）。而后，为了满足超视距传输的要求，对单载波调制进行了完善并推出了单载波调制发布版本 a（Single Carrier release a，SCa）以及基于正交频分复用（OFDM）的多载波调制技术。

表 10-2　802.16 物理层技术对比

模　式	规 范 名 称	频段/GHz	传 输 距 离
单载波	SC	10 ~ 66	视距内 LOS
	SCa	2 ~ 11	非视距内（Non - Line of Sight，NLOS）
多载波	OFDM	2 ~ 11	非视距内 NLOS
	OFDMA	2 ~ 11	非视距内 NLOS

OFDM 通过将信道分成若干正交子信道，将高速数据信号转换成若干并行的低速子数据流，调制到在每个子信道上进行传输。在接收端再将信号还原为多个子数据流，以此减少子信道之间的相互干扰。由于单个子信道带宽窄，因此每个子信道上的衰减可被视为平坦性衰落，不用考虑衰减失真，信道均衡变得相对容易。而正交频分多址（OFDMA）与 OFDM 相比，允许用户选择一组子载波进行数据传输，而非使用所有子载波，因而可以保证各子载波都被对应信道条件较好的用户使用。

MAC 层则可进一步分为特定服务汇聚子层、公共部分子层、安全子层三部分。其中，特定服务汇聚子层（Service Specific Convergence Sublayer，SSCS）完成外部网络数据与公共部分子层数据间的映射，即对外部网络数据进行分类，以便进行后续的带宽分配等操作；公共部分子层（Common Part Sublayer，CPS）负责接入、带宽分配、连接维护等 MAC 层核心

功能；安全子层（Security Sublayer，SS）完成终端认证、密钥分配及数据加密等功能。

10.1.2　802.16 的网络组成

802.16 的网络组成如图 10-3 所示，不难看出其特点以及与 802.11 网络组成的区别。

1）其为用户设备（User Equipment，UE）提供了连接核心网络的通信路径。这也是无线城域网技术的初衷。

2）用户设备需要通过用户站（Subscriber Station，SS）来接入基站，进而接入

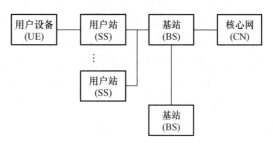

图 10-3　802.16 网络架构

核心网（Core Network，CN）。这点与无线局域网有所不同。

10.1.3　802.16 的网络拓扑结构

802.16 在网络拓扑结构上也有其特点，除了非常典型的集中式网络拓扑结构外（又被称为 Point to Multi – Point，即 PMP 结构），如图 10-4 所示，其还支持 Mesh 网络拓扑，如图 10-5 所示。显然，在 Mesh 型网络结构中，站点除了可与基站建立连接外，站点之间亦可以相互通信，由于其形状上与渔网等网状结构非常类似，Mesh 型网络拓扑也被称为无线网状网。与 PMP 结构相比，Mesh 型结构的优点至少包括以下两点。

1）不同于 PMP 结构中，节点直接与基站通信，Mesh 型结构中站点可以借助于其他站点建立到基站的无线多跳路径，站点与基站之间距离不再受视距传输的限制，单基站的覆盖范围得到了极大的拓展。

2）由于站点到基站之间可能存在多条路径，当发生网络拥塞或网络故障时，可以通过切换路径来避免拥塞、绕开故障节点，这无疑大大提高了网络健壮性。

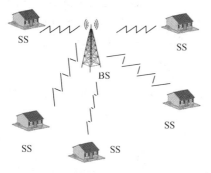

图 10-4　PMP 结构

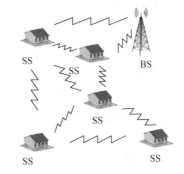

图 10-5　Mesh 型结构

10.1.4　802.16 的 QoS 机制

因为网络资源总是有限的，只要存在网络资源竞争，就会出现服务质量保障的要求。但是，保证某类业务服务质量，可能会以损害其他业务的服务质量为代价。比如，网络总带宽为 100Mbit/s，而 BitTorrent 下载占用了 90Mbit/s，其他业务就只能使用剩余的 10Mbit/s。而如果限制 BitTorrent 下载占用的最大带宽为 50Mbit/s，也就提高了其他业务的服务质量，使

其他业务能够利用最少 50Mbit/s 的带宽。

除此之外，不同类型业务的服务质量需求也各有侧重。比如，语音、视频等业务对传输时延非常敏感，但对丢包却有一定的容忍度；相对而言，FTP、电子邮件等业务对丢包、数据传输差错十分敏感，但对时延范围却有很高的容忍范围。

而 QoS 就是在考虑不同业务对网络性能不同需求的前提下，对带宽分配、传输优先级等网络资源分配、性能进行平衡。相比 802.11 中仅有针对多媒体数据简单的传输优化，802.16 的 MAC 层提供了非常完善的 QoS 功能。

在 PMP 结构（或模式）下，为实现在多个用户设备间，对不同服务进行差异化的带宽分配，802.16 MAC 层采用了如下机制。

1. 用户设备通过请求/授予方式来获取媒体访问权利

由用户站向基站提出带宽请求，收到请求后，基站可通过按连接（Grant Per Connection，GPC）或按站（Grant Per Subscriber Station，GPSS）两种方式进行带宽分配。

1）GPC 方式：基站单独为某个连接分配带宽，适合于每个用户站仅有很少用户的情况，其开销较大。

2）GPSS 方式：基站为整个用户站分配带宽后，由用户站在用户设备间进行二次带宽分配，其适合于用户站具有较多用户或连接的情况，其有利于在商业和居民建筑物中更有效地分配带宽资源。

2. 由基站统一进行网络带宽资源的管理及分配

多个用户设备间使用时分多址（TDMA）和按需分配多址（Demand Assigned Multiple Access，DAMA）来实现上行链路共享。汇聚子层对业务进行分类，用户站根据业务的 QoS 分类及各分类队列深度向基站发送带宽请求。基站调度器将根据带宽请求产生上行媒体访问控制消息（UpLink - Media Access Protocol，UL - MAP），各用户站将通过 TDMA 方式共享上行链路，并根据 UL - MAP 中规定的时隙进行消息发送。当然，对于主动授予服务，其无须进行带宽请求，基站会为其分配固定的带宽。当收到下行数据后，基站又将生成下行媒体访问控制消息（DownLink - Media Access Protocol，DL - MAP），当基站以时分复用方式进行数据下发时，各用户站将在对应的时隙内进行数据接收。整个过程如图 10-6 所示。

3. 对服务进行分级

针对不同服务级别采用不同的带宽保障机制。在 802.16 中，网络服务被分为四级，其分类原则及服务保障机制具体如下：

（1）主动授予服务（Unsolicited Grant Service，UGS）

主动授予服务是指对于周期性、定长分组的固定速率业务，比如 IP 语音（Voice over IP，VoIP）。其对实时性要求高，对链路质量非常敏感，带宽或者时延变化对通话质量和用户体验有非常大的影响。因此，对于此类业务，基站实时地、周期性地向其提供固定的带宽分配，并且不需要用户站向基站发送带宽请求。

（2）实时查询服务（Real - time Polling Service，RTPS）

实时查询服务是指对于周期性、变长分组的可变速率业务，比如流媒体等多媒体业务。由于缓冲的使用及画质可随带宽情况进行动态调整，其对实时性要求相对较低，并且对带宽和时延的敏感性低于 VoIP。对于上述业务，基站通过周期性单播轮询方式获取其对带宽的

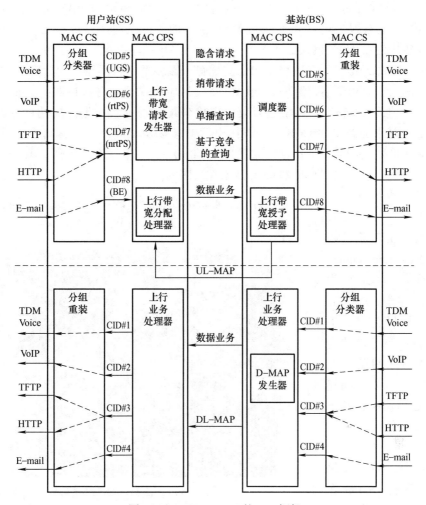

图 10-6　IEEE 802.16 的 QoS 框架

需求，并据此进行动态的带宽分配调整。因此，RTPS 服务不需要通过竞争来发送带宽请求。

（3）非实时查询服务（Non－Real－Time Polling Service，NRTPS）

非实时查询服务是指对于非周期性、变长分组的可变速率业务，比如 FTP 等业务。其对实时性要求较低，对带宽和时延变化也不敏感。因此，基站通过非周期性的单播轮询方式获取其对带宽的需求，保证其在网络出现拥塞的情况下也能够发出带宽请求。同时，NRTPS 服务也可通过竞争方式来发送带宽请求。

（4）尽力而为（Best Effort，BE）

尽力而为是指对于诸如电子邮件、网页浏览等业务，仅提供有限的错误控制及重传机制，其稳定性往往由高层协议（比如 TCP 协议的重传机制）进行保证。其既可通过竞争方式来发送带宽请求，也可以通过基站提供的单播轮询方式发送带宽请求，但是其获得单播轮询的机会与网络状况紧密相关，在网络拥塞严重的情况下，很有可能无法获得轮询机会。

10.1.5　WiMAX 推广应用情况

在我国 WiMAX 并没有大规模商用，但在亚洲其他国家，WiMAX 技术有应用案例，比如斯里兰卡的运营商 Lanka Internet 与 Redline 合作在科伦坡架设 WiMAX 系统；越南本地运营商也与 Intel 成立合资公司共同推进 WiMAX 技术的测试及应用；日本运营商 Yozan 采用 Airspan 的设备构建 WiMAX 网络。

在欧洲，WiMAX 由于其在网络结构上的优势，被多个国家用于用户分布范围广、密度小的农村、偏远地区的通信网络建设。比如，英国 Telebria 公司在肯特郡，Community Internet 公司在牛津进行 WiMAX 组网实验；英国电信公司在 4 个农村地区成功试验的基础上，进一步在 12 个城市部署 WiMAX 网络；德国电信决定采用 WiMAX 技术来普及农村和人口稀少地区的宽带接入；法国电信监管局向法国电信、Maxtel 等运营商发放了 WiMAX 运营牌照，并分配了频谱资源，以推动 WiMAX 技术在法国的应用。

WiMAX 技术最好的应用案例在美国。一方面政府积极推动，联邦通信委员会（Federal Communication Commission，FCC）为 WiMAX 分配频谱。另一方面，运营商积极尝试，美国运营商 Sprint 联合芯片厂商 Intel，移动终端制造商 Samsung 和 Motorola 一同建设 WiMAX 通信网络，其投资金额为数十亿美元。不过令人惋惜的是，在与 3G、4G 的竞争当中，WiMAX 最终还是败下阵来，Sprint 在 2014 年最终决定关闭其 WiMAX 网络，新闻截图如图 10-7 所示。

Sprint将于2015年11月停止支持任何WiMAX服务

2014.10.12 10:44:00　来源:新浪科技　作者:维金　（条评论）

Sprint将于2015年11月停止支持任何WiMAX服务

新浪科技讯 北京时间10月12日早间消息，Sprint已经确认，将于2015年11月6日关闭 WiMAX网络，从而进一步明确未来的网络技术演进方向。

图 10-7　Sprint 决定关闭 WiMAX 服务的新闻截图

10.1.6　WiMAX 与 WiFi、3G、4G 移动通信技术对比

WiFi 虽然能够提供高速的无线网络接入能力，但是传输距离和覆盖范围非常有限，仅为 100m 左右的距离。移动通信网络虽然能够提供非常大的覆盖范围，但是其网络速度却不及 WiFi。而 WiMAX 的出现，正好弥补了两者的不足，即在较大范围内提供高速的网络接入能力。

理论上来讲，WiMAX 所提供的最高数据传输速率高于 3G 技术及其增强系统。比如，宽带码分多址（Wideband Code Division Multiple Access，WCDMA）的高速下行分组数据接入（High‑Speed Downlink Packet Access，HSDPA）版本等，但其在标准、产品成熟度和产业化方面落后于 3G。正是由于 WiMAX 技术功能上与 3G 移动通信技术的高度相似，以及性能上的优势，其于 2007 年 10 月在日内瓦举行的国际电信联盟全体会议上被批准为继 WCDMA、CDMA 2000 及时分同步码分多址（Time Division‑Synchronous Code Division Multiple Access，TD‑SCDMA）之后的第 4 个全球 3G 标准。

最后，根据国际电信联盟对 4G 标准的定义，即静态传输速率达到 1Gbit/s，用户在高速移动状态下可以达到 100Mbit/s，就可以视作 4G 技术。因此，WiMAX 同 LTE‑TDD、LTE‑FDD 以及增强型高速分组接入技术（High‑Speed Packet Access Plus，HSPA +）一同被当作 4G 备选技术。有关 3G、4G 移动通信技术将在下一小节详细介绍。

10.2 无线广域网

10.2.1 移动通信网络

1. 移动通信技术基本概念

移动通信技术广义上来讲包含一切支持在移动中进行通信的技术，但是大多数时候，提及移动通信技术往往是蜂窝状移动通信网络，即日常生活中所说的 1G、2G、3G 和 4G 移动通信网络技术，其中的 G 是 Generation 的首字母缩写。

20 世纪 70 年代，美国贝尔实验室提出了蜂窝网络的概念。其名称源于一个数学结论，即以相同半径的圆形覆盖一个平面，当圆心处于正六边形网格中各正六边形中心时所用圆的数量最少，这样形成的网络覆盖叠在一起，形状非常像蜂窝，因此被称作蜂窝网络，如图 10-8 所示。

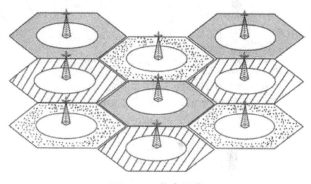

图 10-8 蜂窝网络

但是实际应用中，由于地形地貌的变化、用户分布密度不均匀、基站选址限制等各种原因，基站覆盖已不是理想的蜂窝结构，但是蜂窝网络的称谓仍然保留了下来。

在蜂窝网络中，为了实现频率复用，以及降低相邻基站间的相互干扰，相邻基站不使用相同信道，在距离足够远时允许复用信道（即使用重复的信道，以节约频率资源）。从图 10-9 中不难看出，相邻基站的信道编号有所不同。在频谱资源相同的情况下，蜂窝网络信道的划分将对单基站信道容量和基站间相互干扰产生影响。显然，信道划分越多，信道重叠的基站距离越远，相互干扰可能性越低（如图 10-9b 所示）。但是相比图 10-9a，其不可避免地也会带来单个基

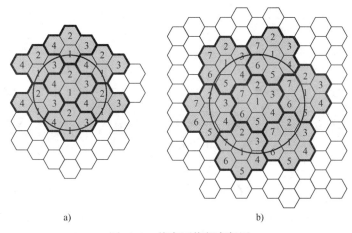

a)　　　　　　　　b)

图 10-9 蜂窝网络频率复用

223

站带宽下降的问题。

在蜂窝网络中，用户间通话过程如图 10-10 所示。首先，用户设备会监听周边基站的信号强度，并从中选择信号强度最强的基站接入。其次，用户设备通过基站发出连接请求，请求将会发送到移动电话交换局（Mobile Telecommunication Switching Office，MTSO）。随后，MTSO 会向辖区内基站发出寻呼请求，被呼叫用户将通过所在基站进行应答。然后，双方借助各自所在基站与 MTSO 作为连接中介，就能建立连接并进行通话了。如果在通话过程中，某个用户因为移动进入另外基站的覆盖范围，将发生切换，即用户移出基站将向移入基站转移用户通信。

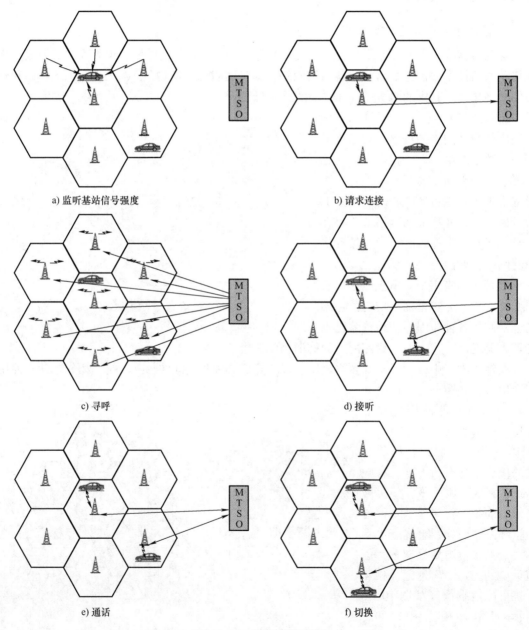

a) 监听基站信号强度   b) 请求连接

c) 寻呼   d) 接听

e) 通话   f) 切换

图 10-10　用户间通话过程

2. 移动通信技术发展历史

从 1978 年贝尔实验室成功研制先进的移动电话系统（Advanced Mobile Phone Service，AMPS）以来，移动通信技术已经发展了 4 代。

1G 时代，蜂窝状移动通信网成为实用系统，其主要采用模拟技术和频分多址技术。由于受到传输带宽的限制，不能进行漫游，其还只是一种区域性移动通信系统。

2G 时代，美国与欧洲分别提出了以码分多址为核心的 CDMA 技术和以时分多址为核心的全球移动通信系统（Global System for Mobile Communication，GSM）技术。1991 年，GSM 正式投入商用。到 1997 年底，GSM 已经在 100 多个国家投入运营，成为欧洲和亚洲事实上的移动通信标准。我国运营商中国移动和中国联通的大部分网络都采用欧洲主导的 GSM 标准。从纯技术角度来看，CDMA 比 GSM 更加先进，其系统用户容量可达 GSM 的 6 倍。

2.5G 时代，针对 GSM 等技术在数据传输方面的薄弱环节（数据传输速率为 9.6Kbit/s 左右），2000 年推出了通用分组无线服务技术（General Packet Radio Service，GPRS），其是在 GSM 基础上提出的一种过渡技术，能够为用户提供高速无线分组数据接入服务。

随后，通信运营商们又推出了 GSM 增强数据率演进（Enhanced Data rates for GSM Evolution，EDGE）技术，有效提高了 GPRS 的数据传输速率，可支持最高 384Kbit/s 的传输速率。

3G 时代，全球有三大标准，分别是欧洲提出的 WCDMA、美国提出的 CDMA 2000 和我国提出的 TD-SCDMA。总体而言，三种技术都是以 CDMA 为核心的。其中，CDMA 2000 是在 2G 时代 CDMA 技术基础上发展而来，WCDMA 则是由 GSM 技术与 CDMA 技术结合而成，TD-SCDMA 则是西门子与大唐电信在 CDMA 基础上提出的。相比而言，3G 拥有更高的带宽，因此其传输速率最低为 384kbit/s，最高可超过 2Mbit/s，不仅能传输话音，还能传输数据。后续的 HSDPA、高速上行分组数据接入技术（High-Speed Uplink Packet Access，HSUPA）、HSPA+ 本质上都是对下行或上行数据率进行强化后的 WCDMA 改进版本。

除此之外，3G 技术中的核心网是一个 IP 化网络，其无线接入方式和协议是与核心网络协议分离、独立的，因此在设计核心网络时具有很大的灵活性，不需要考虑无线接入究竟采用何种方式和协议。这也是后续 4G 技术的核心之一。

4G 时代，长期演进（Long Term Evolution，LTE）项目是 3G 的演进，其改进并增强了 3G 的空中接入技术，采用 OFDM 和 MIMO 作为其无线网络演进的唯一标准。LTE 主要包括时分双工 TDD-LTE 和频分双工 FDD-LTE 两种版本，其中 TDD-LTE 也被称为 TD-LTE。

从图 10-11 中 iPhone x 所支持的网络制式和频段中可以明显看出上面所介绍的各类移动通信技术（制式）的身影。

3. 802.20 与 3G、4G 移动通信技术

在 IEEE 旗下的无线网络协议体系中，802.15 对应无线个域网，802.11 对应无线局域网，802.16 对应无线城域网，802.20 对应无线广域网。作为无线广域网技术的 802.20 与 802.16 有不少的相似之处，比如都具有传输距离远、速度快的特点，但是 802.20 更侧重于优化对设备移动性的支持，例如在高速行驶的火车、汽车上实现数据通信，而 802.16 最初并无对移动中数据传输的考虑。

2002 年 12 月 IEEE 开始 802.20 的标准化工作，其目标是：以 IP 网络为核心，在

蜂窝网络和无线连接	A1865 型号*	FDD-LTE (频段 1, 2, 3, 4, 5, 7, 8, 12, 13, 17, 18, 19, 20, 25, 26, 28, 29, 30, 66)
		TD-LTE (频段 34, 38, 39, 40, 41)
		TD-SCDMA 1900 (F), 2000 (A)
		CDMA EV-DO Rev. A (800, 1900, 2100 MHz)
		UMTS/HSPA+/DC-HSDPA (850, 900, 1700/2100, 1900, 2100 MHz)
		GSM/EDGE (850, 900, 1800, 1900 MHz)
	所有机型	802.11ac 无线网络, 具备 MIMO 技术
		蓝牙 5.0 无线技术
		支持读卡器模式的 NFC

图 10-11　iPhone x 网络技术规格

3.5GHz 频带下，能够提供超过 1Mbit/s 的数据传输速率，同时支持高达 250km/h 移动速度下数据传输的移动通信技术。

一直以来，IEEE 与国际电信联盟所主导的各类无线通信技术就存在竞争关系。作为无线广域网技术的 802.20 对标的正是国际电信联盟等主导的 3G 与 4G 移动通信技术。这就是802.20 与 3G、4G 技术之间的关系。

相比而言，国际电信联盟等主导的技术具有较好的市场盈利模式，而 IEEE 虽然能够应用最新技术但缺乏盈利商业模式。这也是为什么 WiFi 推出后，直到电信运营商积极介入才获得迅速发展的原因。从技术上讲，与 3G 相比，802.20 物理层更先进、部署价格更低。与4G 的 LTE 相比，其在技术上非常相似，比如两者物理层都采用了 OFDM 和 MIMO 技术，核心网络都采用了纯 IP 架构。但从商业角度来看，无疑 3G 和 4G 更为成功。

10.2.2　卫星网络

1. 卫星网络基本概念

卫星通信指利用人造地球卫星作为中继站，转发两个或多个地球站之间的无线电信号，由此完成远距离通信的相关技术。传统的卫星系统（网络）主要传输语音、广播电视节目等数据，随着用户需求的不断扩展，人们也开始使用卫星作为定位、网络接入、网络数据传输的手段。卫星通信发展过程中的一些标志性事件如表 10-3 所示。

表 10-3　卫星通信发展历史

时间/年份	标志性事件
1945	科幻作家 Clarke 在英国《无线电世界》杂志发表了名为《地球外的中继》的文章，第一次提出了利用卫星作为远距离通信中继的设想
1957	苏联成功发射人类第一颗人造地球卫星 "SPUTNIK‐I"
1958	美国成功发射首颗人造卫星 "探索者 1 号"
1962	美国成功发射第一颗真正实用的通信卫星电星 1 号
1965	国际通信卫星组织的第一颗卫星升空
	欧美开始卫星商业运营，地球静止轨道卫星通信变成现实
1979	国际海事卫星通信组织（现改称国际移动卫星组织）成立
1998	铱星系统投入运营，开创了利用卫星作为基站的移动通信新时代

卫星网络最大的优点是接入不受地域限制，真正实现了 Internet 的无缝接入，但其也容易受气象条件的影响，特别是雨雪天气时，信号收发会受到较大影响；并且初期投入费用较高，且使用费也高于传统的 ADSL 宽带业务。例如，2013 年时，如果采用买断终端方式，IPSTAR 卫星宽带基本版 1M 需要 596 元/月，专业版 2M 需要 996 元/月，商务版 4M 需要 2796 元/月。如果使用预付费的方式，费用就更高。

当频率低于 1GHz 时，宇宙、太阳等自然背景噪声对信号影响较大；而频率高于 10GHz 时，雨雾等大气现象对信号带来的衰减、吸收又非常明显，所以卫星通信的最佳频率是 1 ~ 10GHz。但是由于频谱资源有限，所以卫星通信迫不得已也在使用 10GHz 以上的频段，卫星通信所使用典型频段如表 10-4 所示。表中的 L、S、X 等频段是对某一频率范围的简称。最后，在卫星通信中，为实现全双工通信，其在上行和下行通信中一般采用不同频段。

表 10-4　卫星通信所使用的典型频段

频段	频率范围/GHz	典型应用
L	1 ~ 2	该频段主要用于卫星定位、卫星通信以及地面移动通信。铱星系统使用 1616.0 ~ 1626.5MHz 频段
S	2 ~ 4	该频段主要用于气象雷达、船用雷达及卫星通信。国际移动卫星组织将 1.98 ~ 2.01GHz 和 2.17 ~ 2.20GHz 频段用于卫星移动通信业务
C	4 ~ 8	该频段最早分配给雷达业务，而非卫星通信。国际通信卫星组织就采用 C 频段，提供国际电话和电视转播等越洋通信业务
X	8 ~ 12.5	主要用于雷达、地面通信、卫星通信以及空间通信。该频段通常被政府和军方占用
Ku	12.5 ~ 18	主要用于卫星通信，美国国家航空航天局跟踪和数据中继卫星也使用该频段与航天飞机和国际空间站进行空间通信
Ka	26.5 ~ 40	该频段最容易受降雨衰减影响，且因频率过高而不容易使用，在早期被划分用于雷达业务和实验通信

2. 卫星轨道

按照卫星运行轨道距地面的高度，可将卫星轨道分为：

1）低地轨道（Low Earth Orbit，LEO），轨道高度范围为 500 ~ 1500km。

2）中地轨道（Medium Earth Orbit，MEO），轨道高度范围为 8000 ~ 18000km。

3）地球同步轨道或地球静止轨道（Geostationary Earth Orbit，GEO），轨道高度为 35863km，当卫星运行在地球同步轨道上时，其运行周期与地球自转周期一致，因此从地面进行观测，卫星与地面的相对位置不会发生改变。

卫星轨道高度、运行周期不同，为实现某一区域信号覆盖所需的卫星数量也不相同。比如，如果使用地球同步轨道卫星，只需等距离分布的 3 颗卫星即可实现全球范围内的卫星信号覆盖（南北两极部分区域除外），如图 10-12 所示。

卫星轨道高度不仅与信号覆盖范围有关，采用不同的轨道高度，往往还会对信号延迟、卫星天线尺寸、发射功率等带来影响。例如，当采用地球同步轨道时，虽然可使用较少的卫星数量实现全球覆盖，但由于其卫星轨道距地面较远，信号强度损耗大，因此对卫星和地面终端的发射功率要求较高，并且为了提高信号增益，往往会使用直径 12m 以上的天线系统。

同样由于传输距离远的原因，其传输时延非常明显，再加之系统信号处理时间的影响，其将严重影响各类实时性要求较高的业务。

除轨道高度外，也可以根据卫星运行轨迹的偏心率，将卫星轨道分为圆轨道（偏心率等于 0）、近圆轨道（偏心率小于 0.1）和椭圆轨道（偏心率大于 0.1，而小于 1）；还可以按照卫星运行轨道与赤道平面所呈的倾角，将卫星轨道分为赤道轨道（倾角等于 0°或 180°）、极地轨道（倾角等于 90°）和倾斜轨道（倾角不等于 90°、0°或 180°）三类。

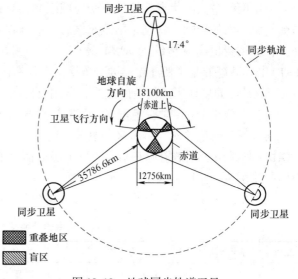

图 10-12　地球同步轨道卫星

3. 卫星网络组网

一个典型的卫星通信系统由空间部分和地面部分组成。其中，空间部分包括一颗或多颗通信卫星，地面部分则包括所有卫星地面站。

为了使系统中各卫星、地面站及用户终端设备能够相互通信，要求网络各组成部分按照一定的规则进行组网。例如，图 10-13 中各地面站借助 LEO 层卫星接入网络，LEO 层卫星间除相互通信外，还借助 MEO 层卫星实现互联。

在上述组网过程中，包括了 3 种链路：

1）用户数据链路：LEO 卫星及其覆盖范围内的地面网关节点间的链路。

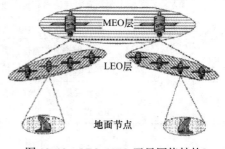

图 10-13　LEO/MEO 卫星网络结构

2）轨内星间链路：同一轨道内的 LEO 卫星之间的链路。

3）轨间星间链路：LEO 卫星与 MEO 卫星之间的链路。

其中，轨内星间链路和轨间星间链路又被统称为星间链路。

另外，根据在组网过程中所参与的对象，以及卫星在组网过程中所起的作用，还可将卫星组网分成点对点、广播和甚小天线地球站（Very Small Aperture Terminal，VSAT）3 种配置，如图 10-14 ～ 图 10-16 所示。

在点对点配置中，两个地面站借助卫星中继克服地形、障碍影响，从而实现远距离传输。广播配置也是应用非常广泛的一种配置，其中一个地面站将信息上传到卫星，借助卫星进行下发以实现大范围覆盖，卫星广播电视就是通过这种方式让千家万户都能收看同一套电视节目的。VSAT 因其天线口径小（通常为 0.3～1.4m）而得名。VSAT 通过微型地面站实现类似集线器（Hub）的功能，即将区域内多个用户终端设备的数据汇集起来交由卫星转发，或者将卫星数据分发给用户终端。VSAT 因其地面站设备尺寸小、安装方便，组网方式灵活、多样的优点，被广泛应用于新闻、气象、民航、人防、银行、石油、地震和军事等部门以及边远地区通信。

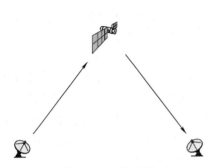

图 10-14　点对点

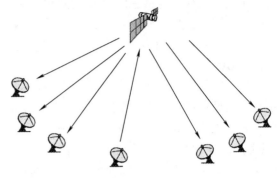

图 10-15　广播

4. 典型的卫星网络及应用

如前所述，现代卫星网络的用途已经不再局限于简单语音通信，其应用领域涵盖了移动通信、定位、广播电视和测绘等，接下来将介绍几种典型卫星网络。

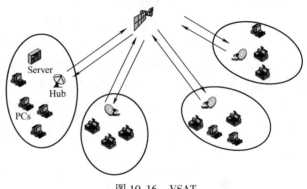

图 10-16　VSAT

（1）铱星移动通信系统

铱星系统是美国铱星公司委托摩托罗拉公司设计的一种全球性卫星移动通信系统，用户通过卫星手持电话机，经过卫星中继可实现在地球上的任何地方拨出和接听电话。

为了满足信号覆盖要求，初期设计了 7 条卫星运行轨道，每条轨道上均匀分布 11 颗卫星，该系统是共由 77 颗卫星组成的一个完整的卫星移动通信星座系统。由于卫星轨道分布就像化学元素铱（Ir）的 77 个电子围绕原子核运转一样，所以该全球卫星移动通信系统又被称为铱星系统。后来经过优化，改为设置 6 条卫星运行轨道，因此其卫星总数被减少到 66 颗。1997—1998 年，铱星公司先后发射了 66 颗用于手机全球通信的人造卫星。从图 10-17 中可以看出铱星轨道的分布。

可惜好景不长，由于铱星手机价格每部高达 3000 美元，加上高昂的通话费用，使得价格不菲的铱星通信在市场上遭受了冷遇。前两个季度，铱星公司在全球只发展了 1 万用户，这使得其前两个季度的亏损达 10 亿美元。其全球客户最多时才 5.5 万，而据估算它必须发展到 50 万用户才能赢利。整个铱星系统耗资 50 多亿美元，每年光系统的维护费就要几亿美元，由于巨大的研

图 10-17　铱星系统卫星轨道

发费用和系统建设费用，铱星公司背上了沉重的债务负担，最终于 2000 年 3 月宣布破产。

从技术角度看，铱星系统的最大特点是通过卫星与卫星之间的接力来实现全球通信，相当于把地面蜂窝移动电话系统的基站搬到了天上。铱星系统采用极地圆轨道，轨道高度约 780km，每个轨道平面分布 11 颗在轨运行卫星及 1 颗备用卫星，每颗卫星约重 700kg，发射功率为 1200W，采取三轴稳定结构，每颗卫星可提供多达 3480 个信道，服务寿命为 5~8 年。

（2）GPS

人们平时使用的各类手机导航应用都离不开 GPS 的支持。GPS 始于 1958 年一个美国军方项目，其最初目的是为美军提供实时、全天候和全球性的导航服务，并用于情报搜集、核爆监测和应急通信等一些军事用途。经过研发，上述系统于 1964 年初步投入使用。20 世纪 70 年代，美国陆海空三军联合研制了新一代卫星定位系统 GPS。经过 20 余年的研究实验，耗资 300 亿美元，到 1994 年，全球覆盖率高达 98% 的 24 颗 GPS 卫星星座已布设完成。

最初的 GPS 计划将 24 颗卫星放置在互成 120° 夹角的 3 条轨道上，每个轨道上有 8 颗卫星，地球上任何一点均能观测到 6~9 颗卫星。这样，粗码和精码精度分别可达 100m 和 10m。由于预算压缩，不得不减少卫星发射数量，改为将 18 颗卫星分布在互成 60° 夹角的 6 条轨道上。然而，这一方案使得卫星可靠性得不到保障，1988 年又进行了最后一次修改，即 21 颗卫星加 3 颗备份卫星，分别运行在 6 个互成 60° 夹角的轨道平面上，轨道高度为 20200km，轨道倾角 55°，GPS 卫星运行轨道如图 10-18 所示。在该轨道上，卫星运行一周大约需要 12h。

（3）北斗

中国北斗卫星导航系统（BeiDou Navigation Satellite System，BDS）是中国自行研制的全球卫星导航系统，是继美国 GPS、俄罗斯格洛纳斯卫星导航系统（GLObal NAvigation Satellite System，GLONASS）之后的第三个成熟的卫星导航系统。北斗卫星导航系统和美国的 GPS、俄罗

图 10-18　GPS 卫星轨道

斯的 GLONASS、欧盟的伽利略（GALILEO）系统，是联合国卫星导航委员会已认定的卫星导航供应商。

北斗卫星导航系统空间段由 5 颗地球同步轨道卫星、27 颗中地轨道卫星、3 颗倾斜同步轨道卫星，共 35 颗卫星组成。5 颗静止轨道卫星定点位置为东经 58.75°、80°、110.5°、140°、160°，中地球轨道卫星运行在 3 个轨道面上，轨道面相互间隔 120° 均匀分布，北斗卫星轨道分布示意图如图 10-19 所示。北斗卫星系统已在 2000 年和 2012 年先后实现了中国（北斗一号）和亚太区域（北斗二号）的覆盖。并最终将在 2020 年左右实现全球覆盖（北斗三号）

在北斗系统发展过程中，有两段插曲不

图 10-19　北斗卫星轨道

得不提。根据国际电联的规定，卫星频率和轨道资源分配机制主要采用协调法，即为获得所需要的卫星频率和轨道资源需经过申报、协调和通知三个阶段，完成后将得到国际保护。但是国际规则还规定，卫星频率和轨道资源在登记后的 7 年内，必须发射卫星并启用所申报的频段、轨道资源，否则申报自动失效。这种规定原本意图是为美国等航天技术实力强的西方国家在频率、轨道资源使用上获得优势而制定的，但其没想到该规则日后却被中国合理地利用。

根据"双星定位"理论，我国于 2000 年和 2003 相继发射了 3 颗地球静止轨道导航实验卫星，并基本形成了覆盖全中国的区域导航和定位系统，这就是北斗一号系统。但当时的北斗系统仍处在实验阶段，且技术参数不仅落后于 GPS，也落后于欧洲的伽利略系统。更重要的一点是，北斗一号只具备区域性导航定位能力。在这样背景下，欧洲主动邀请中国加入伽利略计划，双方一拍即合，并于 2004 年正式签署技术合作协议。但从 2005 年开始，欧盟开始排挤中国，迫使中国重新启动沉寂多年的北斗计划，2007 年先是我国发射了第四颗北斗导航卫星，对即将到寿的卫星进行了替换，而后在 2007 年底再次成功发射了第一颗中地轨道卫星，标志着北斗计划在技术上实现了重大突破。

由于北斗系统和伽利略系统均采用了公用特许服务（Public Regulated Service，PRS）频段，该频段的使用规则是"先占先得"。于是北斗系统在 2010 年抢占了伽利略系统预订使用的频段，使得欧洲只能与中国谈判，经过历时 8 年谈判，最终在 2015 年，欧洲被迫妥协接受了我国提出的频率共用方案，并同意在国际电联框架下完成卫星导航频率协调。

菲律宾也曾热炒中国卫星强占了原属于菲律宾的地球静止轨道资源，该轨道位置原本是为菲律宾国内大容量通信卫星所预留的，但根据国际电联"先占先得"的规则，中国的做法完全合理合法。

5. 安全

与计算机网络相同，卫星网络在建立连接、数据传输过程中同样需要遵守某种协议，协议上若存在安全漏洞，也会被攻击者所利用。根据网络安全公司 IOActive 的说法，大量的通信卫星都极容易遭到攻击、破解。IOActive 在黑帽安全技术大会上提出了"对卫星通信安全的最后呼吁"，其研究报告中提及的卫星安全问题例子包括：干扰或拦截飞行器、船只的卫星通信，获得或扰乱飞机、船只甚至军事单位的定位信息等。图 10-20 是卫星通信系统安全存在隐患的新闻报道。因此，安全问题在卫星网络技术中仍然占有非常重要的地位。

AUGUST 13TH 18 __ KRISTIN HOUSER __ FILED UNDER FUTURE SOCIETY

DANGEROUSLY DEPENDENT. Beyoncé, we love you, but you're wrong. Girls don't run the world — satellite communication systems (SATCOMs) do. These systems let us send and receive information across the globe; they power our internet, televisions, telephones, radios, military operations, and more.

Right now, more than 2,000 communications satellites are orbiting the Earth, and according

FUTURE SOCIETY

HACKERS FIND EARTH'S SATELLITE COMMUNICATION SYSTEMS AREN'T ALL THAT SECURE

NASA/VICTOR TANGERMANN

图 10-20　卫星通信系统安全存在隐患

10.3　本章小结

本章主要介绍了无线城域网和无线广域网技术。其中，无线城域网部分介绍了最为典型的 802.16 协议的发展历史、协议栈、网络组成、拓扑结构、QoS、应用以及与其他相关技术的区别等内容。无线广域网部分则介绍了移动通信网络和卫星网络的基本概念和典型应用。

习　　题

1. 下列关于移动通信网络的说法中，错误的是（　　　）。

A. WiMAX 不满足 4G 定义

B. LTE 目前包括 TDD 和 FDD 两种制式

C. WCDMA HSPA + 是 4G 备选技术之一

D. LTE 采用的是纯 IP 架构

2. 802.16 的 QoS 等级中_____对应用、服务的网络数据传输没有任何保证。

3. 802.16 支持_____和_____网络拓扑结构。

4. 卫星网络的三种配置方式包括：_____、_____和_____。

5. 判断正误：如果使用地球同步轨道，只需要 2 颗卫星就能实现全球覆盖。

6. 判断正误：卫星通信中上行、下行一般采用不同频率以便在同一时间完成数据上传、下载。

附录　习题参考答案

第 1 章

1. 无线广域网；无线城域网；无线局域网；无线个域网
2. IMP
3. TCP/IP
4. 错
5. IEEE

第 2 章

1. C
2. A
3. 频移键控，FSK
4. 频率分集
5. 错
6. 对

第 3 章

1. B
2. D
3. 1mV
4. 4
5. 集成
6. 错
7. 错

第 4 章

1. A
2. B
3. RC4
4. CBC

5. PIN 码
6. 8
7. 错
8. 对

第 5 章

1. winpacp 安装包；开发者套件
2. 3；4
3. 错
4. 对
5. 错，发送源端口是系统指定的，发送目的端口才是由用户指定的
6. 不能，接收一次后会关闭连接

第 6 章

1. B
2. C
3. 跳频；1600
4. SDP
5. 对
6. 对
7. 错

第 7 章

1. A
2. 未知设备
3. 需鉴权服务
4. 错
5. 对

第 8 章

1. 802. 15. 4
2. 0x0000
3. 0xFFFF
4. C
5. C

6. D

7. 在 NWK 层，找到 nwk_globals. c 文件中的 nwk_status 函数并添加相应代码，该函数在网络发生状态变化时会被回调

8. 在 MT 层中，找到 MT_Uart. h 文件中的宏：#define MT_UART_DEFAULT_BAUDRATE HAL_ UART_BR_38400 可以将其改变为 hal_uart. h 文件中定义的值

9. 在 Sample App. c 文件中，有一个 Sample App_Message MSGCB 函数，该函数中对接收到的数据进行了直接发送，这里可以修改为和 PC 协议相同的数据格式

第 9 章

1. C
2. B
3. C
4. Symmetric—Key Key Establishment
5. Counter mode with CBC—MAC*
6. 略，见 9.1.5 小节

第 10 章

1. A
2. 尽力而为
3. PMP；Mesh
4. 点对点；广播；VSAT
5. 错
6. 对

参 考 文 献

[1] 谢希仁. 计算机网络 [M]. 7 版. 北京：电子工业出版社, 2017.

[2] 金光, 江先亮. 无线网络技术教程——原理、应用与实验 [M]. 2 版. 北京：清华大学出版社, 2014.

[3] Stallings W. 无线通信与网络 [M]. 2 版. 何军, 译. 北京：清华大学出版社, 2005.

[4] 汪涛. 无线网络技术导论 [M]. 北京：清华大学出版社, 2008.

[5] 王殊, 阎毓, 杰胡, 等. 无线传感器网络的理论及应用 [M]. 北京：北京航空航天大学出版社, 2007.

[6] 唐宏, 谢静, 鲁玉芳, 等. 无线传感器网络原理及应用 [M]. 北京：人民邮电出版社, 2010.

[7] 杨哲. 无线网络安全攻防实战 [M]. 北京：电子工业出版社, 2008.

[8] 喻宗泉。蓝牙技术基础 [M]. 北京：机械工业出版社, 2014.

[9] 张卫钢, 等. 通信原理与技术简明教程 [M]. 北京：化学工业出版社, 2009.

[10] 张剑. 车载蓝牙技术的应用研究 [J]. 产业与科技论坛, 2015, 14(13)：34 - 35.

[11] 张拓. 基于 Android 平台的蓝牙应用开发 [J]. 信息与电脑（理论版）, 2015(18)：64 - 67.

[12] 崔冰一. 基于 Android 手机的蓝牙智能家居系统开发及干扰抑制研究 [D]. 长春：吉林大学, 2015.

[13] 李侠, 沈峰, 李德胜. 基于 Android 系统的低功耗蓝牙应用程序开发 [J]. 重庆科技学院学报（自然科学版）, 2014, 16(5)：133 - 136.

[14] 范晨灿. 基于蓝牙 4.0 传输的 Android 手机心电监护系统 [D]. 杭州：浙江大学, 2013.

[15] 孙启金. 基于蓝牙的实时多媒体传输技术研究及系统实现 [D]. 北京：北京邮电大学, 2015.

[16] 杨长龙. 基于蓝牙技术的智能家居控制器的研究与设计 [D]. 北京：北京工业大学, 2013.

[17] 翟军辉. 基于蓝牙通信的手机康健服装监控系统设计与实现 [D]. 北京：北京服装学院, 2015.

[18] 蓝牙技术联盟公布年度蓝牙应用创新奖入围产品 [J]. 电信工程技术与标准化, 2013(2)：8 - 8.

[19] 于飞. 蓝牙跳频算法的改进与蓝牙车载娱乐网络的研究 [D]. 西安：西安电子科技大学, 2012.

[20] 邵立宁. 蓝牙应用规范的一致性与互操作性测试的研究与应用 [D]. 上海：复旦大学, 2013.

[21] 迎九. 蓝牙在健康、医疗、智能家庭、物联网等兴起 [J]. 电子产品世界, 2013(5)：83 - 83.

[22] 严霄凤. 蓝牙安全研究 [J]. 网络安全技术与应用, 2013(2)：51 - 54.

[23] 耿君峰, 黄一才, 郁滨. 蓝牙位置隐私保护安全协议设计 [C] // 全国计算机技术与应用学术会议, 2013.

[24] 蒋笑梅, 黄富, 黄剑晓. 关于蓝牙技术安全机制的分析 [J]. 广西物理, 2005(2)：29 - 34.

[25] 狄博, 刘署. 关于蓝牙技术安全机制的研究 [J]. 计算机工程与设计, 2003, 24(9)：61 - 63.

[26] 张顺. 蓝牙安全基带控制器设计与实现 [D]. 郑州：解放军信息工程大学, 2011.

[27] 徐光亮. 蓝牙安全链路管理器设计与实现 [D]. 郑州：解放军信息工程大学, 2012.

[28] 李书伟. 手机蓝牙病毒传播模型研究 [D]. 武汉：华中师范大学, 2012.

[29] 马捷, 鄂金龙. 用 NFC 技术快速建立蓝牙安全连接问题研究 [J]. 计算机应用与软件, 2013, 30(3)：207 - 212.

[30] 杨帆, 钱志鸿. 蓝牙的信息安全机制及密钥算法改进 [J]. 电子技术应用, 2004, 30(8)：61 - 64.

[31] 瞿雷、刘盛德、胡咸斌. ZigBee 技术及应用 [M]. 北京：北京航空航天大学出版社, 2007.

[32] 杜军朝, 等. ZigBee 技术原理与实战 [M]. 北京：机械工业出版社, 2015.

[33] 钟永锋、刘永俊. ZigBee 无线传感器网络 [M]. 北京：北京邮电大学出版社, 2011.

［34］Farahani S. ZigBee 无线网络与收发器［M］. 沈建华，王维华，阎鑫，译. 北京：北京航空航天大学出版社，2013.

［35］廖建尚. 物联网平台开发及应用：基于 CC2530 和 ZigBee［M］. 北京：电子工业出版社，2016.

［36］青岛东合信息技术有限公司. Zigbee 开发技术及实践［M］. 西安：西安电子科技大学出版社，2014.

［37］李文仲、段朝玉，等. ZigBee 无线网络技术入门与实战［M］. 北京：北京航空航天大学出版社，2007.

［38］葛广英、葛菁、赵云龙. ZigBee 原理、实践及综合应用［M］. 北京：清华大学出版社，2015.

［39］QST 青软实训. ZigBee 技术开发：Z - Stack 协议栈原理及应用［M］. 北京：清华大学出版社，2016.

［40］赵成. 无线传感器网络应用技术：基于 TinyOS 及 ZigBee Pro 的实例设计［M］. 北京：清华大学出版社，2016.